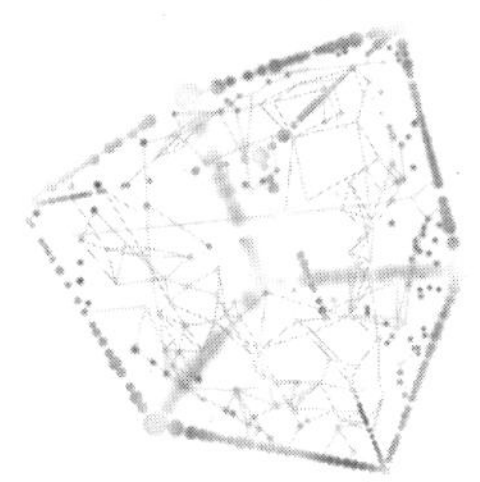

数据结构和算法基础 Python语言实现

陈良旭◎编著

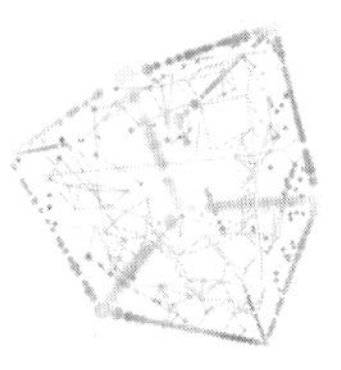

北京大学出版社
PEKING UNIVERSITY PRESS

内 容 提 要

本书首先介绍算法的概念和特点，然后介绍数据结构，再逐步深入介绍各类算法，通过解决实际问题加深理解。本书选取了近年来比较热门的语言Python作为载体，来实现算法的功能。这不但可以让读者系统地学习算法的相关知识，而且还能提高读者对Python语言的应用水平。

本书分为7章，涵盖的主要内容有算法简介、数据结构、数学相关算法、排序算法、查找算法、图相关算法、算法思想归纳。其中包含对非常多经典算法的讲解，如归并排序、快速排序、拓扑排序、二叉查找树、红黑树、最小生成树算法、最短路径算法、极大极小值算法、遗传算法等。最后通过归纳总结，让读者懂得常见算法的设计思路，能够根据实际情况选择合适的算法。

本书内容通俗易懂，例子简单有趣，注释详细，实用性强，特别适合计算机专业入门读者和进阶读者阅读，也适合计算机编程爱好者阅读。另外，本书也适合作为相关培训机构的教材使用。

图书在版编目(CIP)数据

数据结构和算法基础Python语言实现 / 陈良旭编著. — 北京：北京大学出版社，2020.12
ISBN 978-7-301-31654-2

Ⅰ. ①数… Ⅱ. ①陈… Ⅲ. ①数据结构 ②软件工具－程序设计 Ⅳ. ①TP311.12 ②TP311.561

中国版本图书馆CIP数据核字(2020)第182940号

书　　名 数据结构和算法基础Python语言实现
SHUJU JIEGOU HE SUANFA JICHU PYTHON YUYUAN SHIXIAN

著作责任者 陈良旭　编著

责任编辑 张云静　孙　宜

标准书号 ISBN 978-7-301-31654-2

出版发行 北京大学出版社

地　　址 北京市海淀区成府路205 号　100871

网　　址 http://www.pup.cn　　新浪微博：@ 北京大学出版社

电子信箱 pup7@pup.cn

电　　话 邮购部 010-62752015　发行部 010-62750672　编辑部 010-62570390

印 刷 者 北京市科星印刷有限责任公司

经 销 者 新华书店

787毫米×1092毫米　16开本　20.25印张　487千字

2020年12月第1版　2020年12月第1次印刷

印　　数 1-4000册

定　　价 79.00元

前言

INTRODUCTION

当前，信息科学技术迅速发展，给人们的生产和生活带来了极大的改变，工业信息化、人工智能、移动互联网、O2O（线上到线下）等一系列产业的发展，都需要计算机程序员把各种奇思妙想实现出来，由此衍生了非常多的程序员岗位，吸引了大批人才投身到 IT 行业中。同时，各种培训机构也顺势推出计算机培训课程，最快一个月就能掌握一门计算机语言，速成程序员。

通过网络课程学习一门新语言看起来挺简单，但真正需要解决实际问题的时候，就感觉无从下手了，无法确定之前的哪个练习和现在的问题是相似的。并且学习过程中的问题总是限定在几个答案中，并不能将其直接套用在实际生活中。只有懂得算法，真正读懂代码、读懂程序的设计，才能称为合格的程序员。

这也是我写这本书的初衷，学习知识不能流于表面，在这个快速变化的时代，我们需要沉着冷静，扎扎实实地练好基本功。比如一个人懂中文、英文、日文，但作文不一定写得好。对于程序员来说也是一样的，学了很多编程语言，但只会课堂上的练习，那是无法应对工作的。那么，到底什么是基本功呢？算法就是程序员的基本功。

我从初中就开始接触编程，并进入了学校的信息科技竞赛小组。所谓信息科技竞赛，就是学习各种算法。说句心里话，算法真的很难，初高中的题目就已经涉及高等数学、机器学习、神经网络等学科，当时的我真的很难理解，直到上了大学才渐渐明白这些概念。

因此，我写这本书的另一个目的，就是希望能够用通俗易懂的语言来引领大家踏入算法的大门。

算法需要一门语言来实现它的功能，那么选择怎样的语言作为载体呢？我思考了一番，最终选择了 Python，理由如下。

（1）它是一门脚本语言，和其他语言相比更加简洁、高效。这里说的高效并不是指运行速度快，而是相对其他语言，Python 能用更少的代码量实现相同的功能，因此代码可读性更强。

（2）它是一门交互式语言，这意味着我们可以一行一行地执行代码，随时观察代码中的变量，从而更加清楚算法的执行过程。

（3）它背后有着最庞大的免费“代码库”，有足够的资源来实现很多功能，比如画图功能，简单几行代码就能在屏幕上画出线状图，便于我们观察算法的效果。那么我们就能更专注于算法本身，而不是花大量的时间处理结果显示问题。

（4）它被称为“胶水语言”，能够应用在很多地方，如爬虫、数据分析、科学计算、自动化办公、自动化运维、网站开发、多媒体处理、机器学习、深度学习等。正因如此，这门语言在近几年非常火爆。我们在学习算法的过程中，又能增进 Python 编程技巧，可谓一箭双雕。

算法非常精妙，涉及数学、数据结构、计算机原理等知识，有些地方确实比较难理解，如算法的正确性证明、复杂度计算等。如果用严谨的数学公式去验证和计算，读者可能比较难看懂。因此本书致力于用通俗易懂的语言及简明的图表来阐明算法的原理，让读者从实例中领悟算法的奥妙。

如果读者在学习过程中遇到了什么问题，或者发现书中有错误的地方，都可以通过邮箱 chenliangxu68@163.com 联系我。当然，读者也可以在代码仓的 issue 中反馈，我非常乐意与大家交流，一起学习和讨论。

本书还提供了 15 节视频课程，读者可扫描下方二维码，根据提示获取。

最后，我想把此书送给我的孩子，他的到来让我有机会重新发现这个世界的美妙，通过他充满好奇的双眼，我重新认识了身边的一切事物。希望他能永远保持对世界的好奇，健康快乐地成长。

目录

CONTENTS

第 3 章 数 学 ······ 92

第 4 章 排 序 ······ 123

第1章 从零开始学算法

在现代社会中，科学技术起着举足轻重的作用，计算机技术日新月异，各种语言和技术不断推陈出新。但只要懂得算法，就能抓住程序不变的核心，因此，认识和理解算法思想成为程序员的必备技能。本节将深入浅出地介绍算法，让读者了解程序的核心思想。

本章主要涉及的知识点如下。

- 算法概念：学会判断算法时间和空间复杂度。
- 掌握学习工具：学会使用 IDE 编写 Python 程序。

1.1 算法基础知识

本节首先介绍算法的基本概念，了解算法的特点，并且学会判断一个算法的优劣。

1.1.1 什么是算法

简单来说，算法是解决问题的方法与步骤。算法不仅指加减乘除等算术运算，而且包括做任何事情的计算法则，即一个解决问题的通用方法。我们可以把它想象为一个菜谱、一本说明手册、一条公式。例如，想用豆浆机做豆浆，通常步骤如下。

（1）打开豆浆机盖子。

（2）倒入约 800mL 的水。

（3）倒入约 200g 的黄豆。

（4）盖上盖子。

（5）通电，按“开始”按钮。

（6）等到绿色灯亮，豆浆做好，可以放适量的糖。

通过以上步骤，就解决了做豆浆的问题，这就是一个方法。现实生活中的方法与程序中的算法略有不同，程序算法更为严谨，不会出现描述比较模糊的部分，如约、适量等，它们都是用数学方式来描述，非常精准。算法的 5 个特性如下。

（1）输入（Input）：算法必须有输入量，用以刻画算法的初始条件（特殊情况下也可以没有输入量，这时算法本身定义了初始状态）。

（2）输出（Output）：算法应有一个或一个以上的输出量，输出量是算法计算的结果。没有输出的算法毫无意义。

（3）明确性（Definiteness）：算法的描述必须无歧义，以保证算法的实际运行结果精确匹配要求或期望。通常也要求实际运行结果是确定的。

（4）有限性（Finiteness）：算法必须在有限个步骤内完成任务。

（5）有效性（Effectiveness）：算法中描述的操作都可以通过已经实现的基本运算执行有限次来实现（又称可行性）。

1.1.2 算法时间复杂度

同一个问题可以有多个解决办法，算法也一样。那么怎样比较算法的优劣呢？这里介绍一个概念——算法时间复杂度，它反映了程序运行时间随输入规模增长而增长的量级，即对程序运行时间的估算。一般情况下，程序运行时间越短越好，所以通过算法时间复杂度能够很大程度上反映出算法的优劣。那么如何计算算法时间复杂度呢？

1. 事后统计

一个算法运行所耗费的时间从理论上是不能算出来的，必须上机运行测试才能知道，所以就有了事后统计的方法。计算算法的时间复杂度，往往是为了评测算法的性能，设计更好的算法。如果采用事后统计的方法，则会带来两个弊端：一是要写代码实现算法，并至少运行一次，非常浪费时间；二是容易受到计算机硬件、编程语言效率等环境因素的影响。例如，在文章中搜索特定的词语，如果这个词语出现在文章前面，运行时间就相对短；如果这个词没有在文章中出现，那就要遍历整篇文章才会知道，所花费的时间自然会很长。

2. 事前分析

怎样在设计算法阶段就估算算法的时间复杂度呢？为了忽略计算机的性能影响，可以用步数来描述程序的运行时间。时间的基本单位为“1步”。通过统计算法从开始到结束总共执行了多少步，可以求得算法的运行时间。下面来看一个例子，即寻找数列中的最大值的算法有多少步。

```
def find_max(arr):
    """ 寻找最大值 """
    max_value = arr[0]          # 1步
    sum_steps = 0               # 1步
    for i in range(1, len(arr)):
        sum_steps += 1          # n-1步
        if max_value < arr[i]:
            max_value = arr[i]
    print(" 一共 % 步: ",sum_steps)
    return max_value
#---------------- 例子 -----------------------
print(find_max([3,4,9,10,1,8,90,45,11]))
一共 8 步     # 循环里面的步数 8
90            # 输出结果
```

如果数列中有 N 个数字，那么只需要寻找 N-1 次。当 N 非常大时，可以忽略循环外的步数，这时可以用 $O(N)$ 来表示。O 指 Order，表示忽略重要项以外的内容。$O(N)$ 的含义是，算法的运行时间最长是常数 N，与输入的数据量级是线性关系，其准确的定义读者可参考相关专业书籍。

常见的时间复杂度有 $O(1)$、$O(logN)$、$O(N)$、$O(NlogN)$、$O(N^2)$、$O(N!)$ 等，其优劣排序是 $O(1) > O(\log N) > O(N) > O(N\log N) > O(N^2) > O(N!)$。最理想的算法时间复杂度是 $O(1)$ 常数时间，其表示无论输入是什么，得到结果的运行时间都不变。但这种算法往往需要牺牲存储空间来获得。例如，在通讯录中找电话号码，如果是从头到尾逐个寻找，那么寻找的时间会随着保存的电话号码越多而变得越长；如果是输入姓名寻找，就能马上找到对应的电话号码，无论通讯录中储存了多少个电话号码。

注意：算法复杂度为 $O(1)$ 并不表明这种算法一定非常快，它只是意味着在不同情况下，运行算法需要的时间一样长。如果一个算法每次运行都需要 2 个月，那么它的时间复杂度也是 $O(1)$。

其实一个算法能达到对数时间 $O(\log N)$ 或线性时间 $O(N)$ 的复杂度，已经可以算作一个好算法了；如果算法的时间复杂度是 $O(N^2)$，意味着这个算法可能只能解决一小部分问题（当 N 非常小时）；当算法时间复杂度为 $O(N!)$ 时，它一般没有实际用途，所以应尽量避免使用此类算法。通过观察表 1-1 和图 1-1，读者可以了解不同时间复杂度随 N 变化的情况。

表 1-1　时间复杂度对比

$\log N$	N	$N\log N$	N^2	$N!$
0	1	0	1	1
1	2	2	4	2
1.58	3	4.75	9	6
2	4	8	16	24
2.32	5	11.61	25	120
2.58	6	15.51	36	720
2.81	7	19.65	49	5040
3.0	8	24	64	40320
3.17	9	28.53	81	362880
3.32	10	33.22	100	3628800

注意：$N\log N$、$\log N$ 中 log 的底是 2。

由表 1-1 和图 1-1 可知，$O(N!)$ 的时间接近无穷大，$O(1)$ 是一个常数值，而 $O(\log N)$ 则比较平稳，数据规模对算法运行时间的影响非常小。

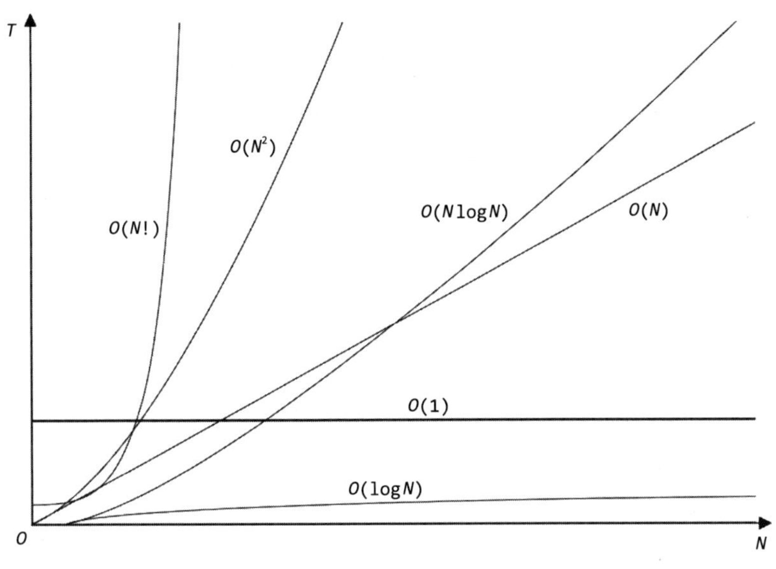

图 1-1　时间复杂度对比

1.1.3　算法空间复杂度

设计算法时，除了考虑时间复杂度之外，还应关注算法的空间复杂度。算法空间复杂度是算法程序在运行过程中占用的存储空间，通常情况下可以分成 3 部分。

（1）第一部分是算法的输入/输出数据占用的存储空间，但这一部分是由待解决问题来决定的，一般不需要考虑。

（2）第二部分是算法本身所占用的存储空间，其与代码量成正比。现在计算机的存储成本非常低，因此我们更多时候会把代码写得清楚明白，从而牺牲一些存储空间，只要计算机能保存，就不用故意压缩代码。

（3）第三部分是程序运行时临时占用的空间。比较理想的情况是，程序运行时只占用少量的临时空间，而且不随问题规模的大小而改变，我们称这种算法为原地算法，是节省存储空间的算法。另一种情况是需要占用的临时空间与问题的规模 N 有关，随着 N 的增大而增大，当 N 较大时，将占用较多的存储单元。这是我们在设计算法时需要重点考虑的地方。当然，不同的程序语言也有其自身的特点，如 C 语言的存储空间都是先定义，再使用。但在 Python 中是在使用时申请空间，不需要预先开辟空间。在这种情况下，如果操作不当，容易出现内存消耗过大的问题。例如下面的字符串相加的例子：

```
url1 = 'www.' + 'python' + '.com'
url2 = ''.join(['www.','python', '.com'])
url3 = '{0}{1}{2}'.format('www.','python', '.com')
print(url1,url2,url3)
```

```
# 结果
www.python.com www.python.com www.python.com
```

可以看到，以上三种操作的结果是一样的，但它们对计算机资源的消耗是不一样的。其中第一种方式效率最低，主要原因是其用“+”进行字符串连接。我们知道，在 Python 中字符串是不可变类型，使用“+”连接两个字符串时会生成一个新的字符串，生成新的字符串就需要重新申请内存，当连续相加的字符串很多时，如：

```
'a' + 'b' + 'c' + ... + 'z'
```

效率将会非常低下。因此，比较提倡采用第二种或者第三种方式，它们在运行过程中只申请一次内存。

1.1.4 算法优劣比较

不同的人对同样的问题有不同的解决办法，如通勤方式可以选择乘坐公交、乘坐地铁、乘坐出租车、步行、自驾等。而不同的通勤方式付出的代价是不一样的：步行省钱，但时间长；乘坐出租车更方便，但价格高。算法也是如此，同样的问题可以使用各种各样的算法来解决，如解决排序问题的算法包括冒泡排序、插入排序、快速排序等。那么怎样判断一个算法的好坏，又如何筛选出合适的算法呢？例如通勤方式，可以通过比较金钱和时间，选择适合自己的通勤方法。算法的优势可以通过以下标准来评定。

（1）正确性：算法最基本的要求。

（2）可读性：算法可供人们阅读的难易程度。

（3）健壮性：算法对不合理数据输入的反应能力和处理能力，也称为容错性。

（4）时间复杂度：算法解决问题的速度。

（5）空间复杂度：算法利用空间的效率。

注意：本书中的例子不一定都会进行这几个方面的优化，这是因为我们希望保持例子的简洁，突出算法的核心思想，减少辅助功能的代码干扰。

在实际工作中，我们更追求算法的效率，即要快。所以，我们更关注算法的时间复杂度，也会花更多时间去优化算法的效率。

1.2 计算机中如何描述算法

我们知道了什么是算法，现在来学习怎样描述一个算法，即向别人介绍自己的算法。要通俗易懂、清晰严谨地描述一个算法不是一件简单的事情，下面一起来尝试一下。

1.2.1 自然语言

先看一个例子，用自然语言描述从 1 开始的连续 n 个奇数求和的算法。

（1）确定一个 n 值。

（2）初始化总和 sum=0，第一个奇数 i=1。

（3）如果 $i<=n$，执行第（4）步，否则执行第（7）步。

（4）总和 sum 自身加上 i 的值。

（5）i 自身加上 2。

（6）重新执行第（3）步。

（7）输出总和 sum 的值，算法结束。

从该描述过程可以看到，用自然语言描述算法非常简单，就像写说明手册，把步骤一个个写清楚即可。但它的缺点是缺乏简洁性，而且每一个人说话的习惯不一样，表达方式不统一，容易产生歧义。

1.2.2 流程图

用流程图描述 1.2.1 小节的例子，如图 1-2 所示。

流程图的优势是形象直观，容易理解。另外要注意，流程图中的矩形、菱形有其特定的含义，这样的设计能够避免歧义。图 1-3 列举了常用流程图的图例。

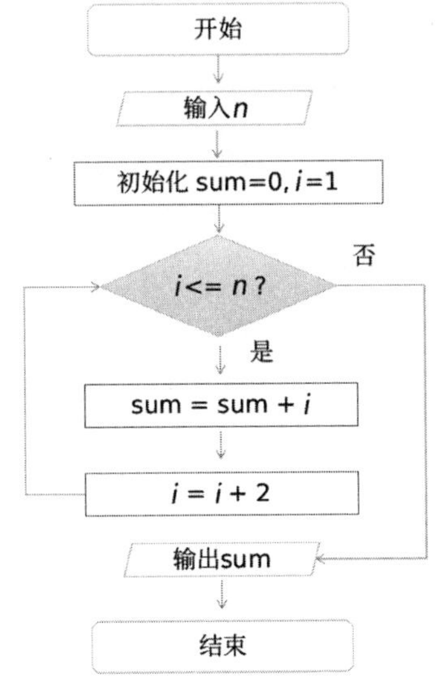

图 1-2　流程图

名称	样式
起止符号	开始/结束
输入/输出框	输入 n
事件处理框	初始化 sum=0, i=1
判断框	i <= n ?
流程线	→

图 1-3　常用流程图的图例

流程图一般可以用 Word、PPT 等办公软件绘制。如果流程图比较复杂，建议使用专门的软件进行绘制，如微软公司的 Visio，也可以使用在线应用，如 ProcessOn 等。

1.2.3　伪代码

伪代码（Pseudocode）是一种非正式的、类似于英语结构的、介于自然语言和计算机语言之间的文字和符号。一般情况下，伪代码用来表达程序员开始编码前的想法。以 1.2.1 小节的例子为例，其用伪代码描述如下。

（1）Begin（程序开始）。

（2）input（输入）*n*。

（3）sum=0; *i*=1。

（4）while（每当）i<=n。

（5）begin（开始循环）。

（6）sum=sum+*i*; *i*=*i*+2。

（7）end while (结束循环)。

（8）output（输出）sum。

（9）End(结束程序)。

可以看到，伪代码已经非常接近真实代码了，其多在技术文档和科学出版物中出现，可以非常直观清晰地表达程序员的想法。由于伪代码没有固定程序语言的形式限制，因此使用不同编程语言的程序员都能理解。

1.2.4　挑战：这个月有多少天

下面使用自然语言和流程图来描述求解某个月有多少天的算法。每个月的天数变动有以下 6 个规律。

（1）有 31 天的月份有：1、3、5、7、8、10、12。

（2）有 30 天的月份有：4、6、9、11。

（3）闰年 2 月是 29 天。

（4）非闰年 2 月是 28 天。

（5）闰年的年份能被 4 整除，如 1996 年是闰年，1997 年不是闰年。

（6）世纪闰年的年份能被 400 整除，如 1900 年不是世纪闰年，2000 年是世纪闰年。

首先使用自然语言来描述这个算法。

（1）输入年份 year 和月份 month。

（2）如果 year>0 并且 1<=month<=12，进行第（3）步，否则到第（12）步。

（3）如果 month 是 1、3、5、7、8、10、12，进行第（4）步，否则到第（5）步。

（4）输出 31 天。

（5）如果 month 是 4、6、9、11，进行第（6）步，否则到第（7）步。

（6）输出 30 天。

（7）如果 year 能整除 100，进行第（8）步，否则到第（11）步。

（8）如果 year 能整除 400，进行第（9）步，否则到第（10）步。

（9）输出 29。

（10）输出 28。

（11）如果 year 能整除 4，那么到第（9）步，否则到第（10）步。

（12）输出“输入有误”。

然后通过流程图来描述算法，具体如图 1-4 所示。

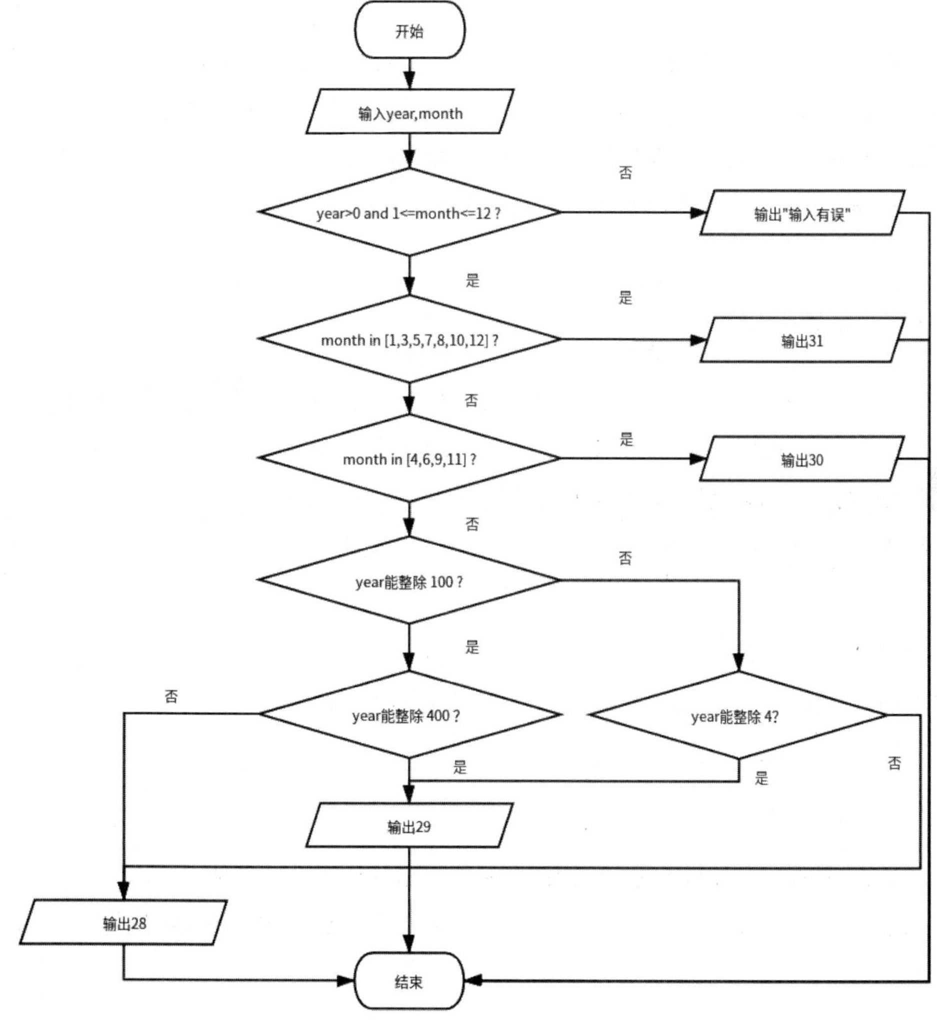

图 1-4　流程图

有兴趣的读者可以尝试用程序实现这个算法。在 Python 中有标准库 calendar 模块，其专门解决日期问题，可以用它来验证算法是否正确。

```
import calendar
print(calendar.monthrange(2000,2)[1])  # 输出 29
print(calendar.monthrange(1999,2)[1])  # 输出 28
print(calendar.monthrange(2019,7)[1])  # 输出 31
```

1.3 Python 概述

本书的算法程序都是用 Python 来实现的，读者如果没有接触过 Python 也不需要担心，因为本书中的例子都有详细注释，如有复杂难懂的地方，也会引导读者寻找更多资料进行深入了解。当然，若能熟练使用 Python，就能更好地理解程序，阅读和理解本书内容的效率也会提高。本节即带领大家一起熟悉 Python，以及怎样方便地使用工具编写 Python 程序。

1.3.1 Python 简介

Python 是一门解释型语言、交互式语言、面向对象语言。何为解释型语言？如果接触过 C 或 Java 语言，会知道运行这些程序时有编译环节，编译通过后才能运行。但是解释型语言没有编译环节，可以直接运行。正因为这样，Python 程序不需要非常严谨的结构，单独一两行代码也可以运行，所以其也称为交互式语言。例如：

```
a = 4 + 3
print("4+3=", a)  # 输出 4+3=7
```

运行上面两行代码，即在屏幕上输出 4+3=7，并且变量 a 已经被记录到内存中了。我们可以继续在终端使用之前的变量：

```
print(a*7) # 输出 49
```

面向对象语言意味着 Python 支持将面向对象的风格或代码封装在对象中的编程技术，可以说在 Python 中的所有内容都是对象。对象有自身属性和方法，可以调用 dir() 函数获取对象所有的属性和方法。

```
print(dir( " hello " )) # 查看一个字符串的属性和方法
# 这里展示部分输出
```

```
['__add__',
 '__class__',
 '__contains__',
 '__delattr__',
 '__dir__',
...
capitalize',
 'casefold',
 'center',
 'count',
...
zfill']
```

运行上面的程序，可以看到非常多的属性和方法，这些内置属性和方法可以大大简化编程代码量。例如，要把 hello 变成大写，可以调用 capitalize() 函数方法：

```
"hello".capitalize() # 输出 HELLO
```

因此，越了解 Python，越能够提高效率。例如上面的例子，如果要自己去写一个方法，即使是熟练的程序员也需要几分钟。

1.3.2 环境搭建

Python 环境搭建的首要问题就是选择版本，Python 现存很多版本，比较流行的有 Python 2.6、Python 2.7、Python 3.4、Python 3.6、Python 3.7，一般将其分为 Python 2.X 和 Python 3.X 两类版本。为什么要特意区分 Python 2.X 和 Python 3.X 呢？因为它们的代码有不兼容的情况，即在 Python 2.X 中运行的程序，如果把它放在 Python 3.X 中就会有可能出错。

因此这里需要强调版本问题，并且本书的例子中如果没有特别说明，都是在 Python 3.6 版本运行。因此，本节介绍 Python 3.X 环境搭建。笔者也推荐读者学习 Python 3.X，因为 Python 2.X 在 2020 年 1 月 1 日已经停止维护。有时读者并不知道在网上找到的 Python 程序是用什么版本编写的，那么在错误的环境中运行或许程序就会报错。这里提供几个小技巧，帮助读者进行判断。

```
print "abc"
```

如果看到 print 语句没有“()”，那么它很大可能就是 Python 2.X 版本。因为 print 的写法在 Python 2.X 版本中是允许的。

如果在程序开头看到下面这行注释，那么它很大可能是 Python 2.X 版本。该语句的作用是把默认的字符编码设置为 UTF-8，而在 Python 3.X 版本中，字符编码默认就是 UTF-8，不需要另外说明。要想知道更多两类版本的差异，可以查询其他专业资料。

```
# -*- coding:utf-8 -*-
```

下面介绍在 Windows 平台中安装 Python 的方法。打开浏览器，在地址栏中输入 Python 官网的网址，进入 Python 下载页面，如图 1-5 所示。

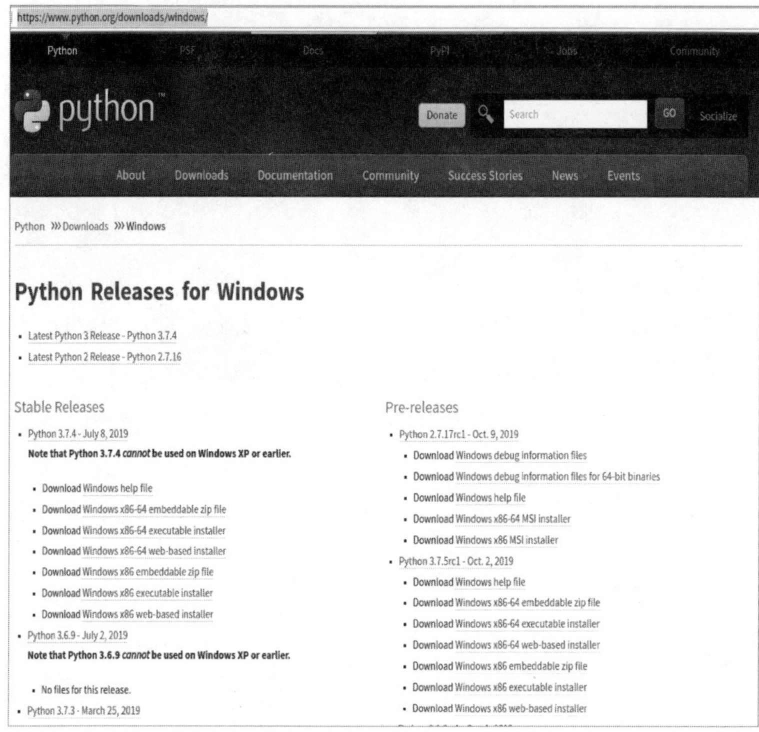

图 1-5　Python 下载页面

选择下载 Python 3.7.4 的 Windows x86-64 executable installer，下载完毕后，双击安装包，进入 Python 安装界面，如图 1-6 所示。

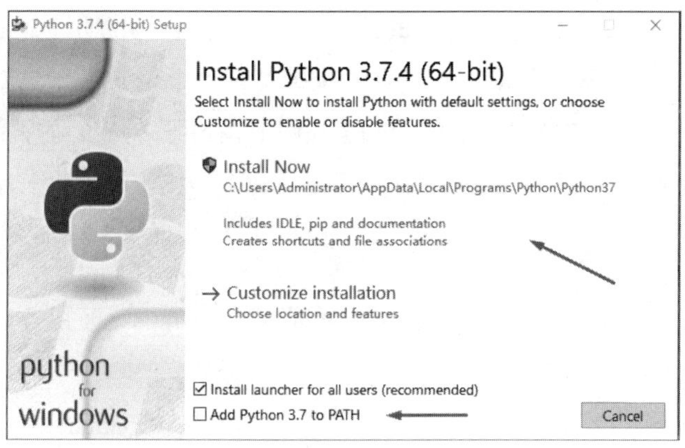

图 1-6　Python 安装界面

选择“Install Now”选项，选中“Install launcher for all users（recommended）”复选框，把 Python 命令添加到环境变量，方便日后调用，如图 1-7 所示。

Python 3.7.4 (64-bit) Setup
Setup Progress
Installing:
Python 3.7.4 pip Bootstrap (64-bit)
python
for
windows
Cancel

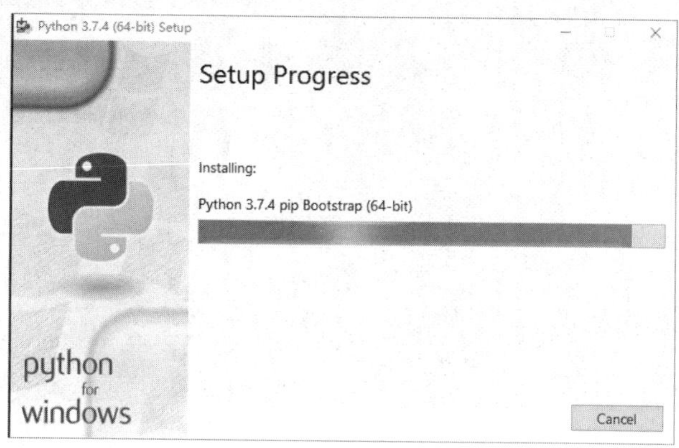

图 1-7　Python 安装进度

选择“开始”→“所有应用”→“Python 3.7”命令，打开 Python IDLE 窗口，如图 1-8 所示。

Python 3.7.4 Shell
File Edit Shell Debug Options Window Help
Python 3.7.4 (tags/v3.7.4:e09359112e, Jul 8 2019, 20:34:20) [MSC v.1916 64 bit (AMD64)] on win32
Type "help", "copyright", "credits" or "license()" for more information.
>>>

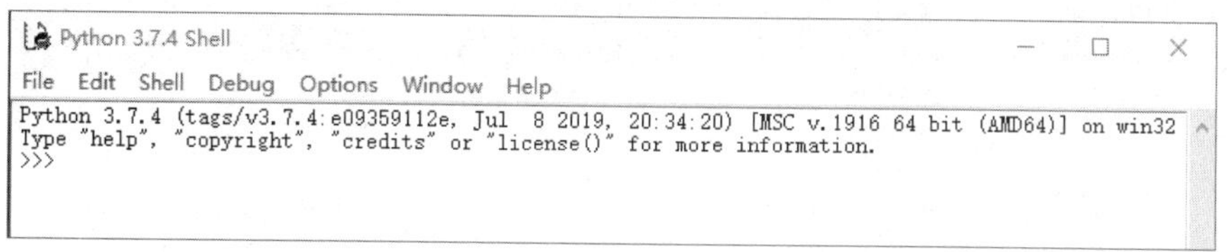

图 1-8　Python IDLE 窗口

在该窗口中可以进行 Python 交互式编程。MAC 平台和 Linux 平台一般情况下已经默认安装了 Python，只要在终端输入“python”，就可以查看当前的 Python 版本，如图 1-9 所示。

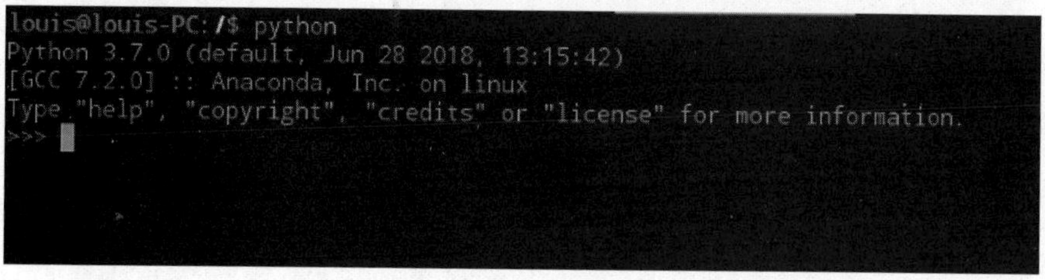

louis@louis-PC:/$ python
Python 3.7.0 (default, Jun 28 2018, 13:15:42)
[GCC 7.2.0] :: Anaconda, Inc. on linux
Type "help", "copyright", "credits" or "license" for more information.
>>>

图 1-9　Python 版本

从图 1-9 中可以看到这是 Python 3.7.0 版本。如果系统自带版本不是 Python 3.X 版本，同样可以在官网上下载对应的安装包，如图 1-10 所示。

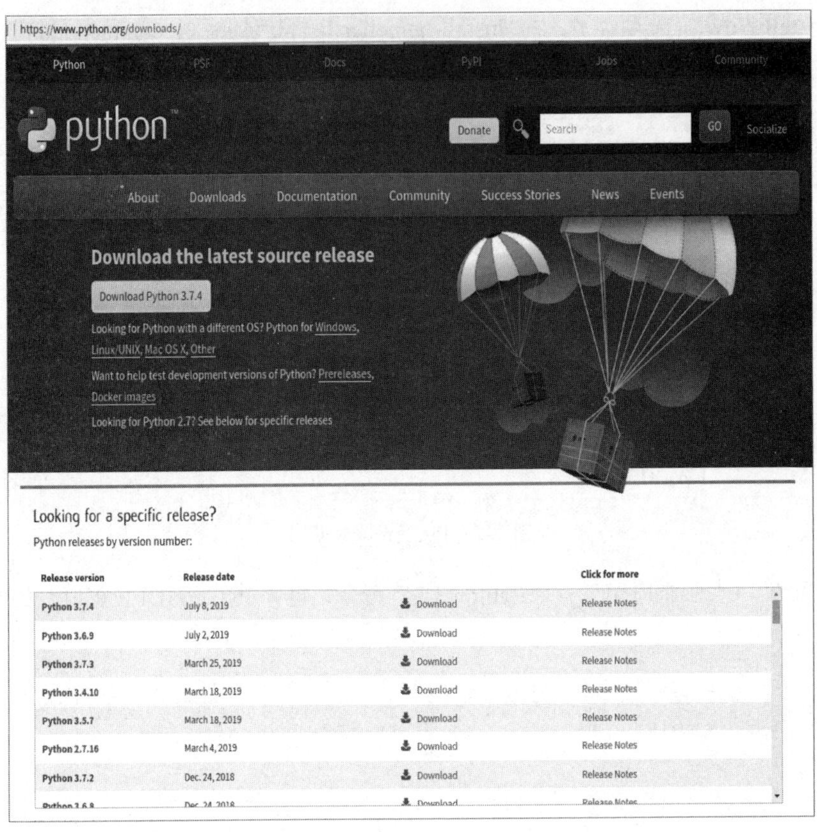

图 1-10　Python 下载窗口

下载完成后，解压下载好的安装包 Python-3.x.x.tgz，具体安装包的名字以下载时的文件名为准，这里是 Python-3.6.5。

```
# tar -zxvf Python-3.6.5.tgz
```

进入解压后的目录，编译安装。

```
# cd Python-3.6.5
# ./configure --prefix=/usr/local/python3    #/usr/local/python3 为安装目录
# make
# make install
```

注意：编译安装前需要安装编译器，如 Linux Centos 系统是 yum install gcc，Ubuntu 系统是 apt-get install gcc，其他版本可以在网上查阅资料，这里不一一介绍。

要启动 Python 3，可输入以下命令：

```
# /usr/local/python3/bin/python3
```

最后留一个最简单的方式供大家选择，但这个办法不提倡，只是临时方案，提供一个方便快捷接触 Python 的途径，降低入门门槛，那就是寻找线上 Python 编程。可以通过搜索引擎查找“在线 Python 编程”，找到一些网页应用，可以简单模拟 Python 编程环境，供大家学习使用。

1.3.3 开发工具介绍

Python 程序运行的环境搭建完成后，即可运行 Python 程序，但此时使用起来不是很方便。例如，打开记事本写入程序，然后保存文件为“hello”，再把文档的扩展名“.txt”改为“.py”，此时可以看到文档图标变成 Python 标记。然后右击文档，在弹出的快捷菜单中选择“Edit with IDLE”命令，打开这个文档，如图 1-11 所示。

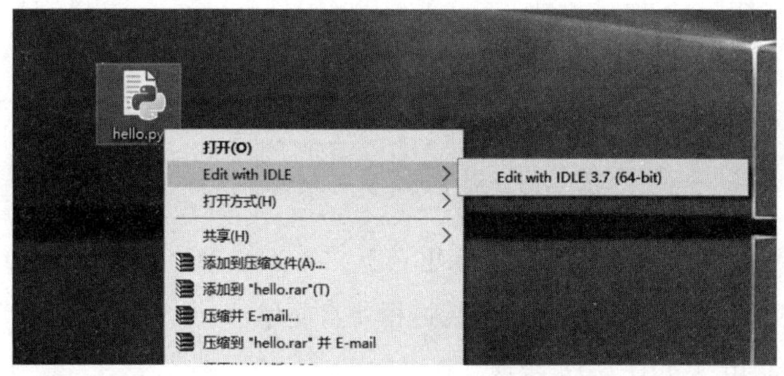

图 1-11 打开 Python 文档

可以通过 IDLE 继续编辑文档，也可以选择“Run”→“Run Module”命令运行程序，如图 1-12 所示。

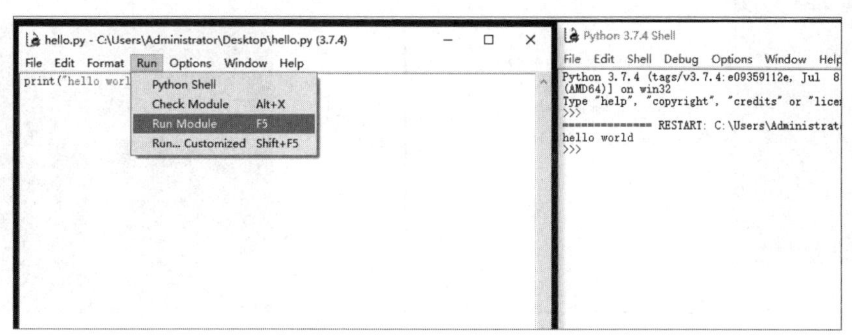

图 1-12 运行 Python 程序

可以看到，图 1-12 右边的 Shell 中输出了程序结果。

下面介绍更为常用的 IDE 工具，方便读者学习和使用 Python。鉴于大部分用户使用的是 Windows 平台，故这里以 Windows 平台为例，介绍怎样安装和使用这些工具。当然，这几个工具在 Mac 和 Linux 平台上同样可以使用。

第一个工具是 Anaconda，它是一个开源的 Python 发行版本，包含 conda、Python 等 180 多个科学包及其依赖项。这个版本本身已经包含非常多的代码库模块，基本可以满足日常编程需要，一次性全部安装好后，使用起来非常方便且节省时间。由于官网网页打开速度很慢，因此这里推荐读者到清华大学开源软件镜像站，如图 1-13 所示。

Anaconda3-5.3.0-Linux-ppc64le.sh	305.1 MiB
Anaconda3-5.3.0-Linux-x86.sh	527.2 MiB
Anaconda3-5.3.0-Linux-x86_64.sh	636.9 MiB
Anaconda3-5.3.0-MacOSX-x86_64.pkg	633.9 MiB
Anaconda3-5.3.0-MacOSX-x86_64.sh	543.6 MiB
Anaconda3-5.3.0-Windows-x86.exe	508.7 MiB
Anaconda3-5.3.0-Windows-x86_64.exe	631.4 MiB
Anaconda3-5.3.1-Linux-x86.sh	527.3 MiB
Anaconda3-5.3.1-Linux-x86_64.sh	637.0 MiB
Anaconda3-5.3.1-MacOSX-x86_64.pkg	634.0 MiB
Anaconda3-5.3.1-MacOSX-x86_64.sh	543.7 MiB
Anaconda3-5.3.1-Windows-x86.exe	509.5 MiB
Anaconda3-5.3.1-Windows-x86_64.exe	632.5 MiB

图 1-13　清华大学开源软件镜像站

因为要安装在 Windows 平台上，所以这里选择“Anaconda3-5.3.1-Windows-x86_64.exe”。等待下载完毕，双击安装包进入安装程序。安装过程非常简单，一直单击“Next”按钮即可，没有特别配置，一直到安装结束，如图 1-14 所示。

在应用中找到新添加的 Anaconda，如图 1-15 所示。

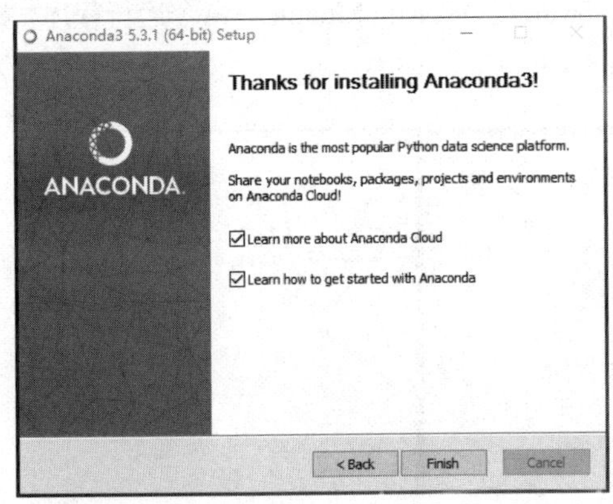

图 1-14　安装 Anaconda

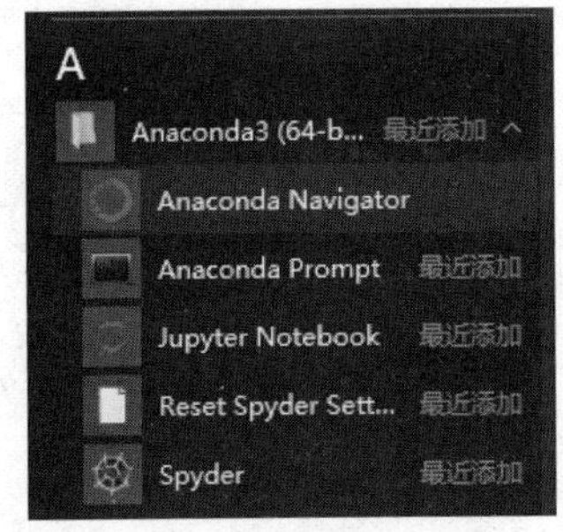

图 1-15　找到新添加的 Anaconda

选择“Anaconda Navigator”，进入应用，如图 1-16 所示。

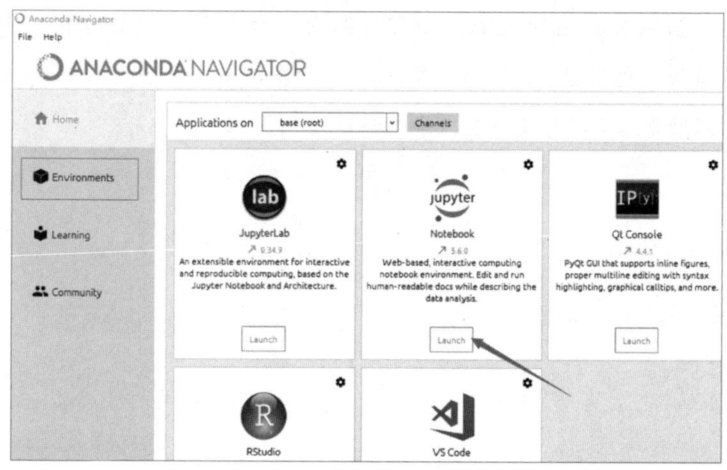

图 1-16　使用 Anaconda

Anaconda 中有很多不同的 IDE 辅助编程，本书推荐使用 Jupyter Notebook，因为本书中的程序会提供 ipynb 版本文件，方便读者学习和测试。本书程序不需要额外添加其他包，如果读者需要在环境中添加新的包，可以选择“Environments”选项卡，其界面如图 1-17 所示。其中 base(root) 是默认环境，如果需要新建环境，可以单击“Create”按钮，在右侧搜索栏中输入想要的包名称。例如，想安装 flask-login，可以输入“flask”，然后即可看到包含 flask 的所有包，并且可以知道该环境中已经安装了哪些包，哪些包没有安装。例如，图 1-17 中的 flask-login 还没有安装，那么只需要选中该复选框即可。

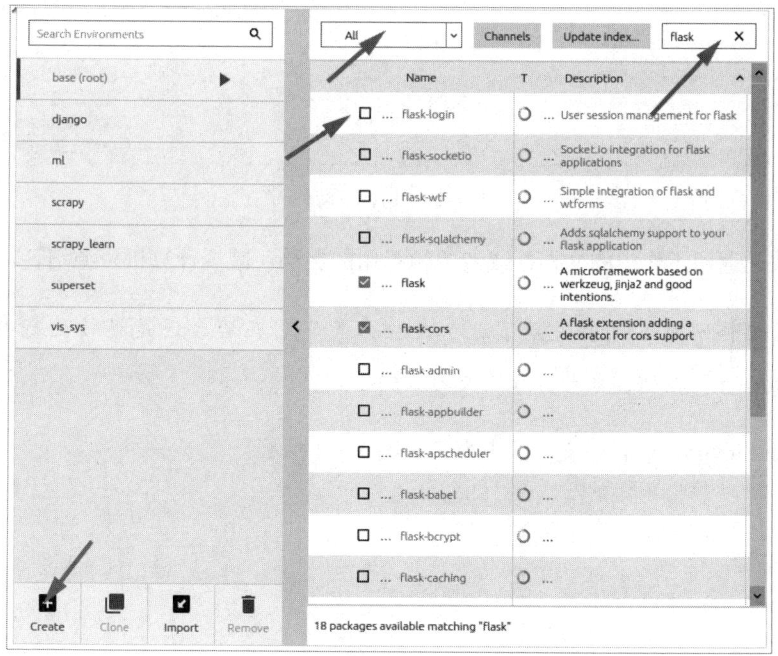

图 1-17　Environments 选项卡

配置好环境后，进入 Jupyter Notebook 页面，如图 1-18 所示。该 IDE 其实是一个在浏览器中运行的网页应用。选择文件目录后，选择“News”→“Python 3”命令，即可创建 ipynb 文件。同时，也可以新建普通的文本文件和文件夹，便于管理文档。

图 1-18　Jupyter Notebook 页面

选择“Runing”选项卡，能够看到打开的 ipynb 文件，如图 1-19 所示。

图 1-19　ipynb 文件

这样可以快速返回工作中的文档，或者关闭不用的文档，减少计算机资源消耗。

注意：关闭该文档网页不代表关闭了这个文档，其实它在后台还是继续运行的。只有单击“Shutdown”按钮，才是真正地关闭了程序。

选择 chapter2.ipynb，查看该文档的内容，如图 1-20 所示。

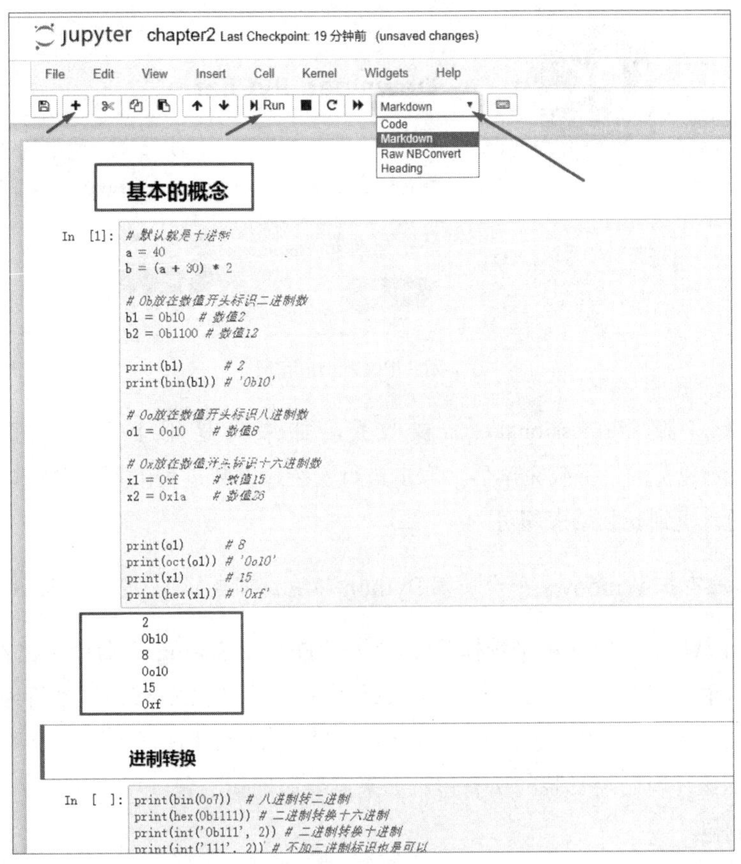

图 1-20　查看 chapter2 文档内容

从图 1-20 中可以看到，文档内容有三个不同格式的内容框。第一个是文字描述，如“基本的概念”，这是一个文本框，其对应的是顶部菜单栏中的 Markdown 选项。这说明在该文本框中输入符合 Markdown 语法的文本，单击“Run”按钮，就可以输出对应的富文本。下面的文本框中是 Python 程序，其对应的是 Code 选项，同样单击“Run”按钮，程序运行结果会在该文本框下方输出。如果需要插入更多的文本框，可以单击“+”按钮。这种结构非常适合写文章和研究报告，其可以把文字和程序自然地混合在一起，使解释程序和算法更加简单便捷。本书中的例子也会按照这种方式展示。

Jupyter Notebook 比较适合研究和学习，但是在工作中编写大型的项目程序时，其并不适合。这里推荐 PyCharm，它是一个非常强大的 IDE，融合了项目管理、环境管理、代码版本管理、数据库连接等多种功能，非常适合大型项目程序的编写。下面介绍 PyCharm 在 Windows 平台的安装和使用。首先进入 PyCharm 官网，如图 1-21 所示。

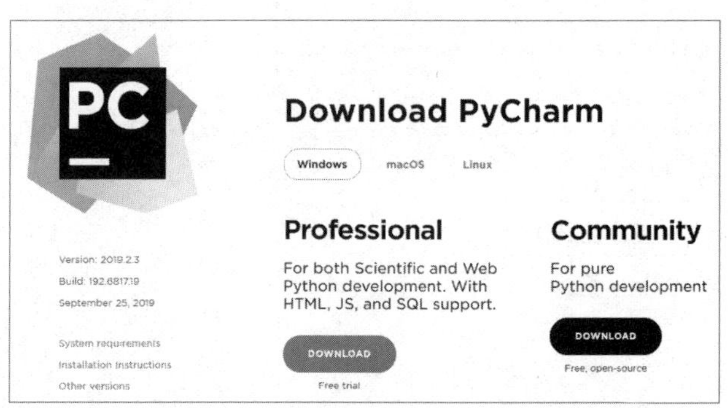

图 1-21　PyCharm 官网

PyCharm 的专业版（Professional）需要收费，如果只是用于学习，建议下载社区版（Community），它是免费的。下载完毕后，双击进行安装，安装过程中不需要进行特殊配置，一直单击“Next”按钮，直到安装结束即可。

注意：如果之前没有在 Windows 平台安装 Python 环境，可查阅 1.3.2 小节进行安装。

打开 PyCharm 软件后，第一步是选择“File”→“Default Settings”命令，进入 Default Settings 界面。该界面中有很多配置选项，如字体、代码颜色提示、快捷键、代码版本管理配置等，其中最重要的是 Project Interpreter，用于选择 Python 环境。图 1-22 中即选择了第二个环境，然后在右侧的列表中就会显示该环境已经安装的所有包。如果需要添加新的包，可以单击“+”按钮，输入包名称，添加想要的包。

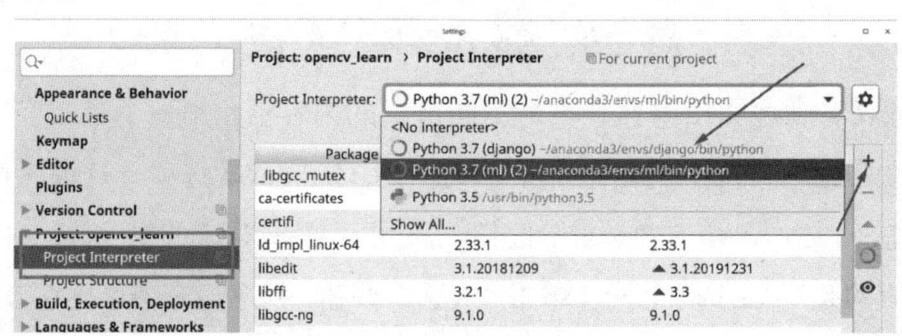

图 1-22　Default Settings 界面

配置完成后，便可以开始创建新的项目了，如图 1-23 所示。

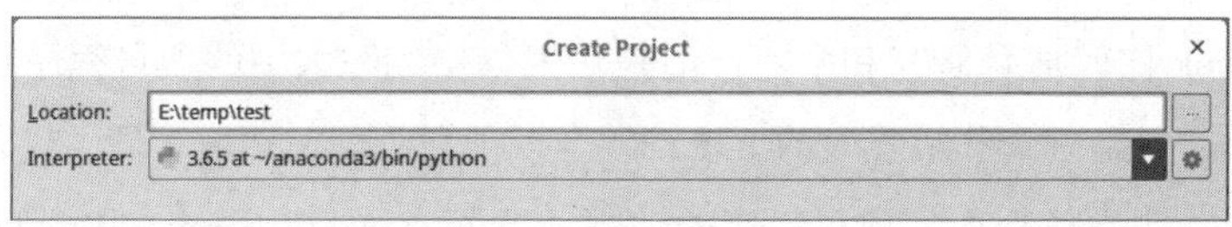

图 1-23　创建新的项目

选择项目目录和项目环境，单击“Create”按钮，创建新的项目。右击项目，在弹出的快捷菜单中选择“New”命令，在其级联菜单中可以选择创建文件夹和不同的文件类型，如文本、Python 程序、HTML 网页、Jupyter Notebook 等，如图 1-24 所示。

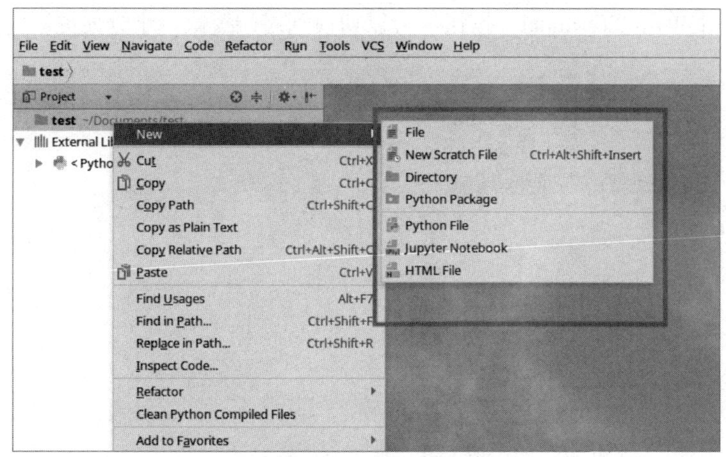

图 1-24　创建的新项目

首先创建一个 Python 程序，命名为“hello_word.py”，在文档中输入以下代码：

```
print("hello word")
```

右击文档的空白处，如图 1-25 所示。在弹出的快捷菜单中选择“Run 'hellow_word'”命令，即可运行代码，底部窗口会输出运行结果。

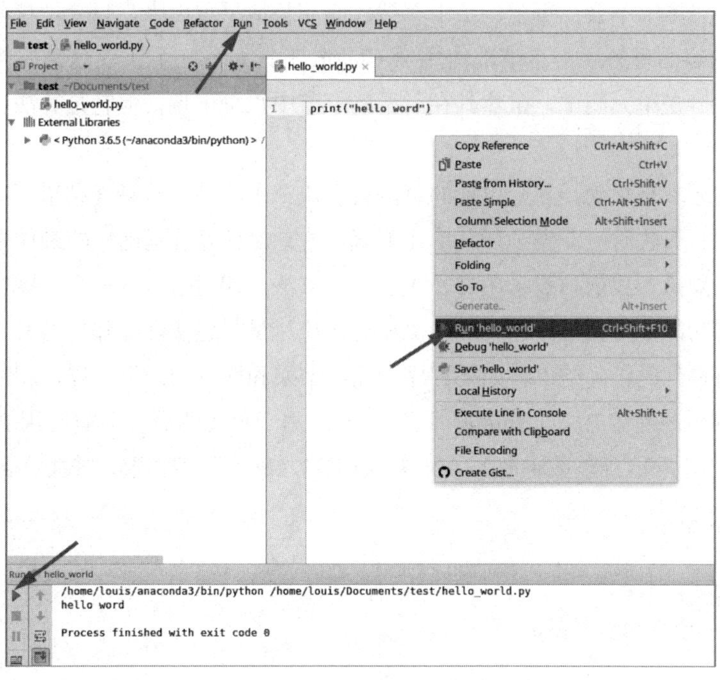

图 1-25　创建 Python 程序

在该窗口中有很多调试工具，如单击“Debug 'hello_word'”按钮，可以实现单步执行；输入变量名，可以跟踪变量的实时变化等，如图 1-26 所示。单击底部的“Python Console”按钮，可以进入 Python 交互模式；单击“Terminal”按钮，可以切换到终端模式，十分便捷。

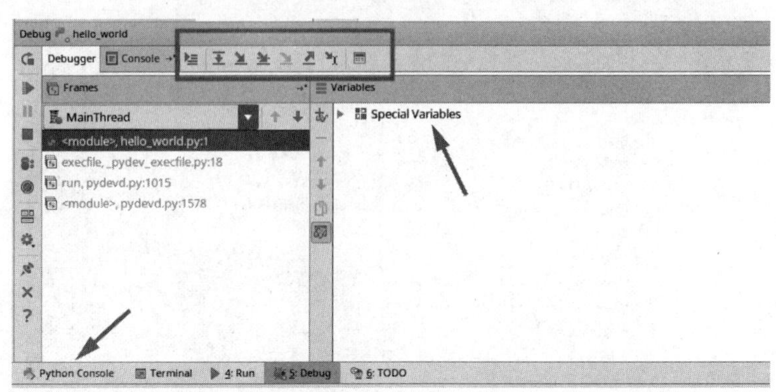

图 1-26　使用 PyCharm

PyCharm 的功能非常多，限于篇幅，本书只是介绍了其中一小部分，有兴趣的读者可以查阅相关专业资料。

1.3.4　单元测试

正如前面所说，本书不会在每个例子中都把代码完整地呈现出来，只会把核心算法的代码写出来，方便读者对内容的理解。本小节即使用 PyCharm 工具编写一个比较完整的例子作为参考。这里要强调的一个内容是单元测试，虽然其在后面的章节中很少出现，但它是算法程序中一个非常重要的部分。

算法最基本的要求是正确，无论设计的算法有多快和多巧妙，若最终结果不正确，一切都没有意义。因此，在编写算法时应首先设计好单元测试，这是保证算法正确性的最佳方法。

怎样设计单元测试？我们一般采用的是黑盒测试方法，即通过数据输入，观察数据输出，同时检查软件程序内部功能是否正常。进行黑盒测试时，应尽量考虑实际操作中各种不同情况的输入，然后设定一个期待得到的正确结果，如果程序的输出结果和期待的结果一样，就通过测试。

Python 自带的标准库中有一个 unittest 模块，专门用于单元测试。下面使用 PyCharm 创建一个项目，编写程序，用于获取正整数 n 的所有约数。如果输入的不是正整数，则返回空队列。实例如下：

```
def get_divisors1(n):
    """
    输入一个正整数 n
    返回 n 的所有约数，包括 1 和 n
    """
    if n < 1:
        return [] # n 必须 >=1
    answer = []  # 保存结果
    for divisor in range(1, n + 1):
```

```
        if n % divisor == 0:
            answer.append(divisor)
    return answer
# 单元测试
import unittest
class TestDivisors(unittest.TestCase):
    def test_one(self):
        '''
        测试输入 4
        期待结果: [1,2,4]
        '''
        result = get_divisors1(4)
        self.assertEqual(len(result), 3)
        self.assertEqual(result[0], 1)
        self.assertEqual(result[1], 2)
        self.assertEqual(result[2], 4)
    def test_two(self):
        '''
        测试输入 -1
        期待结果: []
        '''
        result = get_divisors1(-1)
        self.assertEqual(len(result), 0)

    def test_three(self):
        '''
        测试输入 abc
        期待结果: []
        '''
        result = get_divisors1("abc")
        self.assertEqual(len(result), 0)
    def test_four(self):
        '''
        测试输入一个质数 113
        期待结果: [1,113]
        '''
        result = get_divisors1(113)
        self.assertEqual(result[-1],113)
if __name__ == '__main__':
    # __main__ 可以理解为该程序的入口
    unittest.main() # 运行所有测试
```

注意：if _name_ == '_main_'：当直接运行 py 文件时，if _name_ == '_main_'之下的代码块将被运行；当 py 文件以模块形式被导入时，if _name_ == '_main_'之下的代码块不被运行。

因为这里单击了“Run”按钮，所以是直接运行。那么程序就会启动测试用例，结果如图 1-27 所示。

图 1-27　单元测试

图 1-27 所示的结果中包含了很多信息，其中最后三行是测试用例的结果汇总，Ran 4 tests in 0.000s，FAILED (errors=1) 说明测试程序一共运行了四个测试，用时 0.000s（时间太短），总结果是没有通过测试，存在一个错误。仔细查看屏幕输出的信息，可以发现 ERROR: test_three (__main__.TestDivisors)，即 TestDivisors 中的第三个测试没有通过。所以，当输入不是整数时，程序没有返回期待的结果。通过单元测试，可以很快发现程序的缺陷，即原来程序没有对输入类型是否为整数进行判断，因此程序接收到字符串时就会出错。下面修改代码，再次运行单元测试。

```
def get_divisors2(n):
    """
    输入一个正整数 n
    返回 n 的所有约数，包括 1 和 n
    """
    if type(n) != int:
        return [] # n 必须是整数
    if n < 1:
        return [] # n 必须 >=1
    answer = []   # 保存结果
```

```
    for divisor in range(1, n + 1):
        if n % divisor == 0:
            answer.append(divisor)
    return answer
```

运行结果如下：

```
Ran 4 tests in 0.000s
OK
```

OK 表明程序通过测试。通过该例子，大家可以直观感受到使用单元测试能够简化验证程序的时间。首先不需要每次修改程序后手动输入数据；其次避免了人工输入造成的误操作，保证每次测试数据都是一致的；最后输出结果非常简洁，能够迅速地定位问题，方便修改错误。

1.4 总结

在阅读本书时，希望读者能实际运行本书中的例子，加深对算法的理解；同时一定要多动手，把自己的想法写出来，运行起来。为了方便读者验证本书的程序，笔者已经把书中的代码放在了网上代码仓库（地址在随书附赠的资源中）上，有需要的读者可以自行下载。其使用方式是打开 Jupyter-notebook，找到对应的文件，文件扩展名都是 .ipynb，打开即可直接在浏览器中运行。在文档中从上到下按顺序运行每一段代码，可以非常直观地看到代码的运行结果，如图 1-28 所示。

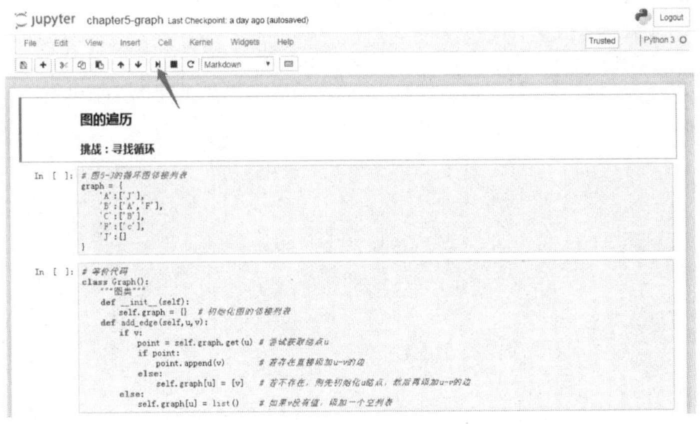

图 1-28　示例代码的使用

如果计算机上没有安装 Python 环境，可以进入 https://github.com/liangxuCHEN/Algorithms_python 网站，这是专门为大家配置的网上运行环境，在里面可以启动网上的 Python 编译环境，直接在浏览器上运行例程，如图 1-29 所示。

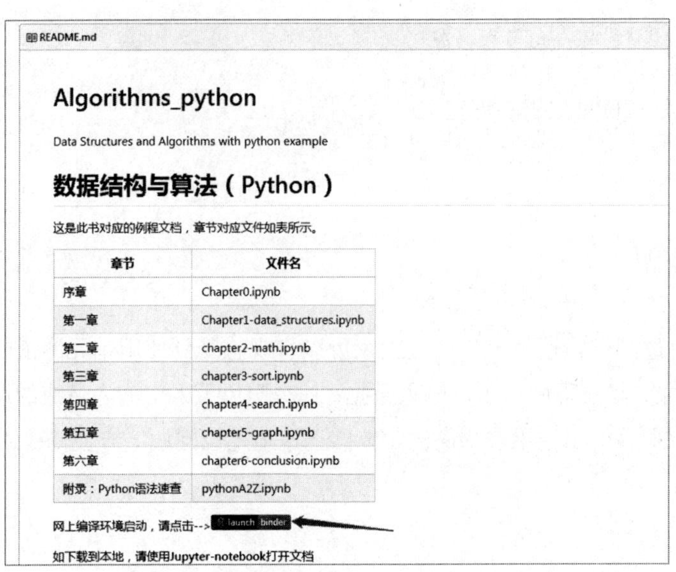

README.md

Algorithms_python

Data Structures and Algorithms with python example

数据结构与算法（Python）

这是此书对应的例程文档，章节对应文件如表所示。

章节	文件名
序章	Chapter0.ipynb
第一章	Chapter1-data_structures.ipynb
第二章	chapter2-math.ipynb
第三章	chapter3-sort.ipynb
第四章	chapter4-search.ipynb
第五章	chapter5-graph.ipynb
第六章	chapter6-conclusion.ipynb
附录：Python语法速查	pythonA2Z.ipynb

网上编译环境启动，请点击--> launch binder

如下载到本地，请使用Jupyter-notebook打开文档

图 1-29　网上编译环境

第 2 章将正式开始学习数据结构，它是计算机算法中的基础知识，涉及很多重要的概念，需要好好学习和理解，为后面学习算法做好充分的准备。

第 2 章 数据结构

数据结构是计算机中的一种特定的存储结构，可以使数据得到有效的利用。数据结构是为了更好地利用数据（快速查找、节省空间）而设计出来的。例如，查字典时，可以通过拼音查找词语，也可以通过偏旁部首查找词语，还可以通过页码直接查找词语。

数据结构和算法紧密相连，前者是静态保存数据，后者则利用这种特定的存储方式高效率地解决问题。例如，在数组 { " 小白 " , " 小红 " , " 小明 " } 中找到“小明”，需要遍历数组中的每一个元素，当数据规模越大时，寻找时间就越长。但如果用哈希表来保存数据，即 { " 001 " : " 小白 " , " 002 " : " 小红 " , " 003 " : " 小明 " } ，只需要输入小明的编号，就可以马上找到小明的信息。从本例中可以看到，不同数据结构直接影响了算法的设计，而且时间和空间复杂度也相差很大，本例就是以牺牲空间来换取时间。哈希表数据结构的特性，可以让查找速度不受数据规模的影响，其时间复杂度为 $O(1)$。

本章主要涉及的知识点如下。

- 熟悉 Python 语法：学会创建 Python 内置的数据结构。
- 数据结构概念：认识不同数据结构的特点。
- 数据结构组合应用：利用不同数据结构解决问题。

2.1 数组

数组是一种线性存储结构，是数据结构中非常基础的结构，因此很多编程语言都内置数组。不同的编程语言，对数组的定义方式也不同，如C、Java语言中，一个数组中的数据必须是同一类型。Python对此的限制比较少，不同类型的数据可以放在同一个数组中，而且Python提供了很多内置属性和方法，方便用户使用。

2.1.1 定义

数组是一个按顺序存储数据的连续的内存空间，所以它的特点是读取数据比较方便，但插入数据或者删除数据比较麻烦，需要改变整个数组中的数据位置，如图2-1所示。

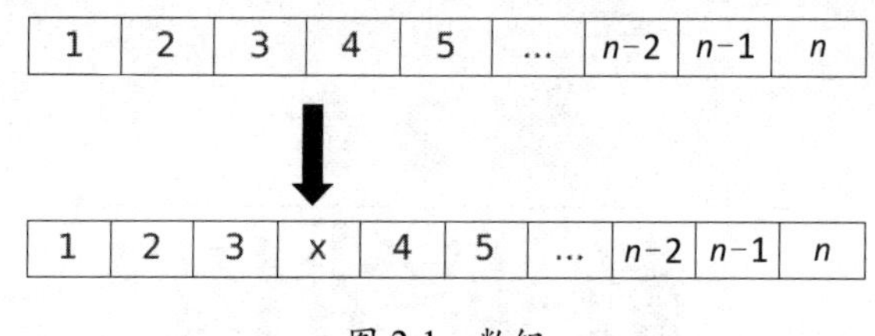

图2-1 数组

从图2-1中可以看到，4后面的所有内存中的数据都要向右移动一个位置，大大增加了计算机运算时间。下面用Python来实现这个过程，定义一个数组，然后在数组中插入一个数值。

```
n = 10
# 创建数组 [1,2,3,4,5,6,7,8,9,10]
list1 = []
for i in range(1, n+1):
    list1.append(i)
# Python 字符串可以用 '' 或 "" 表示
print('原始数组：', list1)
position = 4
value = "x"
# 数据向右移动一个位置
list1.append(list1[n-1])
# -1 表示 i 每次均减一，可以填任意整数，不填默认是 1
for i in range(n, position-1, -1):
    list1[i] = list1[i-1]
list1[position-1] = value
# 格式化输出，%s 表示字符串
print("插入%s后的新数组：" % value, list1)
# ---------- 结果输出 ---------------
原始数组： [1, 2, 3, 4, 5, 6, 7, 8, 9, 10]
```

```
插入 x 后的新数组： [1, 2, 3, 'x', 4, 5, 6, 7, 8, 9, 10]
```

注意：本章的例程都尽量使用简洁的表达，一些 Pyhton 基础语法也会有注释。同时，为了展示更多的 Python 语法特性，例程中会多用不同代码表示同样的操作。

从上面的例子中可以看到数组的一些操作方式，虽然只是插入一个数值，但代码量也不少。不过正如前面提到的，Python 内置很多属性和方法，可以方便用户操作数组，而且运行效率往往比自己写的程序高。例如上面的例子，便能调用 insert() 内置函数来进行操作。

```
import time  # 使用 time 标准库
n = 1000
# 创建数组，单行写法
list1 = [i for i in range(1, n+1)]
position = 4
value = "x"
# 记录开始时间
start = time.clock()
list1.append(list1[n-1])
for i in range(n, position-1, -1):
    list1[i] = list1[i-1]
list1[position-1] = value
print(" 方法 1 运算时间：", (time.clock() - start))
# 使用 Python 内置方法
start = time.clock()
position = 7
value = "y"
list1.insert(position-1, value)
print(" 方法 2 运算时间：", (time.clock() - start))
# ---------- 结果输出 ---------------
方法 1 运算时间： 0.0002729999999999677
方法 2 运算时间： 8.799999999997699e-05
```

把 n 赋值为 1000，扩大数组规模后，能明显看到内置函数使用时间比之前的方法使用的时间大大减少。下面是 Python 中关于数组的常见操作。

```
# 创建数组
list1 = [' 数组 ', 1997, 17.5, [{"a":1},2,3]] # 混合不同类型
list2 = [1]*4          # [1,1,1,1]
# 引索从 0 开始
list1[1]               # 1997
list1[-1]              # -1 是倒数第一个，[{"a":1},2,3]
list1[1:3]             # 切片队列形成新的队列，[1997, 17.5]
# 内置方法
len(list2)             # 求列表长度，4
list2.count(1)         # 求列表中某个值的个数，4
list1.pop(2)           # 删除并返回 index 处的元素，默认为删除并返回最后一个元素
```

```
list1.remove(1997)  # 删除列表中的 value 值，只删除第一次出现的 value 的值
```

2.1.2 挑战 1：海盗船生存大考验

一艘满载货物的轮船在海上航行，突然轮船被海盗船包围，海盗们劫持了轮船，并把所有船员拉到甲板上，一共 64 人。海盗船长告诉他们："现在我们要劫持你们的船，让你们的老板把赎金给我们，才能放你们和货物回去。现在我们先表诚意，释放一半船员回去。你们围成一圈，由第一个人数起，依次报数，数到第 11 人，便可以离开；然后从他的下一个人数起，数到第 11 人，也可以离开。如此循环地进行，直到剩下一半，也就是 32 人为止。"如果你是其中一个船员，你知道站在哪些位置能够安全离开吗？

1. 把背景剥离，找出问题核心，简化问题

N 个人围成一圈，从第一个开始报数，第 *M* 个将出圈；然后继续报数，每到第 *M* 个就出圈，直到剩下 *K* 个。例如，*N*=6，*M*=5，*K*=2，那么出圈顺序是 5、4、6、2，剩余是 3、1。下面用表 2-1 来表示整个过程。

表 2-1 循环过程

编　号	1	2	3	4	5	6
第一轮	1	2	3	4	出圈	6
第二轮	1	2	3	出圈	出圈	6
第三轮	1	2	3	出圈	出圈	出圈
第四轮	1	出圈	3	出圈	出圈	出圈

表 2-1 手动模拟了整个循环过程，现在需要用计算机程序来重现整个过程。首先保存每个人的信息，该题目中可以使用 2.1.1 小节介绍的数组；然后模拟报数过程，每次报数，数组的下标 index 增加 1。那么到数组的最后一个数时，怎样回到数组头部呢？这里用取模运算。

```
index = (index + 1 ) % N
```

注意： 数组下标默认从 0 开始。

在数组中的人有两种状态，如果在圈里，他就会报数；如果在圈外，他就不报数，即下标 index 不增加。因此，用数值 0 和 1 分别代表圈外人和圈内人。最后每一轮报数后，统计圈内人数总和，查看是否满足条件，如果满足条件就停止程序，否则重复上面的过程，直到圈内人数等于 *K*。

2. 估算数据规模和算法复杂度

按照上面的解题思路，在极端情况下，求解所有人出圈的情况，每次报数运算 *M* 次，要循环 *N* 次，因此时间复杂度是 $O(NM)$。当 *N*、*M* 非常大时，运算时间将会非常长。不过按照这道题目的

数量级，不用担心这个问题。空间复杂度就是数组的长度，所以是 $O(N)$。

3. 动手写代码

```
def Josephus_array(N,M,K):
    """
    N: 总人数
    M: 第M个报数的人出圈
    K: 圈内剩K个人结束
    """
    result = []                 # 保存结果，出圈位置编号
    # 验证输入参数是否正确
    if type(K) == type(M) == type(N) == int:  # 是否为整数
        # 确保为正整数，而且 K 小于 N，否则直接输出结果为 []
        if 0 < K < N and M > 0:
            # 初始化程序
            index = 0           # 下标
            number = 0          # 报数计数
            inside_count = N    # 圈内人数
            circle = [1]*N      # 初始化数组，在圈内状态为 1
            # 是否满足结束条件
            while (inside_count > K):
                number += circle[index]
                if number == M:
                    """
                    出圈步骤：
                    1. 记录这个人的位置
                    2. 更改这个人的状态，变成出圈状态，1->0
                    3. 统计圈内人总数，即总人数减 1
                    4. 报数归零
                    """
                    result.append(index+1)        # 数组下标默认从 0 开始
                    circle[index] = 0
                    inside_count -= 1
                    number = 0
                # 取模运算，使 index 在 0~count-1 一直循环，形成循环数组
                index = (index + 1) % N
    return result
```

利用数组结构模拟整个过程。下面检查程序的运行结果。

```
print(Josephus_array(6,5,2))
print(Josephus_array(100,6,"213"))
print(Josephus_array(64,11,32))
# ------ 结果 -----------
[5, 4, 6, 2]
[]
```

```
[11, 22, 33, 44, 55, 2, 14, 26, 38, 50, 62, 10, 24, 37, 51, 64, 15, 29, 43, 58, 8,
25, 41, 57, 9, 28, 46, 63, 18, 36, 56, 13]
```

第一个结果和例子结果一样；第二个输入是有问题的，所以输出空队列；最后一个结果就是这个挑战的答案。

从程序中可以看到，Python 语法非常灵活，如判断条件可以写成接近数学表达习惯的 $0<K<N$。

2.1.3 挑战 2：必胜的游戏

有一个游戏是这样玩的，给出一列数字，如图 2-2 所示。

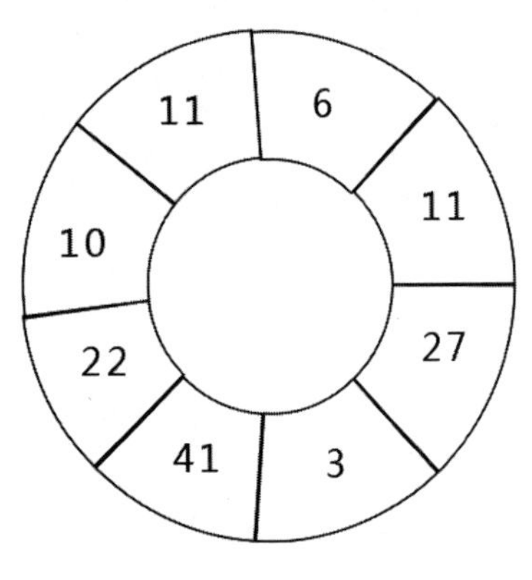

图 2-2 循环数值

首先由你在其中随意选择一个数字，然后轮到你的对手选择数字，但他只能从你上一步选择的数字的左边或者右边选择一个，之后你也只能从对手上一步选择的数字的左边或右边去选择，直到大家挑选完所有数字。最后看谁选择的数字的总和大，谁就取胜。下面模拟一次比赛过程。

（1）你选择 41，总数 41。

（2）对手选择 22，总数 22。

（3）你选择 10，总数 41+10=51。

（4）对手选择 11，总数 22+11=33。

（5）你选择 6，总数 51+6=57。

（6）对手选择 11，总数 33+11=44。

（7）你选择 27，总数 57+27=84。

（8）对手选择 3，总数 44+3=47。

最后你选择的总数和是 84，比对手的 47 大，所以你赢了。现在你明白游戏规则了吗？如果一直让你第一个挑选数字，那么你能保证无论有多少个数字，数字怎样排列，你总是能赢得比赛吗？

1. 把背景剥离，找出问题核心，简化问题

游戏规则很简单，你挑一个数字，它的下标为 index，那么你的对手只能挑下标为 index-1 或者 index+1 的数字。然后把你所选的数值相加，就能得到比赛结果。但怎样选择才能保证赢得比赛呢？这里要注意一个条件，就是你是优先选择数字，而且你的对手只能在你选的数字的左右两边挑选他的数字，即如果你选择偶数位置 4 的数字，那么左右两边都是奇数位置 3 或者 5 的数字，因此对手只能选择奇数位置的数字。然后对手选择位置 5，轮到你时，你就可以选择奇数位置 3 或者偶数位置 6 的数字。你继续选择偶数位置 6 的数字，对手必然只能继续选择奇数位置 3 或者 7 的数字，如表 2-2 所示。

表 2-2　选择过程

选择轮次	0	1	2	3	4	5	6	7
所选位置	6	11	27	3	41	22	10	11

这表明你可以控制对手选择奇数位置或者偶数位置的数字，因此在比赛开始时，你就可以计算出奇数位置的数字总和与偶数位置的数字总和，找出哪个大，然后选择数值大的那边，这样就能总是赢得比赛了。

2. 估算数据规模和算法复杂度

这个挑战的难点在于发现游戏的规律，懂得处理数组下标。根据上一个挑战题目，我们已经知道怎样把一个普通数组变成循环数组了。在算法上会用到数组求和，数组大小为 N，程序就运行 N 次求和，因此时间复杂度为 $O(N)$。程序有一大部分是为了更好地进行计算机与人的交互，如给出相应的辅助信息、判断输入数据的合法性等，保证游戏能正确地进行下去。

3. 动手写代码

```
# 使用 random 标准库进行一些随机操作
from random import randint, choice
def game(N):
    """
    N: 游戏数字个数为 N, 而且 N 必须是大于 0 的偶数
    """
    # 验证输入参数是否正确
    if type(N) == int and N > 0 and N % 2 == 0:
        # 初始化游戏，生成随机数列
        choose_list = []
        odd_sum = 0
        even_sum = 0
        # 记录比赛结果
        computer_choose_sum = 0
        player_choose_sum = 0
        has_choose_index_list = [] #记录已经挑选的数字位置
        for i in range(0, N):
            number = randint(1,100)     # 生成随机数，范围为 1~99
            choose_list.append(number)  # 加入数列中
            if i % 2 == 0:
                even_sum += number      # 求偶数数列和
            else:
                odd_sum += number       # 求奇数数列和
        # 输出初始化的数列，比赛开始
        print(choose_list)
        # 现在你就是计算机，所以计算机先选择数字
        # 先判断选择奇数列还是偶数列
        if odd_sum > even_sum:
```

```
        # 选择奇数列
        choose_flag = 'odd'
        # 在奇数位置中随机选择一个
        choose_index = choice([i for i in range(1, N, 2)])
    else:
        # 选择偶数列
        choose_flag = 'even'
        # 在偶数位置中随机选择一个
        choose_index = choice([i for i in range(0, N, 2)])
    # 记录挑选的位置
    has_choose_index_list.append(choose_index)
    # 统计你的数字和
    computer_choose_sum += choose_list[choose_index]
    # 输出你选择的结果
    print("计算机选择位置{}({}), 暂时总和{}".format(
        choose_index, choose_list[choose_index], computer_choose_sum))
    while(True):
        # 输出对手可以选择的数字
        left_index = right_index = choose_index
        step = 1
        # 下标应该是所选数字下标的左右两侧，若已经被选过了，继续向左（右）找下一个
        while left_index in has_choose_index_list:
            left_index = (choose_index - step) % N
            step += 1
        step = 1
        while right_index in has_choose_index_list:
            right_index = (choose_index + step) % N
            step += 1
        print("您可以选择的位置{left_i}({left_v})或{right_i}({right_v})".
         format(
            left_i=left_index,
            right_i=right_index,
            left_v=choose_list[left_index],
            right_v=choose_list[right_index]))
        input_pass = False
        while not input_pass:
            player_choose_index = input("请输入您选择的位置:")
            try:
                # 检查输入的合法性
                player_choose_index = int(player_choose_index)
                if player_choose_index == left_index or player_choose_
                 index == right_index:
                    # 输入正确，才能跳出循环，到下一步
                    input_pass = True
                else:
```

```
                print(" 输入不合法 , 请输入 {} 或 {}".format(left_index,
                right_index))
        except:
            # 若出错，继续循环，等待下一个输入
            print(" 输入不合法 , 请输入 {} 或 {}".format(left_index, right_
            index))
    # 记录挑选的位置
    has_choose_index_list.append(player_choose_index)
    # 统计对手的数字和
    player_choose_sum += choose_list[player_choose_index]
    print(" 您选择位置 {}({})，暂时总和 {}".format(
        player_choose_index, choose_list[player_choose_index], player_
        choose_sum))
    # 若挑选数字总数等于 N，游戏结束
    if len(has_choose_index_list) == N:
        break
    # 游戏继续 , 轮到你来选择
    left_index = right_index = player_choose_index
    step = 1
    while left_index in has_choose_index_list:
        left_index = (player_choose_index - step) % N
        step += 1
    step = 1
    while right_index in has_choose_index_list:
        right_index = (player_choose_index + step) % N
        step += 1
    # 继续执行计算机的游戏策略
    if choose_flag == 'odd':
        # 选择奇数列
        if left_index % 2 == 1:
            choose_index = left_index
        else:
            choose_index = right_index
    else:
        # 选择偶数列
        if left_index % 2 == 1:
            choose_index = right_index
        else:
            choose_index = left_index
    # 记录挑选的位置
    has_choose_index_list.append(choose_index)
    computer_choose_sum += choose_list[choose_index]
    # 输出你选择的结果
    print(" 计算机选择位置 {}({})，暂时总和 {}".format(
        choose_index, choose_list[choose_index], computer_choose_sum))
```

```
    # 游戏结束，输出比赛结果
    print("-------------- 比赛结束 ------------------")
    print(" 计算机总分 :%d, 您的总分 :%d" % (computer_choose_sum, player_
     choose_sum))
    if computer_choose_sum == player_choose_sum:
        print(" 平局 ")
    elif computer_choose_sum > player_choose_sum:
        print(" 计算机赢了 ")
    else:
        # 对手应该永远也看不到这个
        print(" 恭喜您赢得比赛 ")
```

该程序看起来比较长，是因为有很多用于人机交互的输入 / 输出语句，其中 print 是最常用的输出语句，input 是接受输入的语句。在提示语句中使用 format 和 % 两种方式进行格式化整理。现在运行一个 N=8 的例子，测试效果如何。

```
[28, 94, 74, 86, 99, 12, 46, 74]
计算机选择位置 7(74), 暂时总和 74
您可以选择的位置 6(46) 或 0(28)
请输入您选择的位置 :6
您选择位置 6(46), 暂时总和 46
计算机选择位置 5(12), 暂时总和 86
您可以选择的位置 4(99) 或 0(28)
请输入您选择的位置 :4
您选择位置 4(99), 暂时总和 145
计算机选择位置 3(86), 暂时总和 172
您可以选择的位置 2(74) 或 0(28)
请输入您选择的位置 :2
您选择位置 2(74), 暂时总和 219
计算机选择位置 1(94), 暂时总和 266
您可以选择的位置 0(28) 或 0(28)
请输入您选择的位置 :0
您选择位置 0(28), 暂时总和 247
-------------- 比赛结束 ------------------
计算机总分 :266, 您的总分 :247
计算机赢了
```

如果是运行中的程序，会有输入框出现，程序挂起等待输入，直到按 Enter 键才会继续运行。运行结果中输出的第一个信息是初始化的数组，其在程序中只有一条语句 print(choose_list)，print() 函数会根据不同输出对象自动输出全部内容。这实际上是对象中的 __str__ 和 __repr__ 方法在控制对象信息输出。另外，left_index = (choose_index - step) % N 语句涉及负数取模运算，Python 采用的是 floor 除法的方式，即向下取整，但不是全部编程语言都是一样的，如 C 和 Java 采用 truncate，即截断小数点的方式。

```
# -1 % 5
print("C 或 JAVA", -1 - (5*math.trunc(-1/5)))
print("Python", -1 - (5*math.floor(-1/5)))
--- 结果 ---
C 或 Java 等于 -1
Python 等于 4
```

基于该特性，当向左移动下标，若下标出现负数时，可以通过取模运算来到数组的最后一位。若是其他编程语言，这种方法是行不通的。

2.2 链表

2.1 节介绍的数组是顺序存储结构的线性表。本节介绍的链表数据结构同样是一种线性表，但它是链式存储结构，其可以连续或不连续的存储单元来存储数据。链表的优点是内存动态管理灵活，在插入数据时效率很高，复杂度是 $O(1)$。但是，链表在查找或访问特定节点时，效率比较低，复杂度为 $O(n)$。顺序存储结构和链式存储结构对比如表 2-3 所示。

表 2-3　两种存储结构对比

对比项目	顺序存储结构	链式存储结构
存储效率	高	低
空间分配	提前分配	动态分配
查找	$O(n/2)$	$O(n/2)$
插入	$O(n/2)$	$O(1)$
删除	$O(n/2)$	$O(1)$

2.2.1　定义

线性表链式存储的一组数据应该包含数据元素和一个与后续数据元素的逻辑关系。根据这个逻辑关系，链表可以细分为以下几种类型。

（1）单向链表。单向链表的特点是，链表的链接方向是单向的，每个数据节点包含一个数据和一个指针（指向下一数据节点的地址）。链表有一个特殊节点 head，它指向链表的第一个数据节点；最后一个数据节点的指针则不指向任何元素，一般称为 tail，如图 2-3 所示。

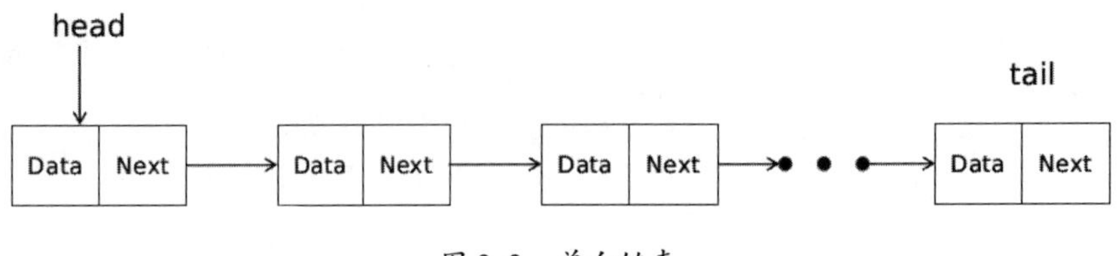

图 2-3　单向链表

（2）循环链表。循环链表和单向链表的区别是，循环链表的最后一个数据节点的指针指向第一个数据节点，是一个闭环链表，如图 2-4 所示。

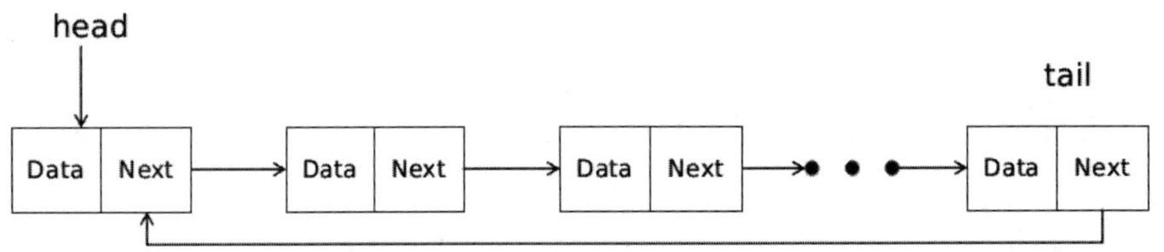

图 2-4　循环链表

（3）双向链表。双向链表在单向链表的基础上增加了一个指针，指向前一个数据节点，如图 2-5 所示。

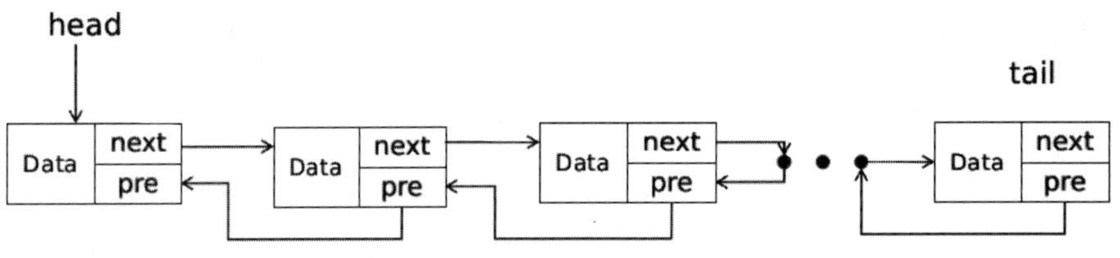

图 2-5　双向链表

现在要利用程序定义链表，并且实现链表的增删改的基本操作。下面以单向链表为例进行说明。

1. 定义数据节点

链表由数据节点构成，因此首先要创建数据节点对象。

```
# 创建数据节点对象
class Node(object):
    # 初始化节点信息
    def __init__(self, data, pnext = None):
        '''
        data: 节点保存的数据
        next: 指针
        '''
        self.data = data
        self.next = pnext
```

```
    # 用于定义 Node 的字符输出
    def __repr__(self):
        # 定义对象在屏幕输出时的信息
        return str(self.data)
```

2. 定义单向链表

```
# 创建单向链表对象
class Chain(object):
    # __xx__ 是 Python 对象的魔法函数
    # 初始化链表
    def __init__(self):
        # 链表头 head，链表长度 length
        self.head = None
        self.length = 0
    def __repr__(self):
        if (self.length == 0):
            print(" 这是一个空链表 ")
            return
        node = self.head
        # 把链表信息记录为一个字符串
        node_list = []
        while node:
            node_list.append(str(node.data))
            node = node.next
        return " ".join(node_list)
    def __len__(self):
        # 要让 len() 函数工作，类必须提供 __len__() 函数，它返回元素的个数
        return self.length
```

3. 插入数值

先从简单的开始，在链表尾部插入数据。如图 2-6 所示，只要把链表最后的数据节点 40 的指针指向新创建的数据节点 26 即可。

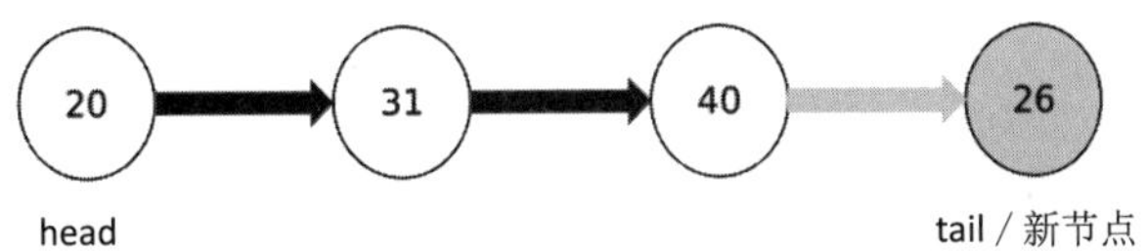

图 2-6　尾部插入

若从头部插入新数据，如图 2-7 所示，把 head 指向新数据节点 26，新数据节点 26 的指针指向链表的第一个数据节点 20 即可。

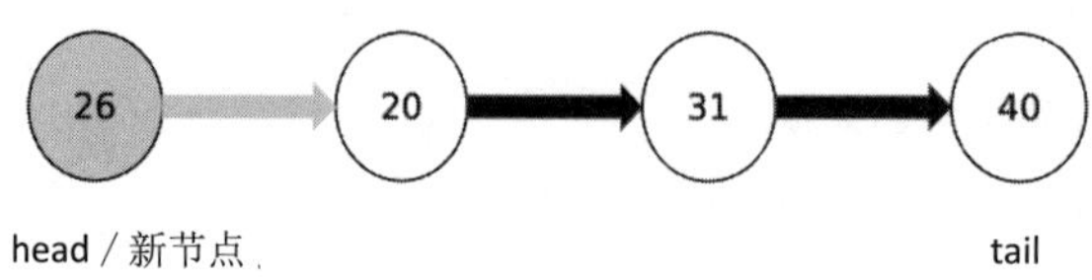

图 2-7　头部插入

若新节点从链表中间的某个地方插入，则相对复杂一点。如图 2-8 所示，首先把新节点 26 的指针指向要插入链表对应位置上的节点 31，然后把链表前一个节点 20 的指针指向新节点 26，这样新的链表就构造好了。

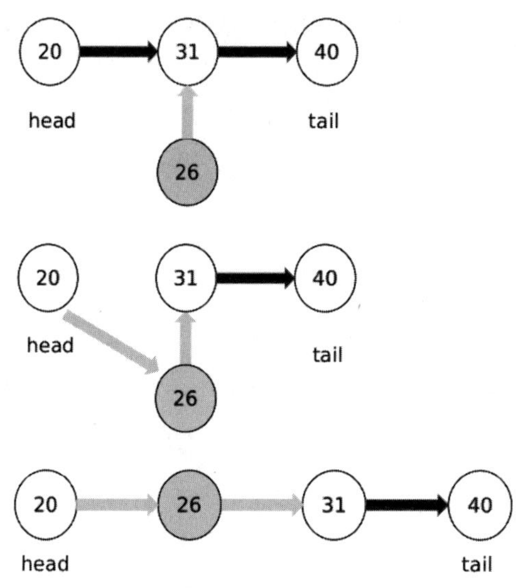

图 2-8　中部插入

现在用代码把上述过程表达出来。

```
# 增加一个节点（在链表尾部添加）
def append(self, dataOrNode):
    item = None
    if isinstance(dataOrNode, Node):
        item = dataOrNode
    else:
        item = Node(dataOrNode)
    # 如果是第一个节点
    if not self.head:
        # 把这个节点作为 head
        self.head = item
        self.length += 1
    else:
```

```
        # 寻找链表尾部节点
        node = self.head
        while node.next:
            node = node.next
        node.next = item
        self.length += 1
# 在索引值为 index 的节点后插入节点 key
def insert_node(self, key, index):
    if index == 0:
        # 头部插入新节点
        node = Node(key)
        node.next = self.head
        self.head = node
    else:
        pnext= self.head
        j = 1
        while pnext and j < index:
            pnext = pnext.next
            j += 1
        if(pnext == None or j > index): #若出错，则返回空
            print(' 插入节点出错 ')
            return
        node = Node(key)
        node.next = pnext.next
        pnext.next = node
    self.length += 1
    print(' 插入节点后的链表：')
    print(self)
```

4. 删除节点

删除第一个节点就是把 head 值变成第二个节点，删除最后一个节点就是把倒数第二个节点的指针清空，这里就不再画图说明了。现在直接来看怎样删除链表中间的某个节点，如图 2-9 所示。首先找到需要删除的节点 26，其次把它的前一个节点 20 的指针指向节点 31，最后删除节点 26，新的链表就构造完成了。

下面通过代码把上述操作描述出来。

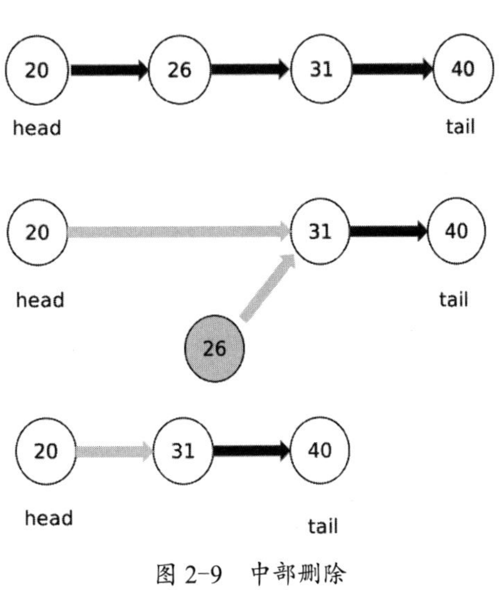

图 2-9　中部删除

```
# 删除一个节点： delete()
def delete(self, index):
    if (self.length == 0):
        print(" 这是一个空链表 ")
        return
    if index < 0 or index >= self.length:
        print(' 下标出错 ')
        return
    # 删除第一个节点的情况
    if index == 0:
        self.head = self.head.next
        self.length -= 1
    else:
        '''
        prev 为保存前一个节点
        node 为保存当前节点
        '''
        j = 0
        node = self.head
        prev = self.head
        while node.next and j < index:
            prev = node
            node = node.next
            j += 1
        if j == index:
            prev.next = node.next
            self.length -= 1
    print(' 删除节点后的链表：')
    print(self)
```

注意：完整程序应该把 append()、insert_node()、delete() 方法都放在 Chain 对象中，作为其对象内方法。

尝试创建一个 Chain 实例，测试其方法是否满足要求。

```
chain = Chain()
for data in [20,31,40]:
    chain.append(data)
print(" 初始链表：", chain)
chain.insert_node(26, 1)
chain.insert_node(100, 0)
print(" 链表长度：", len(chain))
chain.delete(4)
chain.delete(0)
```

```
# ---------结果-----------
初始链表:  20 31 40
插入节点后的链表:
20 26 31 40
插入节点后的链表:
100 20 26 31 40
链表长度:  5
删除节点后的链表:
100 20 26 31
删除节点后的链表:
20 26 31
```

注意：本书后面的例程不会写完整的单元测试程序，只会给出一些简单的例子，便于解释代码的运行。同时，本书后面没有对输入合法性进行充分的检验，这是为了减少代码量和干扰，突出核心内容。

从输出结果来看，其完全符合要求。注意，数组下标是从 0 开始，所以第一个插入节点 26 在 20 后面，新链表中它的下标 index 就是 1。本例中涉及很多 Python 对象的语法，如果要进一步了解其中的内容，如私有变量、魔法函数、继承、多态等，可查阅相关专业资料。

2.2.2 挑战：国王的继承人

某个国家的国王年事已高，他准备把王位传给他的众多王子中的一个。这些王子都非常优秀，这让老国王很头疼，不知道如何选择。后来大家经过商量，想到一个方法：让王子门坐一圈，老国王抽一个数字 M，然后指定从某个人开始报数，报到第 M 个人，这个人就出局；接着下一个人重新开始报数，之后陆续有人出局，直到剩下最后一个人，他就能继承王位了。

1. 把背景剥离，找出问题核心，简化问题

这个问题看起来是否似曾相识？其实它的核心问题和 2.1.2 小节的海盗船生存大考验是一样的，这类问题有一个学术统称 —— 约瑟夫环。本小节的问题与 2.1.2 小节不一样的是，要求最后圈内只能剩下一个人，即 K=1，可使用链表来解决。按照题意，应该使用循环链表，出圈就代表直接从链表上删掉节点，直到链表中只剩一个节点，即它的指针指向它自己。

2. 估算数据规模和算法复杂度

2.1.2 小节中，用数组结构处理问题时，出圈了的人也在参与每次循环，降低了程序效率。这次通过链表结构来优化，通过链表指针指向下一个圈内的人，就可以解决这个问题。每次报数运算 M 次，要循环 N-1 次，因此时间复杂度仍然是 $O(NM)$；空间复杂度是链表空间大小，即 $O(N)$。

3. 动手写代码

```
# 继续使用前面创建的 Node 对象
def create_chain(n):
    # 创建循环链表
    if n <= 0:
        return False
    if n == 1:
        return Node(1)
    else:
        head = Node(1)
        pnext = head
        # 创建数据节点
        for i in range(2,n + 1):
            pnext.next = Node(i)
            pnext = pnext.next
        # 把尾部节点的指针指向头部节点，形成循环链表
        pnext.next = head
        return head
def show_chain(head):
    # 输出链表
    pnext = head
    node_list = []
    while True:
        node_list.append(str(pnext.data))
        pnext = pnext.next
        if pnext == None or pnext == head:
            break
    return " ".join(node_list)
def josephus_chain(n,m):
    if m == 1:
        print('王子人选',n)
        return
    # 创建循环链表
    head = create_chain(n)
    # 输出链表
    print("初始链表：", show_chain(head))
    pnext = head
    # 程序运行到只剩一个节点时结束
    while pnext.next != pnext:
        for i in range(0, k-1):
            prev = pnext
            pnext = pnext.next
        print('淘汰的人',pnext.data)
```

```
        # 绕开出圈的节点
        prev.next = pnext.next
        pnext = prev.next
    print(' 王子人选 ', pnext.data)
```

用本小节的例子中的数据来测试程序。

```
# 国王有 6 个王子，他选了数字 5
josephus_chain(6, 5)
# ----- 结果 -------
初始链表:  1 2 3 4 5 6
淘汰的人 5
淘汰的人 4
淘汰的人 6
淘汰的人 2
淘汰的人 3
王子人选 1
```

该运行结果显然是符合预期的。读者可以进一步探究两种算法的效率，输入相同的参数，删除不必要的 print 语句（比较耗费运行时间），然后比较两种算法的运行时间，看谁的效率高。

2.3 队列

队列是一种受限制的线性表，因为它只允许在表的前端（队头）进行删除操作，而在表的后端（队尾）进行插入操作，该特性简称“先进先出”（First In First Out，FIFO）。在生活中经常遇见这样的事情，如在超市排队结算或者在取号机取号排队等待叫号等，都是按先到先服务的原则，一般情况下不允许插队。

2.3.1 定义

数组和链表都是线性表。队列和它们有两个不同之处，一个是只允许在头部插入数据，称为入队；另一个是只允许在尾部删除数据，称为出队。因此，可以用数组或链表来表示队列结构，只要在它们原有的特性上加上限制就可以。

队列的数组实现

在其他编程语言中，数组需要提前开辟存储空间。如果定义成一般数组，头部下标 head 和尾部下标 tail 会不断增大，很快就会把数组空间用完，因此要定义成循环数组。在循环数组中，要根据 head 和 tail 数值去判断队列状态，如图 2-10 所示。

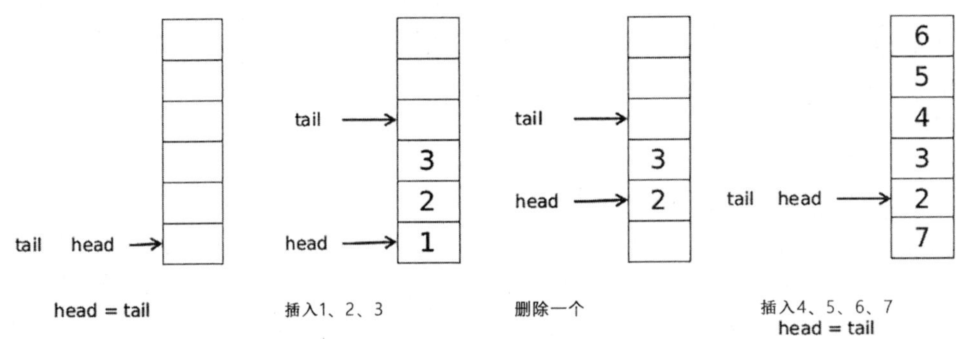

图 2-10 队列

从图 2-10 中可以看到，当 head 和 tail 一样时，队列有可能是空的或者满的状态。因此要注意，在队列满的状态下继续增加数据时会出现溢出，造成数据丢失，要避免这种情况。

Python 中的数组不需要提前开辟存储空间，因此实现起来比较简单，无须定义成循环数组。

```
# 数组实现队列
class Queue(object):
    def __init__(self):
        # 初始化列表
        self.items = []
    def __len__(self):
        return len(self.items)
    def is_empty(self):
        return len(self.items) == 0
    def add(self, value):
        # 数据插入队列
        return self.items.append(value)
    # 出队
    def delete(self):
        if self.is_empty():
            raise Exception(" 队列为空 ")
        # pop 是删除列表元素，默认删除最后一个，添加下标后，可以删除指定下标的数据
        return self.items.pop(0)
    # 输出队列数据
    def show_queue(self):
        print(self.items)
```

队列通过 add() 方法插入数据，delete() 方法删除数据，并且在删除数据时添加是否为空队列的判断。如果是空队列，则会用到 raise，这是自定义的异常，方便调试程序时定位错误。下面来进行调试，看结果是否符合要求。

```
q = Queue()
```

```
print("初始化q队列：", q.items)
print("队列是否为空：", "是" if q.is_empty() else "否")
for i in range(1, 4):
    # 插入数据
    q.add(i)
q.show_queue()
print("队列是否为空：", "是" if q.is_empty() else "否")
print("删掉一个数据")
q.delete()
q.show_queue()
print("插入一个数据5，然后删掉一个数据")
q.add(5)
q.delete()
q.show_queue()
q.delete()
q.delete()
q.delete()
# ---------结果--------------
初始化q队列： []
队列是否为空： 是
[1, 2, 3]
队列是否为空： 否
删掉一个数据
[2, 3]
插入一个数据5，然后删掉一个数据
[3, 5]
<ipython-input-58-113f633ce5a7> in delete(self)
     14     def delete(self):
     15         if self.is_empty():
---> 16             raise Exception("队列为空")
     17        # pop是删除列表元素，默认删除最后一个，添加下标后，可以删除指定下标的数据
     18         return self.items.pop(0)
Exception: 队列为
```

首先按顺序插入数据1、2、3，然后删掉一个数据，结果为[2,3]，也就是第一个插入的1被删除。继续插入5，并删掉一个数据，结果为[3,5]，符合先进先出的预期。最后连续删掉队列中的所有数据，直到程序抛出“队列为空”的异常，整个过程符合预期。观察上面的代码可以发现，Queue类直接使用了Python内置类型列表list的内置属性和方法。因此，这里再介绍另外一种方式，其能节省代码量。那就是直接继承Python的列表类型，继承它的内部属性和方法，只需要重写列表的pop()方法即可。

```
# 继承列表属性和方法来构建队列
class Queue2(list):
    # 只需要改写队列规则
```

```
    def pop(self):
        if len(self) == 0:
            raise Exception(" 队列为空 ")
        # 继承后覆盖 pop() 方法
        super(Queue2, self).pop(0)
#----------- 测试一下 ------------
q = Queue2()
for i in range(1, 4):
    # 插入数据
    q.append(i)
print(q)
q.pop()
print(q)
q.pop()
q.pop()
q.pop()
# --------- 结果 -------------
[1, 2, 3]
[2, 3]
<ipython-input-58-113f633ce5a7> in pop(self)
     26     def pop(self):
     27         if len(self) == 0:
---> 28             raise Exception(" 队列为空 ")
     29         # 继承后覆盖 pop() 方法
     30         super(Queue2, self).pop(0)
Exception: 队列为
```

可以看到，Queue2 类只需 5 行代码就能实现一个队列，非常简洁，运行结果也完全符合预期。

2.3.2 挑战：维修报警器

在某车间里，质量管理员老张遇到了一个困难，他发现工厂中的部分机器已经老化，常常出现问题。虽然他已经提高了抽查频率，但产品的不良率还是不断升高，他觉得这个问题非常棘手。老张找经理反映问题，经理说老板的想法是既不想换设备，也不想增加人手。在这种情况下，老张突然想到技术部的小李，他希望小李能利用计算机技术来解决这个问题。小李得知老张的困难后，来到生产线和老张一起研究合格品和不良品的区别，以及怎样判断机器是否出现了问题。他们发现，每当机器出现大量不良品时，大部分问题是尺寸不符合要求，但尺寸是比较难快速检验的。后来他们换了一种思路——称重，这个测量质量的方法比较容易操作。小李根据这个情况，结合之前产品的数据，设计了一个移动平均值算法，实时计算连续生产出来的七个产品的平均质量，如果数值与标准产品质量超过三个标准差，就会触发系统报警，并且停止该机器的生产。测试例子输入的产品质量参数 M 为 500，标准差 C 为 10，因此三个标准差范围为 470~530，截取的一段问题数据为

481、486、497、518、486、490、550、525、520、528、526、539、536，程序将输入信号提示机器出错，停止生产，并且输出出错的数据 550、525、520、528、526、539、536，计算可知它们的七点移动平均值为 532，确实超出了标准。

1. 把背景剥离，找出问题核心，简化问题

该问题的核心算法是移动平均值的计算，也就是计算一段区间内数据的平均值，那么七点移动平均值就是取连续的七个数值计算平均值，结合例子数据，如表 2-4 所示。

表 2-4　七点移动平均值

数据流													连续七个数据的平均值
481	486	497	518	486	490	550	525	520	528	526	539	536	
481	486	497	518	486	490	550							501
	486	497	518	486	490	550	525						507
		497	518	486	490	550	525	520					512
			518	486	490	550	525	520	528				517
				486	490	550	525	520	528	526			518
					490	550	525	520	528	526	539		525
						550	525	520	528	526	539	536	532

构建一个队列，保存连续七个测量数据，然后求出队列的平均值。当平均值超过标准差三倍时，发出警报，输出队列数据。

2. 估算数据规模和算法复杂度

该算法思路非常清晰，只需要遍历一次所有数据即可，因此时间复杂度为 $O(N)$；在整个过程中只使用了一个队列和一个列表储存输入数据，所以空间复杂度为 $O(N)$。

3. 动手写代码

```
from random import randint
# 使用上面创建的队列类 Queue2
q = Queue2()
# 标准产品的参数
M = 500   # 平均质量
C = 10    # 标准差
point_count = 7 # 测量七个点的平均数
# 模拟生成数据，用 randint() 产生随机数，所以程序运行结果不是每一次都一样。可以适当调
# 整随机数参数，生产出合适的数据
input_data = [randint(M-2*C, M+5*C) for i in range(30)]
```

```
print("生产数据：",input_data)
for data in input_data:
    q.append(data)
    # 队列长度是否达到要求
    if len(q) == point_count:
        # abs()求绝对值
        result = abs(sum(q) / point_count - M)
        # 平均值超过标准差三倍
        if result > 3*C:
            print("机器出错！", "错误数据为：", q)
            print("平均值为：", result)
            # 停止机器，即中断循环
            break
        # 队列已满，因此要把队头数据清除
        q.pop()
else:
    # 程序在循环中若没有中断，就输出这句话
    print('数据全部合格')
```

注意：这里是模拟程序运行情况，实际工作中应该是连续不断的数据流。当然，报警和停止机器这里也只是用输出屏幕信息来替代。如果运行几次没有产生错误数据，那么可以放大产生随机数的范围，以便更容易产生错误数据。

2.4 栈

栈也可以称为堆栈，其和队列一样，都是受限线性表。栈的规则是插入和删除操作只能在表尾进行，这一端也称为栈顶；另一端称为栈底。插入新元素的操作称为进栈或入栈；删除栈上的元素的操作称为出栈或退栈，它会把栈顶元素删除，简称为“先进后出”，如图 2-11 所示。坐电梯时也会有这样的情况，先进电梯的人，要到最后才能出来。

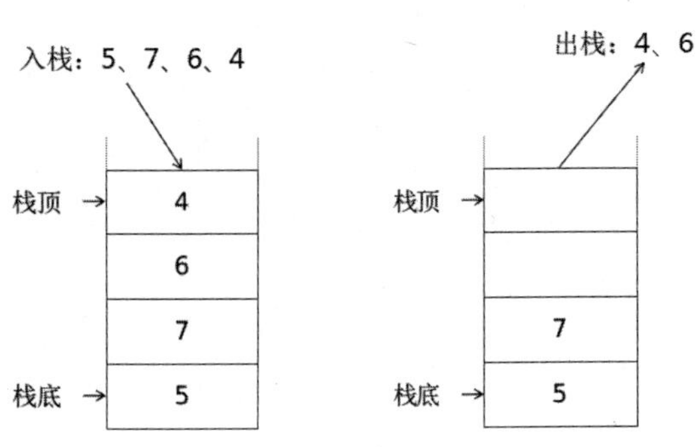

图 2-11　栈

2.4.1 定义

1. 栈的数组实现

从图 2-11 中可以直观地看到栈的结构，下面创建一个栈类，包含的方法有添加元素、删除元素、判断栈是否为空、返回栈的元素个数和输出栈中的所有元素。

```
class Stack(object):
    # 模拟栈的功能
    def __init__(self):
        self.items = []
    def isEmpty(self):
        # 判断栈是否为空
        return len(self.items)==0
    def size(self):
        # 返回栈的元素个数
        return len(self.items)
    def push(self, item):
        # 添加元素
        self.items.append(item)
    def pop(self):
        # 删除元素
        return self.items.pop()
    def show(self):
        # 输出栈中的所有元素，先进后出
        print(" 栈元素：",self.items[::-1])
# ------ 测试 ------
stack = Stack()
print(" 新建栈，栈必定为空 ", stack.isEmpty())
for i in range(3):
    stack.push(i)
print(" 入栈元素 0,1,2")
stack.show()
print(" 出栈 ")
stack.pop()
stack.show()
# ------ 结果 ------
新建栈，栈必定为空 True
入栈元素 0,1,2
栈元素： [2, 1, 0]
出栈
栈元素： [1, 0]
```

从运行结果中可以看到，入栈顺序是 0、1、2，当要输出元素时，按照栈的特点，从栈顶元素开始输出数据，因此输出结果是 2、1、0。

2. 使用 collections 模块构建栈

collections 是一个集合模块，其包含很多常用的集合类型和数据结构。其中，deque 是一个双向列表，它的插入和删除操作十分高效，非常适用于队列和栈。

```
# 用 deque 实现队列
import collections
queue = collections.deque()
for i in range(6):
    queue.append(i)
print(' 初始化队列 ', queue)
# 双向队列添加元素默认是在右边插入
queue.append(6)
print(' 添加元素 6', queue)
# 双向队列 pop() 删除元素默认也是在右边删除，所以要用 popleft() 说明在左边删除
# 右进左出，这样就构成一个队列结构
queue.popleft()
print(' 删除一个元素 ', queue)
# 用 deque 实现栈
print('--------------------------------')
stack = collections.deque()
for i in range(6):
    # 添加元素也可以从左边插入
    stack.appendleft(i*2)
print(' 初始化栈 ', stack)
stack.appendleft(12)
print(' 添加元素 12', stack)
# 删除元素和插入元素都在左边构成了栈结构
stack.popleft()
stack.popleft()
print(' 删除两个元素 ', stack)
# 结果
初始化队列 deque([0, 1, 2, 3, 4, 5])
添加元素 6 deque([0, 1, 2, 3, 4, 5, 6])
删除一个元素 deque([1, 2, 3, 4, 5, 6])
--------------------------------
初始化栈 deque([10, 8, 6, 4, 2, 0])
添加元素 12 deque([12, 10, 8, 6, 4, 2, 0])
删除两个元素 deque([8, 6, 4, 2, 0])
```

2.4.2 挑战 1：和机器人做朋友

现在我们常常能在工作和生活中看到机器人，它们的形态各异，有的像一个大型手臂，有的像一块屏幕，有的像一只狗，还有的像一个人。每一种机器人都各有特色，机械臂在工作中非常有效

率，出错少，并且不需要休息，确实是一个好帮手；机器狗可以和人类说话，会唱歌跳舞，精通各国语言，实在神奇；机器人就是一个计算机，它通过传感器将接收到的信息转换为数字信号，传回计算机芯片中，通过程序计算，对接收到的信息做出适当的反应。传感器可以把光信号、温度信号、声音信号等转换为数字信号，大大方便了我们和机器人的交互。你能够想象以前的人怎样和计算机交流吗？

如图 2-12 所示，纸带上的明暗点表示信号 0 和 1，当时的交流方式是直接传递 0、1 信号，即把二进制数据传送给计算机，非常麻烦。今天大家也来体验一回，做一个“人肉传感器”，尝试把十进制数据转换为二进制数据。

图 2-12　纸带编码

1. 把背景剥离，找出问题核心，简化问题

这是一个数学题，就是把十进制整数转换为二进制整数。这里采用“除 2 取余，逆序排列”法，具体步骤如表 2-5 所示。

表 2-5　进制转换计算

十进制数	除 2 的商	除 2 的余数
11	5	1
5	2	1
2	2	0
1	0	1

从底部向上排列，可以得到十进制数 11 的二进制数为 1011。这个过程和栈元素的入栈和出栈过程是一致的，因此使用栈结构来保存数据。

2. 估算数据规模和算法复杂度

这个算法很简单，时间复杂度和输入数据是对数关系，为 $O(\log N)$；整个过程只使用了一个储存输出数据，所以空间复杂度为 $O(N)$。

3. 动手写代码

```
def change_10_to_2(data):
    input_data = data
    stack = collections.deque()    # 创建栈，保存每次余数
    quotient = data
    while quotient > 0:  # 直到商为 0 才结束
        quotient =  data // 2 # 除 2 商
        remainder = data % 2  # 除 2 余数
        stack.appendleft(str(remainder)) # 在栈顶插入数据
        data = quotient
```

```
    print(input_data, "二进制编码:", "".join(stack))
```

利用 deque 构建一个栈，调用 appendleft() 函数进行左边元素插入，保证入栈元素在栈顶，这样栈中的结果刚好就是二进制数值。

```
change_10_to_2(7)
# 结果
7 二进制编码: 111
```

2.4.3 挑战 2：让机器人帮你检查作业

小倩同学做事马虎，特别是做数学作业的时候，如在写数学公式时经常漏掉括号或者左右括号不匹配。小倩知道自己粗心的毛病，但就是改不过来。她希望有一个机器人能帮她检查作业。现在我们一起来帮小倩实现愿望，为机器人设计一个算法，判断输入的数学公式中括号是否匹配正确，如果括号匹配错误，就给出提示，让她能迅速找到错误的地方并改正过来。预期效果如表 2-6 所示。

表 2-6 测试数据

输入	输出
(5+7) / (9−6) = 4	正确
10+9) * 2+3 = 41	位置 5 出错
15 / (9−4 = 3	位置 4 出错

1. 把背景剥离，找出问题核心，简化问题

把数学公式的输入作为一个字符串，把括号抽取出来，查看是否匹配。例如，(5+7) / (9−6) = 4 去掉多余字符后，剩下括号“()()”，然后使用栈的先进后出规则，当遇到第一个“(”时入栈，接着遇到“)”时判断栈顶与当前字符是否匹配，如果匹配，就把栈顶的“(”出栈，继续判断下一个字符；若不匹配就退出程序，返回错误，同时指出匹配错误的位置。

2. 估算数据规模和算法复杂度

按照算法思路，只需要遍历一次整个字符串就可以得到结果，因此时间复杂度是 $O(N)$；在极端情况下，输入字符串长度为 n 而且都是括号，那么所需栈空间为 n，空间复杂度为 $O(N)$。

3. 动手写代码

```
def is_correct(formula):
    """
    判断数学公式中的括号是否正确
    formula 数学公式字符串
    结果:
    True 无括号或所有括号全部匹配
    False 存在括号不匹配
```

```
    """
    stack = []    # 使用列表 list 模拟栈，保存括号
    formula = formula.replace(" ", "") # 去除多余空格
    for index, char in enumerate(formula, 1):
        # enumerate 表示枚举数据时添加下标
        if  char == "(":   # 左括号，入栈
            stack.append(index)
        elif char == ")":  # 右括号，查看栈数据是否匹配
            if len(stack) > 0:
                # 如果栈中有左括号，弹出栈顶元素
                stack.pop()
            else:
                # 若为空，缺少左括号匹配
                return False, index
    if len(stack) > 0:
        # 如果还有左括号，说明漏掉了右括号，返回匹配错误
        # 如果有多个数据，则只输出栈顶的数据
        return False, stack.pop()
    return True, 0
```

这个算法的逻辑简单，程序不是很复杂。本例中使用 Python 内置函数 enumerate() 生成下标，这是 Python 编程的一个小技巧。参数 1 代表下标开始的编号，默认为 0。这里选择从 1 开始，是为了更贴近使用习惯。这是枚举应用的一种场景，适当使用不同表达技巧去编写程序，可以给大家带来新鲜感，让大家在学习算法时可以更快地提高 Python 编程能力。现在回到题目，一起来测试结果是否符合要求。

```
input_data = [
    "(5+7) / (9-6) = 4",
    "10+9) * 2+3 = 41",
    "15 / (9-4 = 3 ",
    "15+9) / ((9-4*5 = 3"
]
for data in input_data:
    is_pass, index = is_correct(data)
    print(data, " 正确 " if is_pass else " 位置 %s 出错 " % index)
# ----- 结果 --------
(5+7) / (9-6) = 4 正确
10+9) * 2+3 = 41 位置 5 出错
15 / (9-4 = 3  位置 4 出错
15+9) / ((9-4*5 = 3  位置 5 出错
```

注意：函数返回值有两个，用“,”分隔开，所以在等号的左边放了两个参数去接受返回值。

在 print 中用了 if else 单行表示方式，if 前面是条件为真的分支，else 后面是条件为假的分支。输出结果与预期一致。还可以让机器人更智能一点，如当公式正确时，可以计算出结果；或者不仅可以识别小括号，也可以识别中括号、大括号；甚至可以判断字符串中的括号是否配对正确。读者如果有兴趣，可以自己去编码实现。

2.5 哈希表

在生活中常常会有这样的经历，想在微信中找某个人时，直接在搜索框中输入这个人的微信昵称或者是你给他备注的名字，这样就能马上找到他。但有时会出现找不到的情况，或许他改了昵称，或许你记错了他的名字，此时不得不从头到尾把微信联系人看一遍，花费好长时间才能把他找出来。这两种寻找联系人的方式就像哈希表（Hash table）和线性表数据结构。从头到尾翻看一遍联系人就是线性表查找元素的方式，而输入名字来找联系人就是哈希表查找元素的方式。通过关键字和记录位置的对应关系，能迅速找到想要的记录。这就是哈希表非常重要的特点。

2.5.1 定义

哈希表也称散列表，它是一种通过关键码值（key）直接访问的数据结构。换言之，其通过关键值映射到表中的一个位置来访问记录，加快查找速度。这种映射关系称为散列函数，如图 2-13 所示。

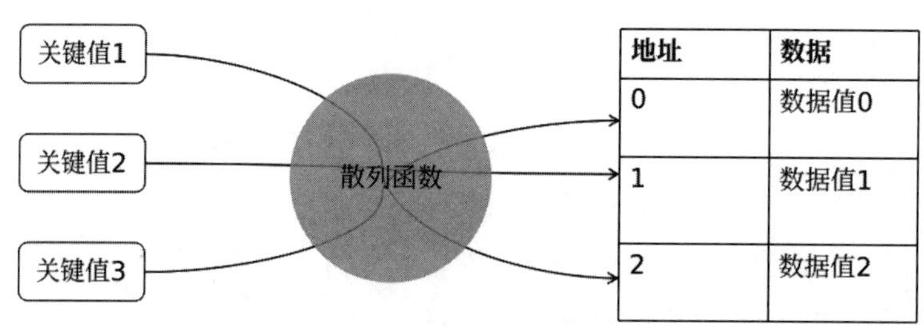

图 2-13 哈希表

可以把哈希表理解为一个数组，每一个索引对应一个存储位置。但哈希表的索引和普通列表索引不同，它不是按照顺序排列的，而是根据散列函数计算关键值来安排位置索引。例如，有一组数据 (1,20),(2,70),(42,80),(7,25),(12,44),(14,32),(17,11),(37,78),(13,98),(25, 61)，设定大小为 20 的哈希表，那么得到的哈希表的索引如表 2-7 所示。

表 2-7 散列函数计算（修正前）

原始索引	关键值	散列函数	地址索引
0	1	1 % 20 = 1	1
1	2	2 % 20 = 2	2
2	42	42 % 20 = 2	2
3	7	7 % 20 = 7	7
4	12	12 % 20 = 12	12
5	14	14 % 20 = 14	14
6	17	17 % 20 = 17	17
7	37	37 % 20 = 17	17
8	13	13 % 20 = 13	13
9	25	25 % 20 = 5	5

观察表 2-7，如果用普通列表来存储这组数据，需要按顺序从 0 开始分配内存空间直到 42，那么至少要用到 43 个内存空间。但通过哈希表结构，用散列函数重新分配地址，能把数据压缩到 20 个内存空间。这是哈希表结构的第二个特点，即节约存储空间资源。

在表 2-7 中有这样的情况，不同的关键值得到了相同的地址索引，如 2 和 42 的地址索引都是 2。因为通过压缩空间，索引很容易发生冲突，这称为哈希冲突。哈希冲突的解决方法非常多，如开放寻址法、再散列法、链地址法、建立一个公共溢出区。这里以开放寻址法为例进行简单说明，其余方法读者可查阅相关专业资料。

开放寻址法解决哈希冲突的思路很简单，当发现地址已经被用了，就寻找下一个地址；如果下一个地址还是被占用，则继续寻找下一个，直到找出未使用的空间地址。常见的开放寻址法有线性探测再散列、二次探查、双重散列等。结合表 2-7，使用线性探测再散列方法，把有冲突的索引地址改正过来。修正后的结果如表 2-8 所示。

表 2-8 散列函数计算（修正后）

原始索引	关键值	散列函数	地址索引
0	1	1 % 20 = 1	1
1	2	2 % 20 = 2	2
2	42	42 % 20 = 2	3
3	7	7 % 20 = 7	7
4	12	12 % 20 = 12	12
5	14	14 % 20 = 14	14
6	17	17 % 20 = 17	17
7	37	37 % 20 = 17	18

续表

原始索引	关键值	散列函数	地址索引
8	13	13 % 20 = 13	13
9	25	25 % 20 = 5	5

从表 2-8 中可以看到，原来有地址冲突的地方，如关键值 42 的地址索引，由原来的 2 变成了 3。线性探测再散列就是当遇到地址冲突时，就按顺序查看下一个地址是否可用，能用就把它用上。下面用程序来描述上述算法。

```
# 创建数据类
class DataItem(object):
    # 初始化数据
    def __init__(self, key, value):
        '''
        key: 关键值
        value: 数据值
        '''
        self.key = key
        self.value = value
    #用于定义输出
    def __repr__(self):
        return "({}:{})".format(self.key, self.value)
# 创建哈希表类
class MyHashTable(object):
    def __init__(self,size):
        self.no_use = None # 表示DataItem未被使用过
        self.size = size # 哈希表大小
        self.table = [self.no_use]*size  # 存储数据的表
    #用于定义输出
    def __repr__(self):
        output_data = []
        for index, data in enumerate(self.table):
            if data:
                output_data.append("{}:{}".format(index, str(data)))
            else:
                output_data.append("{}:{}".format(index, None))
        return ",".join(output_data)
    # 散列函数
    def hash(self, key):
        return key % self.size
    # 插入数据
    def add(self, key, value):
        item = DataItem(key, value)
        hash_index = self.hash(key) #根据散列函数计算出地址索引
```

```
        step = 0
        while( self.table[hash_index] != self.no_use and step < self.size):
            # 若发生哈希冲突，看下一个索引是否可用
            hash_index = (hash_index + 1) % self.size
            step += 1
        if step == self.size:
            # 遍历表也没有找到空余空间
            return False  # 返回 False，表示空间已满，没有执行插入操作
        else:
            # 成功插入数据
            self.table[hash_index] = item
            return True
    # 寻找数据
    def search(self, key):
        hash_index = self.hash(key)
        step = 0
        while( self.table[hash_index] != self.no_use and step < self.size):
            if self.table[hash_index].key == key:
                return self.table[hash_index]  # 找到数据，马上返回
            hash_index = (hash_index + 1) % self.size
            step += 1
        return
    # 删除数据
    def delete(self, key):
        hash_index = self.hash(key)
        step = 0
        while( self.table[hash_index] != self.no_use and step < self.size):
            if self.table[hash_index].key == key:
                tmp_item =  self.table[hash_index]
                self.table[hash_index] = self.no_use
                return tmp_item   # 返回删除的元素
            hash_index = (hash_index + 1) % self.size
            step += 1
        return
# 创建一个大小为 20 的哈希表
table1 = MyHashTable(20)
# 输入例子数据
datas = [(1,20),(2,70),(42,80),(7,25),(12,44),(14,32),(17,11),(37,78),(13,98),(25,
61)]
for data in datas:
    # 添加数据
    table1.add(data[0], data[1])
print(" 初始化的哈希表 ", table1)
print(" 寻找数据 ", table1.search(42))
print(" 删除数据 ", table1.delete(37))
```

```
print("删除数据后的哈希表", table1)
# ---------结果---------------
初始化的哈希表:
0:None,1:(1:20),2:(2:70),3:(42:80),4:None,5:(25:61),6:None,7:(7:25),8:None,
9:None,10:None,11:None,12:(12:44),13:(13:98),14:(14:32),15:None,16:None,17:-
(17:11),18:(37:78),19:None
寻找数据 (42:80)
删除数据 (7:25)
删除数据后的哈希表:
0:None,1:(1:20),2:(2:70),3:(42:80),4:None,5:(25:61),6:None,7:(7:25),8:None,
9:None,10:None,11:None,12:(12:44),13:(13:98),14:(14:32),15:None,16:None,17:-
(17:11),18:None,19:None
```

认真查看输出结果，可以发现初始化的哈希表与表 2-7 是一致的。当输入关键值 42 时，程序也能返回对应的结果；删除关键值 37 后，地址索引 18 的数据变为 None。

读者或许有疑问，当数据存满后怎么办呢？其实方法很简单，扩充表的空间即可。当然，表的空间变大，容易造成内存浪费；但空间过小，就容易发生冲突，降低查找效率。因此，合理的空间设定非常重要。

为什么使用哈希表能提高查找效率呢？举个例子，确定一个人的身份，最好的办法是看身份证，因为身份证号码是唯一的。但有时情况不会这么理想。若只有姓名、性别和工作单位，怎样快速比对两个人的信息是否一致呢？通常的思路是遍历他们的属性，逐个比较数据是否一致，这时时间复杂度是 $O(N)$；若使用哈希表，则只需要做一次哈希校验就可以知道这两条信息是否一致，这时时间复杂度是 $O(1)$，即不管有多少个属性，都只需要比对一次。

```
class User:
    def __init__(self, name, gender, work):
        self.name = name
        self.gender = gender
        self.work = work
    def __hash__(self):
        # 定义散列函数
        return hash((self.name, self.gender, self.work))
# ----------测试---------------
u1 = User('小明', '男', '公司A')
u2 = User('小明', '男', '公司B')
u3 = User('小明', '男', '公司B')
print(hash(u1))
print(hash(u2))
print(hash(u3))
# ----------结果---------------
-8858970535483743585
-6214818746207292415
-6214818746207292415
```

Python 内置了哈希函数，可以帮助用户做散列函数。上例中，u2 和 u3 的信息一致，因此哈希函数的值也一致，只需要判断一次就可以确认两个用户是否为同一个人。

这时若用“==”来比较两个对象是否一致，返回结果并不是 True。

```
print(u3 == u2)   # False
```

因此，需要在类中重写一个内部方法 __eq__()，用其进行比较的相等条件相当严格，只有自己和自己对比才会返回 True。

```
class User:
    def __init__(self, name, gender, work):
        self.name = name
        self.gender = gender
        self.work = work
    def __hash__(self):
        # 定义散列函数
        return hash((self.name, self.gender, self.work))
    def __eq__(self, other):
        # 三个属性一样，就认为是同一个人
        return self.name == other.name and self.gender == other.gender and self.work
== other.work
# ---------- 测试 ----------------
u1 = User('小明', '男', '公司A')
u2 = User('小明', '男', '公司B')
u3 = User('小明', '男', '公司B')
print(u3 == u2) # True
print(u3 == u1) # True
```

Python 中有一种数据类型称为字典 dict，其就是一个哈希表。这里为 Python 初学者简单介绍一下，字典是一种可变容器模型，可存储任意类型的对象。字典的每个键值对（key : value）用冒号“:”分隔，每个对之间用逗号“,”分隔，整个字典包含在花括号“{}”中，格式如下：

```
d = {key1 : value1, key2 : value2 }
```

键必须是唯一的，值则不必。值可以取任何数据类型，但键必须是不可变的，如字符串、数字或元组。常见的定义字典的方式如下：

```
D = {}
D = {'spam':2, 'tol':{'ham':1}}                  # 嵌套字典
D = dict.fromkeys(['s', 'd'], 8)                 # {'s': 8, 'd': 8}
D = dict(name = 'tom', age = 12)                 # {'age': 12, 'name': 'tom'}
D = dict([('name', 'tom'), ('age', 12)])         # {'age': 12, 'name': 'tom'}
D = dict(zip(['name', 'age'], ['tom', 12]))      # {'age': 12, 'name': 'tom'}
```

字典的常用操作如下：

```
D = {'a':1, 'b':2, 'c':3}
print('字典键列表：',D.keys())
print('字典值列表：',D.values())
print('字典键值列表：',D.items())
print('通过键获取字典值', D.get('a', 0))
print('通过键获取字典值，若没有，则返回预设值0：', D.get('d', 0))
add_dict = {'d':5, 'e':6, 'a':0}
D.update(add_dict) # 合并字典，如果存在相同的键值，add_dict 的数据会覆盖 D 的数据
print('合并后的字典', D)
print('删除字典中键值为 a 的项', D.pop('a'))
print('pop 字典中随机的一项', D.popitem())
del D['b'] # 删除字典中的某一项
del D # 删除字典
```

2.5.2　挑战：基因研究

计算机的迅速发展推动了生物医学的发展，生物医学方面的研究常常需要大量的计算和人工模拟过程。例如，一个单一基因组就包含超过 30 亿个碱基对的遗传信息，要对它进行研究分析，若没有计算机的帮助，几乎是不可能完成的事情。现在我们要参与一个基因研究项目，需要通过计算机程序解决以下问题。

人类基因都由一系列缩写为 A、C、G 和 T 的核苷酸组成，如 CCCAGTTAACGCCCGTTGGCCA。在研究人类基因时，识别基因中的重复序列有时会对研究非常有帮助。下面就通过计算机快速遍历基因中的核苷酸排列，找出特定长度 N 的重复序列，并且统计序列出现的次数，按照从多到少输出，并且忽略只出现一次的序列。

1. 把背景剥离，找出问题核心，简化问题

每一个序列就是一个关键值，如果暂时不考虑压缩空间，那么散列函数就直接选用关键值。通过哈希表存储序列出现的次数，按照统计的数量从多到少排列即可。

2. 估算数据规模和算法复杂度

该算法只需要遍历基因序列一次，因此时间复杂度为 $O(N)$；对结果进行排序，快速排序算法的时间复杂度为 $O(\log N)$。空间复杂度由输入 N 来决定。若 N=4，则一共有 4^4=256 种组合，这是一个指数级的复杂度 $O(4^N)$。

3. 动手写代码

```
from collections import Counter  # 再次使用集合库，Counter 可以统计字符串出现次数
def find_DNA_sequences(DNA_sequence, n):
    keys = [] # 把所有基因组合记录下来
    for i in range(len(DNA_sequence) - n+1):
        # 理解为一个滑动窗口，如用 4 个字符串大小的窗口观察 AGTTCGA，可以得到 ['AGTT',
```

```
        # 'GTTC', 'TTCG', 'TCGA']
        keys.append(DNA_sequence[i: i + n])
    return Counter(keys) #统计列表中的基因组合数量
# ------ 测试 -----------
sequences = "CCCAGTTAACGTTAAACCCCCCGTAAAGGGC"
res = find_DNA_sequences(sequences, 4)
print('原始结果是一个无序字典')
for key, value in res.items():  #遍历字典的方法
    if value > 1:  # 按要求只输出重复出现的基因序列
        print(key, value)
# 调用 sorted() 函数，让结果按照基因出现的次数从大到小排序
res = sorted(res.items(), key=lambda x: x[1], reverse=True)
print('排序后的结果成为一个有序列表')
for item in res:
    if item[1] > 1:
        print(item)
# -------- 结果 ------------
原始结果是一个无序字典
GTTA 2
TTAA 2
TAAA 2
CCCC 3
排序后的结果成为一个有序列表
('CCCC', 3)
('GTTA', 2)
('TTAA', 2)
('TAAA', 2)
```

调用 Counter() 函数统计序列的出现次数，结果返回 Python 字典构建的哈希表。在为结果排序时，没有另外写自己的排序算法，而是采用了 Python 中的 sorted() 内置函数，它把结果从无序的字典变成了有序的列表。sorted() 函数中有一个陌生的关键词 lambda，表示一个匿名函数。匿名函数冒号前面的 x 表示函数参数，它有一个限制，即只能有一个表达式，不用写 return，返回值就是该表达式的结果。用匿名函数有一个好处，即不必担心函数名冲突。这里依据 res 中的值进行从大到小排序，因此 Sorted() 函数的第一个参数选择 res.items()，它的输出是一个元组，如 (GTTA 2)；第二个参数 key 是一个匿名函数，x 代表 res.items() 中的值，排序是依据基因数量值，即元组的第二个值，故匿名函数返回值选择 x[1]。sorted() 函数的默认排序是从小到大，所以需要设置第三个参数 reverse 为 True。

虽然上面的算法解决了问题，但是空间复杂度是指数级，这在实际工作中是不可接受的。因此，还需要考虑优化算法。其中一个方法是对基因 A、C、G、T 进行编码，用两位二进制数就可以表示，如表 2-9 所示。

表 2-9　二进制编码

核苷酸	二进制编码
A	00
C	01
G	10
T	11

如上面的例子所示，如果是统计四个核苷酸的序列，每一种的组合就是八位二进制数，再把这个二进制数变成整数并作为地址索引，如 GTTA 的二进制是 10111100，对应的十进制数字是 188，存储空间大大缩小，空间复杂度降为对数关系 $O(\log N)$。下面按照这个思路为上面的程序加上散列函数。

```
def hash_code(sequence):
    code_map = {
        'A': '00',
        'C': '01',
        'G': '10',
        'T': '11'
    }
    code = []
    for key in sequence:
        if key not in code_map.keys():
            return None
        code.append(code_map[key])
    code = int("".join(code), 2) # 二进制数据转换为十进制数据
    return code
# -------- 运行 ----------
hash_code('GTTA')
# --------- 结果 ----------
188
```

有兴趣的读者可以把程序补充完整。关于进制转换的问题，本书第 3 章会进一步深入讨论。

2.6 树

生活中常常会看到树型结构，如书籍目录、思维导图、公司结构图、家族图等，如图 2-14 和图 2-15 所示。

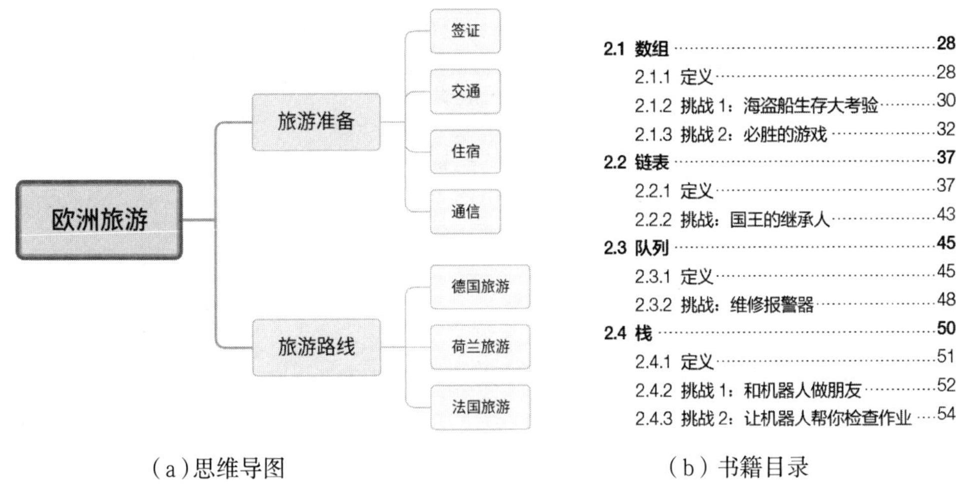

（a）思维导图　　　　（b）书籍目录

图 2-14　树结构例子（一）

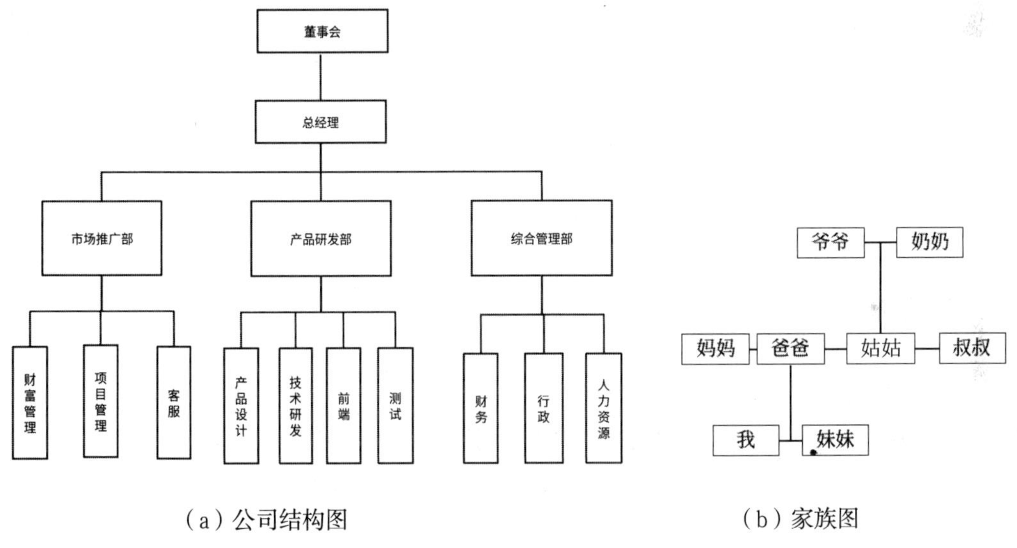

（a）公司结构图　　　　（b）家族图

图 2-15　树结构例子（二）

在计算机中也会使用到树型数据结构，包括二叉树、二叉搜索树、红黑树等。树型结构中还有很多专业术语，如满二叉树、完全二叉树、深度、叶节点、左节点、左遍历、中遍历等。本节将会对常见树的相关概念和用途进行说明。

2.6.1　定义

首先介绍树的概念和基本术语，如图 2-16 所示。

（1）根节点（Root）：树顶端的节点称为根节点，一般一棵树只有一个根节点。

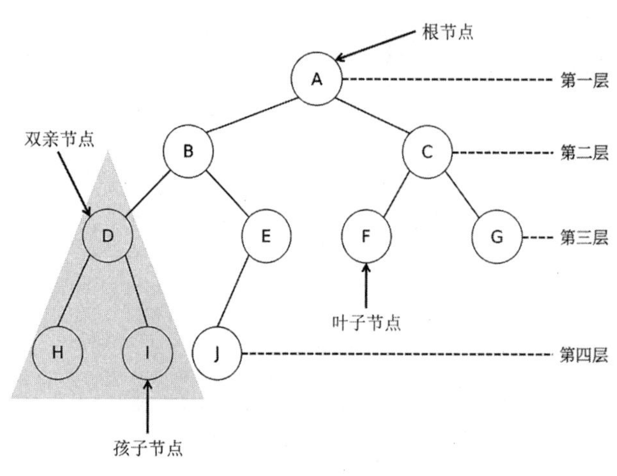

图 2-16　树的概念

（2）双亲节点（Parent Node）：三角形阴影中的 D 是 H 和 I 的双亲节点。同理，A 是 B 和 C 的双亲节点。

（3）孩子节点（Child Node）：与双亲节点相反，H 和 I 是 D 的孩子节点。

（4）节点的度（Degree）：节点拥有的子树的数目。例如，节点 D 的度为 2，节点 E 的度为 1。

（5）叶子节点（Leaf Node）：度为 0 的节点称为叶子节点。

（6）兄弟节点（ Brother Node）：一个双亲节点下的孩子节点互为兄弟节点。例如，*H* 和 I 为兄弟节点。

（7）节点层次（Level）：根节点为第一层，它的子节点为第二层，依次向下递推，如 H、I、J 均为第四层。

（8）树的深度（Level of Tree）：树中节点的最大层次，如图 2-16 中树的深度为 4。

（9）树的度（Degree of Tree）：树中节点的度的最大值，如图 2-16 中树的度为 2。

2.6.2　二叉树

二叉树（Binary Tree）是一种特殊的树结构，图 2-16 所示的就是一棵二叉树，它的每个节点最多有两个子树，也可以说二叉树中没有度大于 2 的节点。二叉树中还包括三种特殊的二叉树。

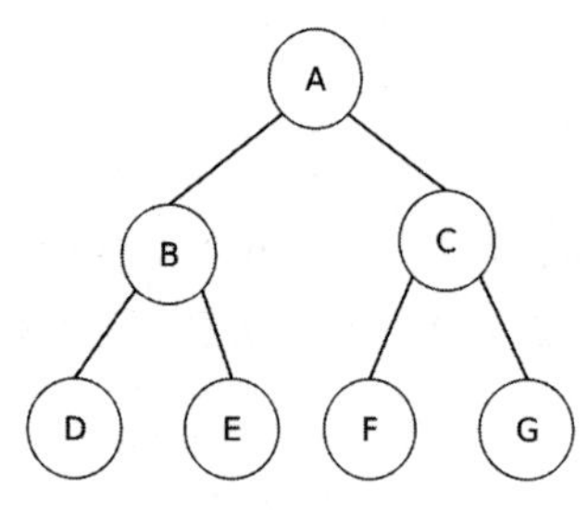

图 2-17　完美二叉树

（1）完美二叉树（Perfect Binary Tree）：除了叶子节点之外的每一个节点都有两个孩子节点 , 每一层（包含最后一层）都被完全填充，如图 2-17 所示。

（2）完全二叉树（Complete Binary Tree）：除了最后一层之外的每一层都被完全填充，并且所有节点都保持向左对齐，如图 2-18 所示。

（3）完满二叉树（Full Binary Tree）：除了叶子节点之外的每一个节点都有两个孩子节点，如图 2-19 所示。

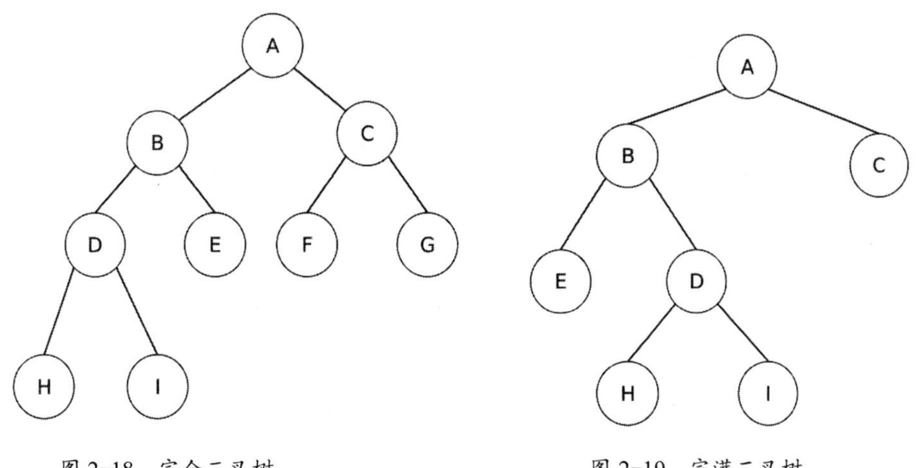

图 2-18　完全二叉树　　　　图 2-19　完满二叉树

了解这些基本概念后，接下来学习操作二叉树。第一步是获取数据，通常有三种方法。

1. 先序遍历

先序遍历（Pre-order Traversal）是先访问根节点，然后访问左子树，最后访问右子树。访问左子树也是按照这个规则，先访问双亲节点，然后访问左节点，最后访问右节点。

如图 2-20 所示，用先序遍历来访问这棵树，首先访问 A 根节点，然后来到 B 子树。在 B 子树中同样用先序遍历，先访问 B 节点，接着是 D 节点，再到 E 节点。访问 B 子树结束后，来到 C 子树，用同样的方式访问节点。整个访问顺序是 A → B → D → E → C → F → G。

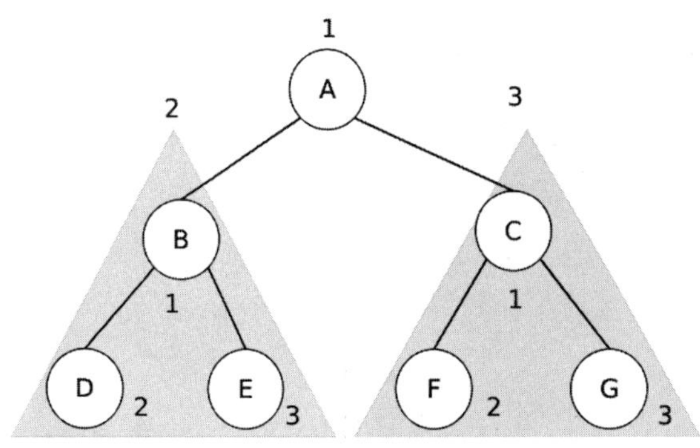

图 2-20　先序遍历

2. 中序遍历

中序遍历（In-order Traversal）是从根节点开始，首先访问左子树，然后访问根节点，最后访问右子树。

如图 2-21 所示，用中序遍历来访问这棵树。第一步来到 A 根节点的 B 子树，然后找到 B 子树的左子树，因此首先访问 D 节点，然后是 B 节点，接着是 E 节点。访问 B 子树结束后，回到 A 节点，再进入 C 子树，用同样的方式访问节点。整个访问顺序是 D → B → E → A → F → C → G。

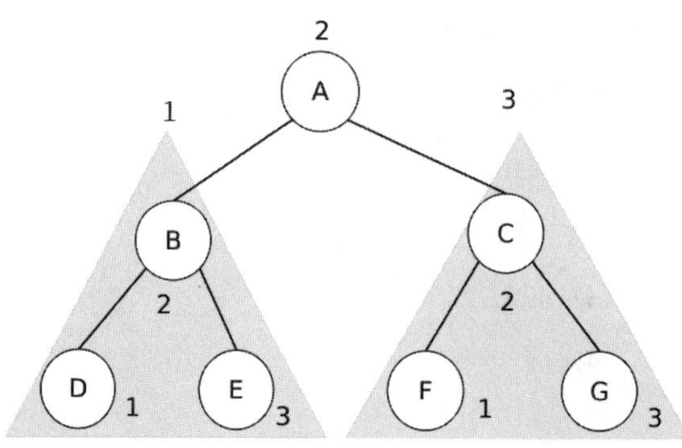

图 2-21　中序遍历

3. 后序遍历

后序遍历（Post-order Traversal）是先访问左子树，然后访问右子树，最后访问根节点。

如图 2-22 所示，用后序遍历来访问这棵树。第一步来到 A 根节点的 B 子树，然后找到 B 子树的左子树，因此首先访问 D 节点，然后是 E 节点，接着是 B 节点。访问 B 子树结束后，马上进入 C 子树，用同样的方式访问节点，最后才访问 A 节点。整个访问顺序是 D → E → B → F → G → C → A。

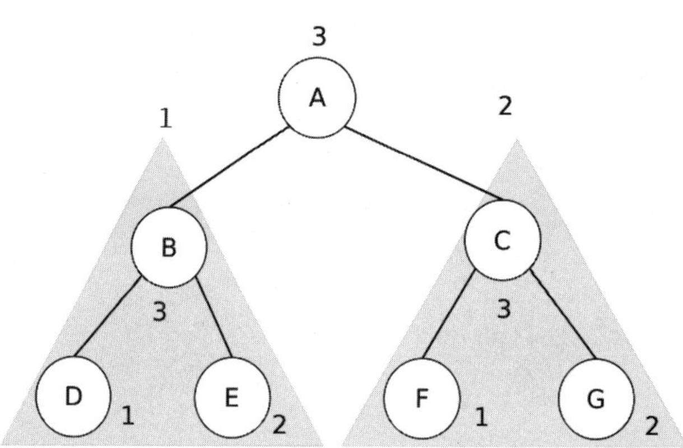

图 2-22　后序遍历

下面用代码来描述二叉树的三种遍历算法，首先定义一个节点对象。

```
# 创建节点对象
class TreeNode(object):
    def __init__(self, value, left=None, right=None):
        if left is not None and not isinstance(left, TreeNode):
            raise ValueError('左孩子节点必须是节点类')
        if right is not None and not isinstance(right, TreeNode):
            raise ValueError('右孩子节点必须是节点类')
        self.value = value  # 节点值
```

```
        self.left = left    # 左孩子节点
        self.right = right  # 右孩子节点
    def __repr__(self):
        return 'TreeNode({})'.format(self.value)
    def insert_left(self,value):
        # 在左边插入新的节点
        if self.left == None:
            self.left = TreeNode(value)
        else:
            # 若节点存在，把原来的节点放到新节点的左孩子节点
            tmp = TreeNode(value)
            tmp.left = self.left
            self.left = tmp
    def insert_right(self,value):
        # 在右边插入新的节点
        if self.right == None:
            self.right = TreeNode(value)
        else:
            # 若节点存在，把原来的节点放到新节点的右孩子节点
            tmp = TreeNode(value)
            tmp.right = self.right
            self.right = tmp
    def pre_order_traversal(self):
        # 先序遍历：根 - 左 - 右
        result = [self.value]   # 先访问根节点
        if self.left:
            # 再访问左子树
            result += self.left.pre_order_traversal()
        if self.right:
            # 最后访问右子树
            result += self.right.pre_order_traversal()
        return result
    def in_order_traversal(self):
        # 中序遍历：左 - 根 - 右
        result = []
        if self.left:
            # 遍历左子树
            result += self.left.in_order_traversal()
        # 接着访问根节点
        result.append(self.value)
        if self.right:
            # 遍历右子树
            result += self.right.in_order_traversal()
        return result
    def post_order_traversal(self):
```

```
        # 后序遍历：左 - 右 - 根
        result = []
        if self.left:
            result += self.left.post_order_traversal()
        if self.right:
            result += self.right.post_order_traversal()
        result.append(self.value)
        return result
# ----------------- 测试 --------------------
# 创建二叉树例子
binary_tree = TreeNode('A')
binary_tree.insert_left('B')
binary_tree.insert_right('C')
binary_tree.left.insert_left('D')
binary_tree.left.insert_right('E')
binary_tree.right.insert_left('F')
binary_tree.right.insert_right('G')
# 根据三种遍历方式，访问二叉树的数据
res = binary_tree.pre_order_traversal()
print(" 先序遍历 ", "->".join(res))
res = binary_tree.in_order_traversal()
print(" 中序遍历 ", "->".join(res))
res = binary_tree.post_order_traversal()
print(" 后序遍历 ", "->".join(res))
# ----------------- 测试 --------------------
先序遍历 A->B->D->E->C->F->G
中序遍历 D->B->E->A->F->C->G
后序遍历 D->E->B->F->G->C->A
```

三种遍历算法使用了程序调用自身的编程技巧，称为递归。递归是把复杂问题层层转化为一个与原来问题相似的小问题来求解。这里完全按照定义的顺序访问节点，然后在子树中循环这个过程，最后接收递归返回的结果即可，程序十分清晰简洁。暂时不能理解的读者不用担心，本书后面有专门的章节介绍递归思想在算法中的应用。

前面提到二叉树有三种特殊形式，即完美二叉树、完全二叉树和完满二叉树。有兴趣的读者可以编写函数判断二叉树是否为特殊二叉树，如下面的例子为判断二叉树是否为完美二叉树。

```
def if_perfect(tree):
    # 根据完美二叉树的定义，它的叶子数量 =2^( 树的深度 -1)
    max_depth = 0          # 树最大的深度
    leaf_count = 0         # 叶子数量
    size = 0               # 节点数量
    current_nodes = [tree]
    while len(current_nodes) > 0:
        max_depth += 1
```

```
        next_nodes = []
        for node in current_nodes:
            size += 1
            if node.left is None and node.right is None:
                leaf_count += 1  # 根据定义，没有孩子节点就是叶子节点
            if node.left is not None:
                next_nodes.append(node.left)
            if node.right is not None:
                next_nodes.append(node.right)
        current_nodes = next_nodes
    print("叶子的深度{},叶子数量{},因此它{}完美二叉树".format(
        max_depth,leaf_count,
        "是" if leaf_count == 2 ** (max_depth-1) else "不是"))
```

该函数按树的层级访问所有节点，可以观察到完美二叉树的叶子数量和树深度的关系，通过归纳法得到 $N=2^{D-1}$（N 为叶子数量，D 为树的深度），如表 2-10 所示。

表 2-10　二叉树深度与叶子数量的关系

完美二叉树深度	完美二叉树叶子数量
1	1
2	2
3	4
4	8
5	16
⋮	⋮
D	2^{D-1}

因此，要判断是否为完美二叉树，只需要找出树的深度和所有叶子节点数量即可。

```
if_perfect(binary_tree)
binary_tree.right.right.insert_right('H') # 再添加一个节点，结果是否有变化
if_perfect(binary_tree)
# ---------- 结果 --------------
叶子的深度为 3, 叶子数量为 4, 因此它是完美二叉树
叶子的深度为 4, 叶子数量为 4, 因此它不是完美二叉树
```

2.6.3　二叉查找树

二叉查找树（Binary Search Tree）也称二叉搜索树、二叉排序树，它有以下性质。

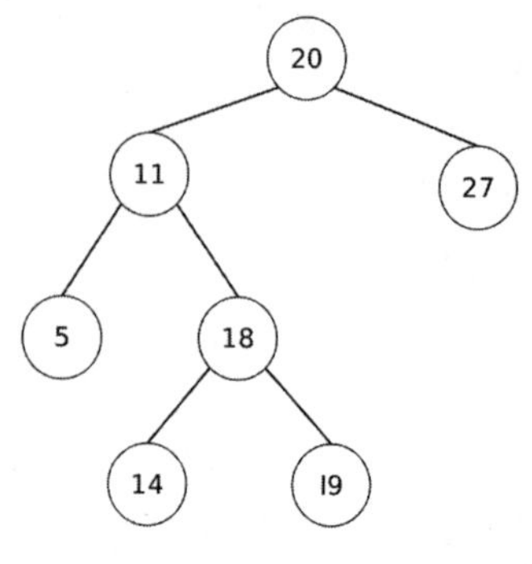

图 2-23　二叉查找树

（1）左子树若不为空，则其值都不大于其双亲节点的值。

（2）右子树若不为空，则其值都大于其双亲节点的值。

换言之，左子树所有值 ≤ 双亲节点的值 < 右子树所有值，如图 2-23 所示。

通过中序遍历二叉查找树，可以得到一个有序数列，图 2-23 为［5，11，14，18，19，20，27］。因此，构造树的过程也是排序的过程。进行插入操作时不再是随意指定节点，而是要按照二叉查找树的定义，根据数值大小将其安排到合适的位置。

```
def insert(self, value):
    # 二叉查找树插入操作
    if value <= self.value:
        # 左子树所有值 <= 双亲节点
        if self.left:
            self.left = self.left.insert(value)
        else:
            self.left = BinarySearchTreeNode(value)
    elif value > self.value:
        # 双亲节点 < 右子树所有值
        if self.right:
            self.right = self.right.insert(value)
        else:
            self.right = BinarySearchTreeNode(value)
    return self
```

删除节点时也要确保删除后的二叉树依然是二叉查找树，因此有以下三种删除操作。

（1）待删除节点没有孩子节点。这种情况最简单，直接删除该节点即可，即把这个节点指向空。如图 2-24 所示，直接删除节点 19 即可，其他节点不变。

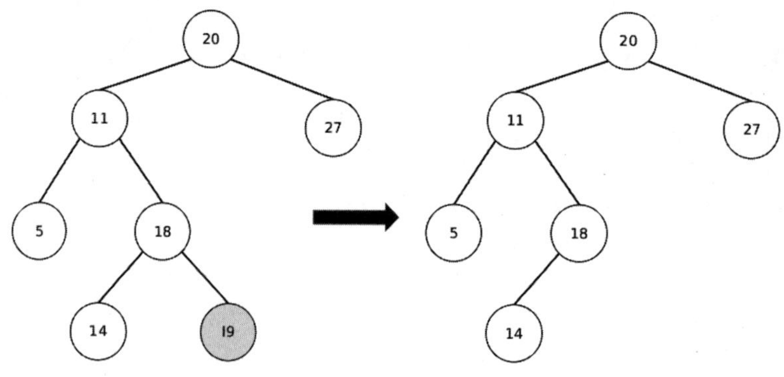

图 2-24　二叉查找树删除操作（一）

（2）待删除节点只有左子树或者只有右子树，将指向待删除节点的指针转移到其左子树或右子树的根节点。如图 2-25 所示，要删除 18，只需把 11 指向 18 的指针指向 14 即可。

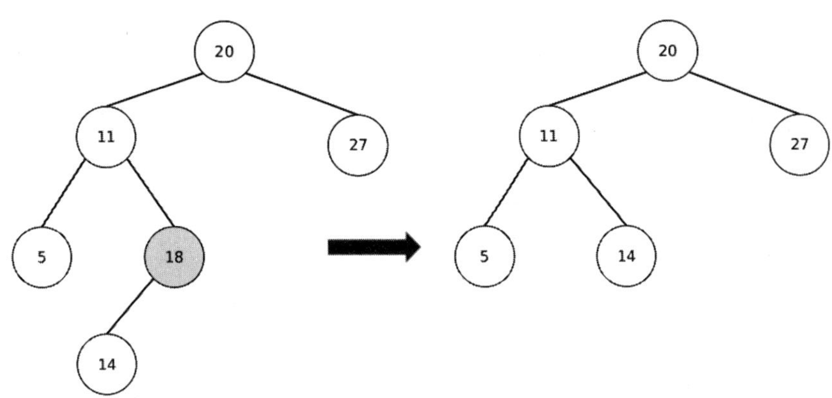

图 2-25　二叉查找树删除操作（二）

（3）待删除节点同时有左子树和右子树，这种情况最复杂。第一步是找到该节点右子树中的最小值节点，第二步使用该节点代替待删除节点，最后一步在该右子树中删除最小值节点。如图 2-26 所示，要删除 11，需要先找到阴影部分的右子树最小值节点，该节点为 14；然后用 14 代替 11，删除右子树的节点 14。

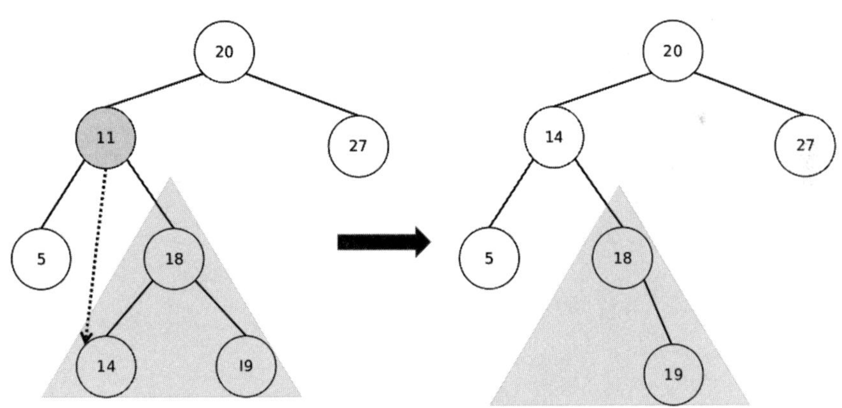

图 2-26　二叉查找树删除操作（三）

完整程序代码如下：

```
# 创建二叉查找树节点对象
class BinarySearchTreeNode(object):
    def __init__(self, value, left=None, right=None):
        if left is not None and not isinstance(left, TreeNode):
            raise ValueError('左孩子节点必须是节点类')
        if right is not None and not isinstance(right, TreeNode):
            raise ValueError('右孩子节点必须是节点类')
```

```
        self.value = value  # 节点值
        self.left = left    # 左孩子节点
        self.right = right  # 右孩子节点
    def __repr__(self):
        return 'TreeNode({})'.format(self.value)
    def insert(self, value):
        # 二叉查找树插入操作
        if value <= self.value:
            # 左子树所有值 <= 双亲节点
            if self.left:
                self.left = self.left.insert(value)
            else:
                self.left = BinarySearchTreeNode(value)
        elif value > self.value:
            # 双亲节点 < 右子树所有值
            if self.right:
                self.right = self.right.insert(value)
            else:
                self.right = BinarySearchTreeNode(value)
        return self
    def in_order_traversal(self):
        result = []
        if self.left:
            result += self.left.in_order_traversal()
        result.append(self.value)
        if self.right:
            result += self.right.in_order_traversal()
        return result
    def find_min(self):
        # 查找二叉查找树中的最小值节点
        if self.left:
            return self.left.find_min()
        else:
            return self
    def find_max(self):
        # 查找二叉查找树中的最大值节点
        if self.right:
            return self.right.find_max()
        else:
            return self
    def del_node(self, value):
        # 删除二叉查找树中值为 value 的节点
        if self == None:
            return
        if value < self.value:
```

```
                self.left = self.del_node(value)
            elif value > self.value:
                self.right = self.right.del_node(value)
            # 当 value=self.value 时，分为三种情况：只有左子树、只有右子树、有左右子树或
            # 者既无左子树又无右子树
            else:
                if self.left and self.right:
                    # 既有左子树又有右子树，则需找到右子树中的最小值节点
                    tmp = self.right.find_min()
                    self.value = tmp.value
                    # 再把右子树中的最小值节点删除
                    self.right = self.right.del_node(tmp.value)
                elif self.right == None and self.left == None:  # 左右子树都为空
                    self = None
                elif self.right == None         # 只有左子树
                    self = self.left
                elif self.left == None:         # 只有右子树
                    self = self.right
            return self
# ----------------- 测试 --------------------
tree  = BinarySearchTreeNode(20)            # 创建根节点 20
for data in [11,27,5,18,14,19]:             # 插入数值，和上面的例子一样
    tree.insert(data)
res = tree.in_order_traversal()
print(" 中序遍历 ",res)
print(tree.find_max())
print(tree.find_min())
tree.del_node(11)                           # 删除一个数，再查看是否有序
print(tree.in_order_traversal())
# ----------------- 结果 ----------------------
中序遍历 [5, 11, 14, 18, 19, 20, 27]
TreeNode(27)  # 最大值节点
TreeNode(5)   # 最小值节点
[5, 11, 14, 19, 20, 27]
```

在构建二叉查找树的过程中，通过中序遍历查看是否有序，有序代表结构正确。在删除节点时，也是通过中序遍历二叉树查看数列是否依然有序，有序则证明操作是正确的。

2.6.4 挑战：画一棵好看的“树”

在上面的例子中，每当要检验结果时，都需要把结果用笔在草稿上画出来，才能直观地表示。因为输出的二叉树非常不好理解，所以用列表表示时一定要说明是用什么遍历方式。现在大家思考一下用什么方式，能把二叉树直观地输出到屏幕上。例如，给出一组数据，如下：

```
[12,4,9,20,14,15]
```

根据输入，生成一个二叉查找数，然后在屏幕上直观地输出。

```
    12
   /  \
4       20
 \     /
  9   14
        \
        15
```

1. 把背景剥离，找出问题核心，简化问题

输出二叉查找树的难点在于预留足够的空间，那么怎样才能知道需要多少空间呢？根据二叉树的特性，首先应知道二叉树的深度(层数)，然后求出完美二叉树的宽度，这样就可以知道画这棵二叉树需要预留的空间了。这里需要用到之前二叉查找树的类，然后通过输入数据，创建一个BinarySearchTreeNode对象。编写的输出函数把这个对象作为输入，然后通过列表保存输出的字符，没有输出的地方全部用空格"" ""替代。通过计算得到数值的位置下标，填入列表，这样就可以确保二叉树不变形。例如上面的例子，通过计算应该能得到一个这样的数列：

```
[' ', ' ', ' ', ' ', ' ', ' ', ' ', '12', ' ', ' ', ' ', ' ', ' ', ' ', ' ']
[' ', ' ', ' ', '4', ' ', ' ', ' ', ' ', ' ', ' ', ' ', '20', ' ', ' ', ' ']
[' ', ' ', ' ', ' ', ' ', '9', ' ', ' ', ' ', '14', ' ', ' ', ' ', ' ', ' ']
[' ', ' ', ' ', ' ', ' ', ' ', ' ', ' ', ' ', ' ', '15', ' ', ' ', ' ', ' ']
```

这样即可确定二叉树的节点位置。为了更美观，还可以加上"树枝"，其方法与上面类似，通过计算求出左树枝（用"/"表示）和右树枝（用"\"表示）的下标即可。

2. 估算数据规模和算法复杂度

该程序需要遍历整个二叉树，时间复杂度由二叉树的节点数量决定，所以是$O(N)$；整个程序只需要两个数列来保存输出字符串，数列大小和二叉树节点数量为对数关系，因此空间复杂度是$O(2\log N)$。

3. 动手写代码

```
def print_tree(root):
    """
    输入根节点：使用上面定义的 BinarySearchTreeNode
    结果是：多行字符串
    """
    def get_tree_level(node):
        # 返回树的层数
        if not node:
            return 0
```

```
        return 1 + max(get_tree_level(node.left), get_tree_level(node.right))
    rows = get_tree_level(root)
    cols = 2 ** rows - 1  # 根据深度算出预留空间大小
    res = [[" "]*cols for _ in range(rows)]
    trunks = [[" "]*cols for _ in range(rows-1)]
    def build_tree(node, level, pos, parent_index):
        if not node:
            return
        left_padding = 2 ** (rows - level - 1) - 1  # 偏移量
        spacing = 2 ** (rows - level) - 1           # 左右孩子节点偏移
        index = left_padding + pos * (spacing + 1)  # 确定偏移位置下标
        if parent_index:  # 根据双亲节点和孩子节点的下标，求出"树枝"的下标
            if parent_index > index:
                trunk_index = index + (parent_index - index) // 2
                trunk_val = "/"
            else:
                trunk_index = parent_index + (index - parent_index) // 2
                trunk_val = "\\"  # 第一个"\"是 Python 关键字，表示转义特殊字符；
                                  # 第二个"\"代表字符 \
            trunks[level-1][trunk_index] = trunk_val
        res[level][index] = str(node.value)       # 填入对应节点的数值
        build_tree(node.left, level + 1, pos << 1, index)  # 是否有下一个左节点
        build_tree(node.right, level + 1, (pos << 1) + 1, index)
                                                  # 是否有下一个右节点
    build_tree(root, 0, 0, None)
    # 在屏幕中输出二叉树
    for level in range(len(trunks)):
        print("".join(res[level]))  # 把列表数据变成字符串输出
        print("".join(trunks[level]))
    print("".join(res[-1]))


def insert_data(data):
    """按题目要求输入，然后创建二叉查找树"""
    tree  = BinarySearchTreeNode(data[0]) # 创建根节点
    for value in data[1:]:  # 插入数值
        tree.insert(value)
    return tree
# ------------- 测试 ---------------------
tree = insert_data([12,4,9,20,14,15])
res = tree.in_order_traversal()
print("中序遍历",res)
print_tree(tree)
# ------------- 结果 ---------------------
```

```
中序遍历 [4, 9, 12, 14, 15, 20]
      12
     /   \
   4      20
    \    /
     9  14
          \
           15
```

这是测试例子，可以看出效果较好。再测试一组数据，如下：

```
tree = insert_data([70,40,90,80,100,50,34])
print_tree(tree)
# ------------- 结果 ----------------------
  70
  / \
40   90
/\  /\
34 50 80 100
```

从上面的例子可以推断出，当二叉树节点的值很大时，“树枝”的位置有些错位，远离所指向的数据。这是因为在计算空间时，没有考虑节点数值本身占用的空间。有兴趣的读者可以进一步优化程序，解决以上问题。

2.7 图

图（Graph）的应用体现在日常生活中的各个方面，如坐地铁时会看地铁的站点图，如图 2-27 所示。梳理人际关系时也会画图，如金庸的小说《神雕侠侣》的部分人物关系如图 2-28 所示。

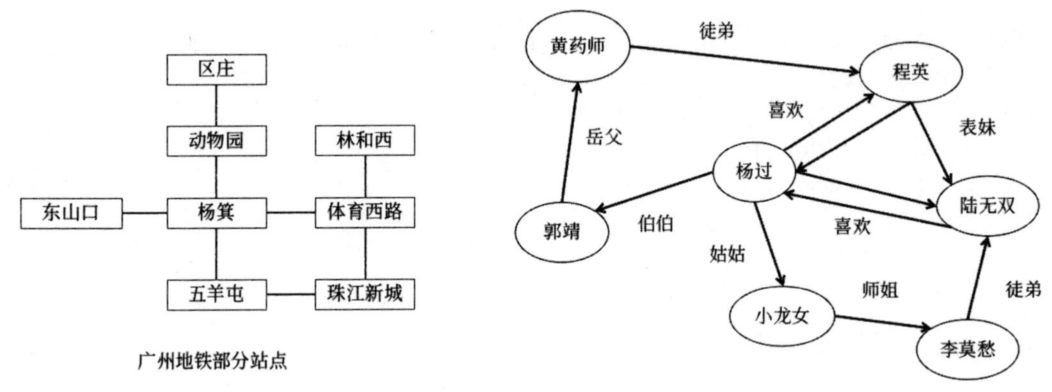

图 2-27　地铁站点图

图 2-28　人物关系图

图结构的关系比树复杂，而且没有层级概念，是多对多关系。那么在算法中要怎样表达这种结构关系呢？

2.7.1 定义

在计算机科学中，一个图就是一些顶点（Vertex）的集合，这些顶点通过一系列的边（Edge）连接。顶点一般用圆圈表示，边就是这些圆圈之间的连线，顶点之间通过边连接。如图 2-27 所示，顶点包括 {东山口，区庄，动物园，杨箕，五羊屯，林和西，体育西路，珠江新城}。边就是连接顶点的线，但不是每个站点之间的距离都一样，如从东山口到杨箕是 3km，从杨箕到五羊屯是 5km。因此，这里再引入一个概念 —— 权重（Weight），如图 2-29 所示。我们称这种图为带权图（Weighted Graph）。

图 2-28 中，边变成了带箭头的线，表示一种单方面的关系。可以这样理解，杨过的伯伯是郭靖，但反过来就不能称郭靖的伯伯是杨过。在微信中也会遇到这种情况，当你发消息给某个人时，若出现“！”，则说明别人单方面删除了和你的关系。我们称这种带方向的图为有向图（Oriented Graph）。带权图和有向图组合起来，就产生了四种类型的图。

（1）无权无向图。

（2）无权有向图。

（3）有权无向图。

（4）有权有向图。

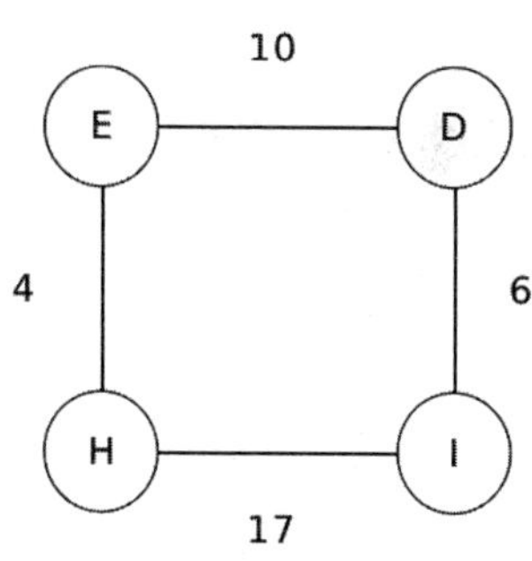

图 2-29　带权图

2.7.2 图的表示

理论上，图就是顶点和边对象的集合。但是在代码中怎样告诉计算机它们的关系呢？主要有两种方法。

1. 邻接矩阵

一个图有 N 个顶点，那么它所包含的连接数量最多是 N（N-1）个。因此，要表达各个顶点之间的关联关系，可以使用二维数组，比较简单清晰。如何用二维数组表示图 2-29 的例子呢？如图 2-30 所示。

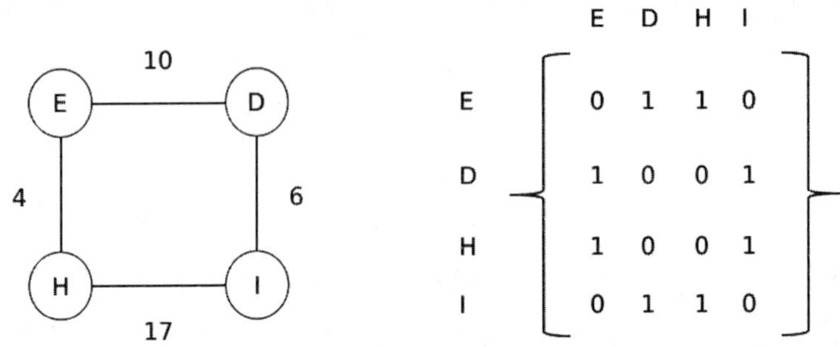

图 2-30　邻接矩阵

图 2-30 中，1 表示两个顶点有关联，0 表示两个顶点没有关联。因为顶点自身与自身没有关联，所以从左上到右下的对角线必然为 0。因为图 2-29 为无向图，两者的关联是对等的，所以其对应的矩阵是一个对称矩阵。邻接矩阵的优点是简单直观，能快速查询出顶点之间的关系。但是，因为采用这种表达方式时，无论顶点的关系如何，都需要创建 $n \times n$ 的矩阵，所以当顶点关联很少时，邻接矩阵会浪费很多空间，这是它的缺点。同时，当需要添加一个新顶点时，必须创建新的行和列，然后遍历整个矩阵，重新填写数据。

2. 邻接列表

在邻接列表中，每一个顶点都是一个链表的头节点，其后链接该顶点能直达的边。例如图 2-28，杨过链接郭靖、小龙女、陆无双和程英；小龙女链接李莫愁，但没有链接杨过。因为这是一个有向图，箭头是从杨过指向小龙女，所以杨过不会出现在小龙女的链表中，如图 2-31 所示。

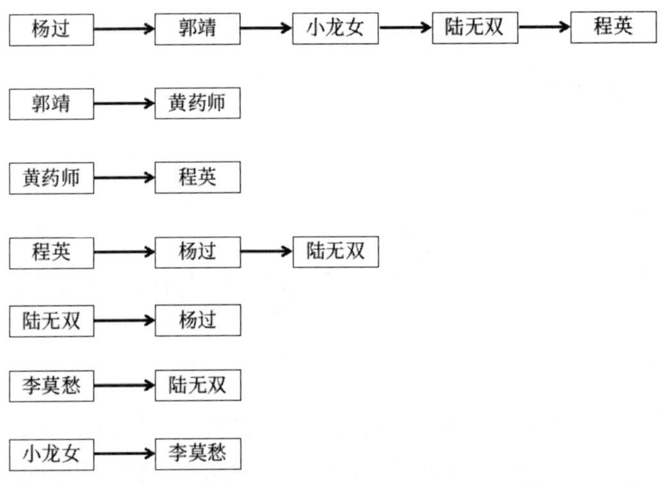

图 2-31　邻接列表

邻接列表的优点是，解决了邻接矩阵浪费空间的缺点，如果要查找杨过和谁有关系，直接找到杨过的链表，按顺序访问即可。但如果要找谁和程英有关系，则需要查找所有链表，才能把包含程英的链表全部搜索出来。

现在把两种表达方式的不同操作的时间复杂度放在一起比较，如表 2-11 所示。

表 2-11　比较邻接列表和邻接矩阵

操作	邻接列表	邻接矩阵
存储空间	$O(V+E)$	$O(V^2)$
增加顶点	$O(1)$	$O(V^2)$
增加边	$O(1)$	$O(1)$
检查顶点相邻性	$O(V)$	$O(1)$

注意：V 代表顶点数量，E 代表边数量。

下面用代码来描述以上两种方法。

```
# 根据图 2-30，创建无权无向图的邻接矩阵
E,D,H,I = range(4)
adjacency_matrix =[
    [0, 1, 1, 0],
    [1, 0, 0, 1],
    [1, 0, 0, 1],
    [0, 1, 1, 0]]
# 邻接矩阵可以直观地判断两个顶点是否关联
print("E 和 D 关联 " if adjacency_matrix[E][D] else "E 和 D 不关联 " )
print("E 和 I 关联 " if adjacency_matrix[E][I] else "E 和 I 不关联 " )
# -------------- 结果 --------------------
E 和 D 关联
E 和 I 不关联
# 如果要把权重带上，可以在邻接矩阵里把 1 替换成权重，创建有权无向图邻接矩阵
adjacency_matrix_2 =[
    [0, 10, 4, 0],
    [10, 0, 0, 6],
    [4, 0, 0, 17],
    [0, 6, 17, 0]]
print("E-D:", adjacency_matrix_2[E][D])  # E-D: 10
```

使用 Python 的列表（list）类型中的嵌套列表，可以表现二维数组。

```
# 根据图 2-28，创建有权有向图的邻接列表
adjacency_list = {
  杨过 :{ 郭靖 :' 伯伯 ', 小龙女 :' 姑姑 ', 陆无双 :' 喜欢 ', 程英 :' 喜欢 '},
  郭靖 :{ 黄药师 :' 岳父 '},
  黄药师 :{ 程英 :' 徒弟 '},
  程英 :{ 杨过 :' 喜欢 ', 陆无双 :' 表妹 '},
  陆无双 :{ 杨过 :' 喜欢 '},
```

```
  李莫愁 :{ 陆无双 :' 徒弟 '},
  小龙女 :{ 李莫愁 :' 师姐 '},
}
print(" 郭靖是杨过的 %s" % adjacency_list[ 杨过 ][ 郭靖 ])
print(" 黄药师是郭靖的 %s" % adjacency_list[ 郭靖 ][ 黄药师 ])
# -------------- 结果 --------------------
郭靖是杨过的伯伯
黄药师是郭靖的岳父
```

得益于 Python 的字典（dict）数据类型，在字典中嵌套字典便能表现有权图的邻接列表。如果是无权图，可以用字典嵌套集合（set）来展现。

```
graph = {'A': set(['B', 'C']),
         'B': set(['A', 'D', 'E']),
         'C': set(['A', 'F']),
         'D': set(['B']),
         'E': set(['B', 'F']),
         'F': set(['C', 'E'])}
```

2.7.3 图的遍历

图的遍历是指从图上任意一个顶点出发，访问图上的所有顶点，而且只能访问一次。其和树的遍历功能类似，但由于图没有层级结构，也没有类似树的根节点那样的特殊顶点，因此相对复杂一些。本节主要介绍两种遍历方法——深度优先搜索法（Depth First Search，DFS）和广度（宽度）优先搜索法（Breadth First Search，BFS）两种算法。

1. 深度优先搜索法

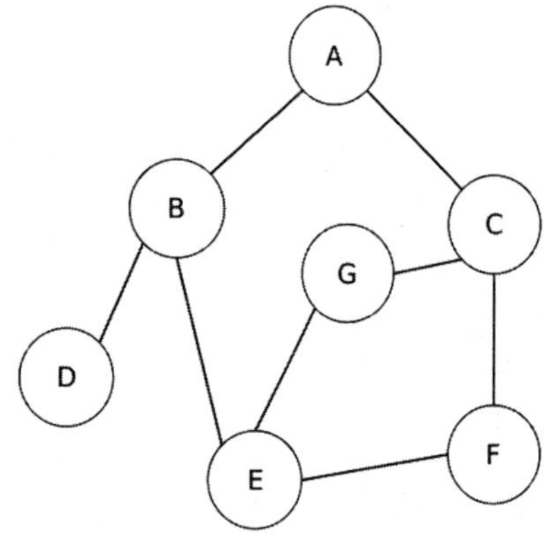

图 2-32 图的深度优先遍历（一）

深度优先搜索法是指顺着起始顶点访问一个没有访问过的顶点，一直到没有新的顶点可以访问时，才向后退回到上一个顶点，再判断有没有新的顶点可以访问，如果有则继续深入，直到所有顶点都被访问。

如图 2-32 所示，利用深度优先搜索法，从 A 顶点出发来遍历所有节点，然后利用之前学过的栈结构来存储访问记录。下面模拟计算机的访问过程。

（1）访问 A 顶点，同时把 A 顶点入栈，如图 2-33 所示。

（2）顺着 A 顶点，找到未访问的 B 顶点，同时把 B 顶点入栈，如图 2-34 所示。

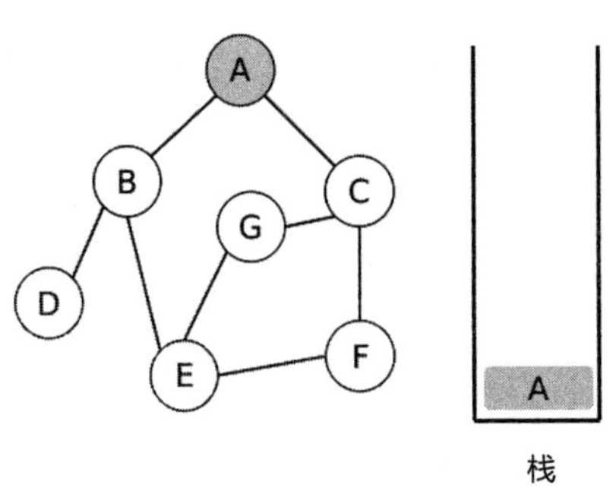

图 2-33　图的深度优先遍历（二）

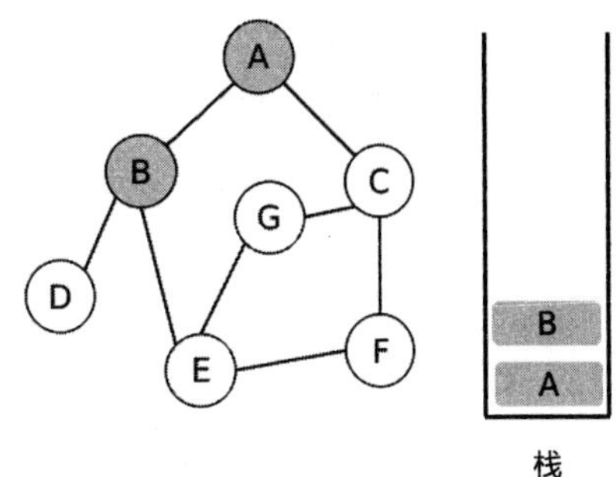

图 2-34　图的深度优先遍历（三）

（3）顺着 B 顶点，找到未访问的 D 顶点，同时把 D 顶点入栈，如图 2-35 所示。

（4）顺着 D 顶点，没有发现未访问的顶点，那么把 D 顶点出栈，然后继续访问栈的头，即回到 B 顶点，又发现另一个未访问的 E 顶点，同时把 E 顶点入栈，如图 2-36 所示。

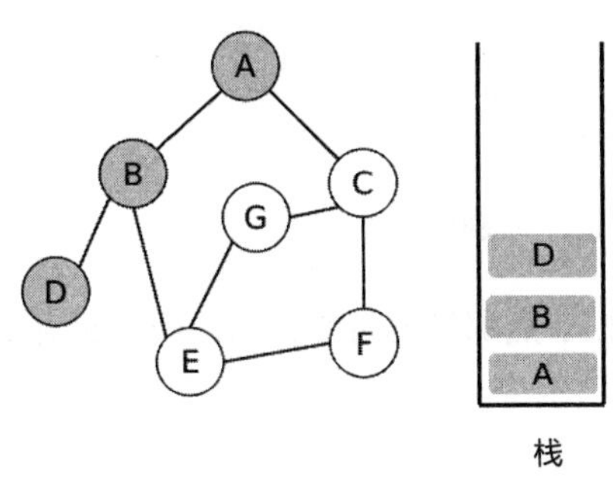

图 2-35　图的深度优先遍历（四）

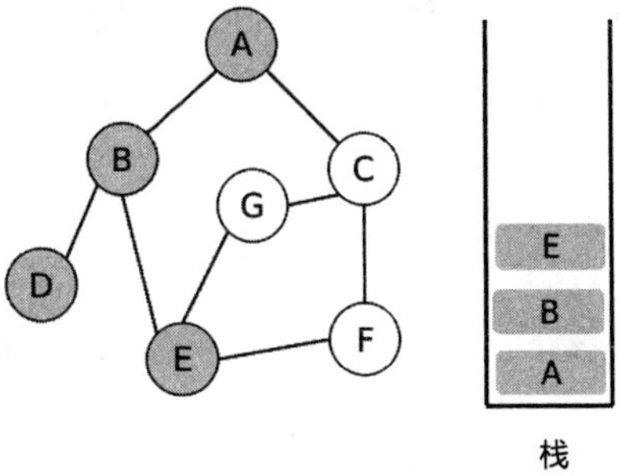

图 2-36　图的深度优先遍历（五）

以此类推，最终结果如图 2-37 所示。

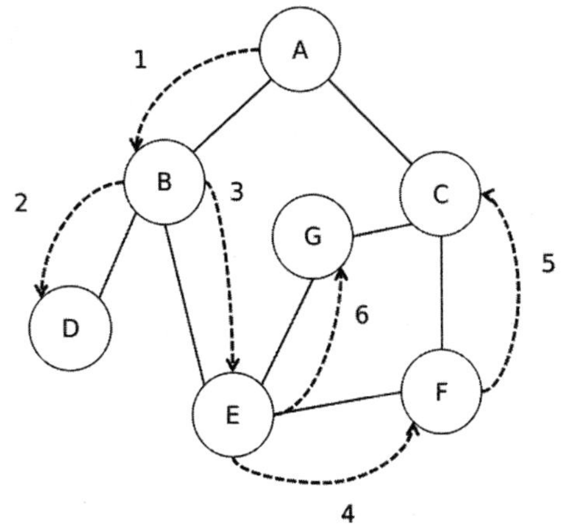

图 2-37　图的深度优先遍历结果

下面用代码来描述上述遍历过程。

```
# 根据图 2-32 创建无权无向图的邻接列表
graph = {'A': ['B', 'C'],
         'B': ['A', 'D', 'E'],
         'C': ['A', 'F', 'G'],
         'D': ['B'],
         'E': ['B', 'F', 'G'],
         'F': ['C', 'E'],
         'G': ['C', 'E']}
def graph_dfs(adjacency_list, start_point):
    """ 图的深度优先搜索法 """
    visited = [start_point]       # 保存已经访问过的顶点
    stack = [[start_point, 0]]    # 用栈数据结构记录访问历史
    #result = [start_point]
    while stack: # 当栈为空，说明全部顶点已经遍历完成
        (current_point, next_point_index) = stack[-1]  # 获取当前访问的顶点
        if (current_point not in adjacency_list) or (next_point_index >=
len(adjacency_list[current_point])):
            stack.pop() # 如果当前顶点没有新的可以访问的关联顶点，则出栈
            continue
        next_point = adjacency_list[current_point][next_point_index]
        stack[-1][1] += 1            # 记录当前访问的顶点的这个关联顶点已经被访问
        if next_point in visited:    # 若已经被访问，继续找下一个
            continue
        visited.append(next_point)   # 若是新的顶点，就添加到已访问顶点
        stack.append([next_point, 0])# 新的顶点入栈
    return visited  # 返回访问顶点的结果
#----------- 测试 --------------------
res = graph_dfs(graph, 'A')
print("->".join(res))
#----------- 结果 --------------------
A->B->D->E->F->C->G
```

2. 广度优先搜索法

广度优先搜索法是指从一个顶点出发，依次访问其所有关联的顶点，然后到下一个顶点（刚才访问的关联顶点）；然后以这个顶点为中心，再次访问所有的关联顶点，直到所有顶点被访问。继续以图 2-32 为例，利用广度优先搜索法，从 A 顶点出发遍历所有节点，这次使用队列结构来存储访问记录。下面模拟计算机的访问过程。

（1）首先访问 A 顶点，同时把 A 顶点放进队列，如图 2-38 所示。

（2）访问 A 的关联顶点 B，同时把 B 顶点放进队列，如图 2-39 所示。

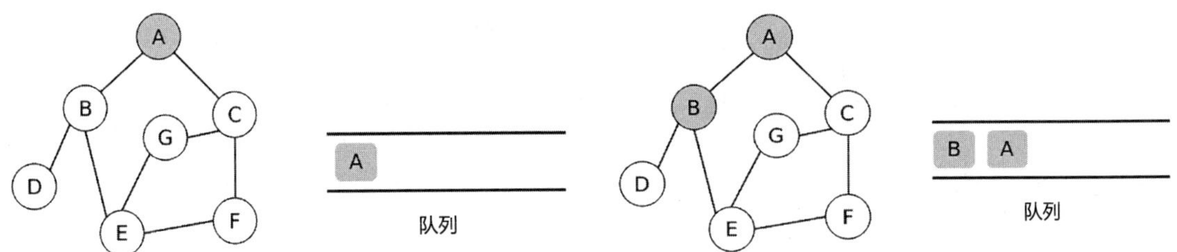

图 2-38　图的广度优先遍历（一）　　图 2-39　图的广度优先遍历（二）

（3）访问 A 的关联顶点 C，同时把 C 顶点放进队列，如图 2-40 所示。

（4）A 顶点已经没有未访问的顶点了，因此把 A 顶点移出队列，然后访问队列的头顶点 B。这时发现 D 顶点未被访问，因此把 D 顶点放进队列，如图 2-41 所示。

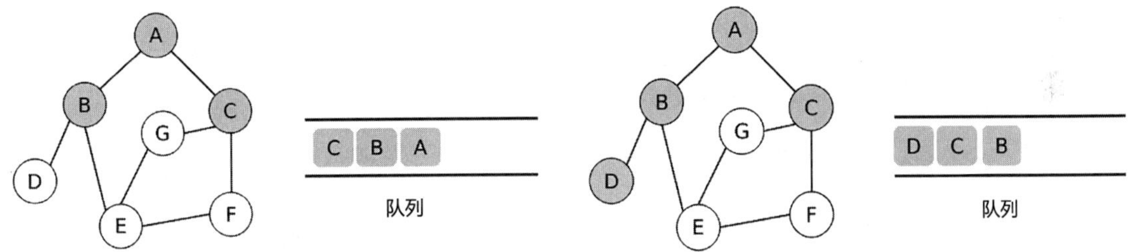

图 2-40　图的广度优先遍历（三）　　图 2-41　图的广度优先遍历（四）

以此类推，最终结果如图 2-42 所示。

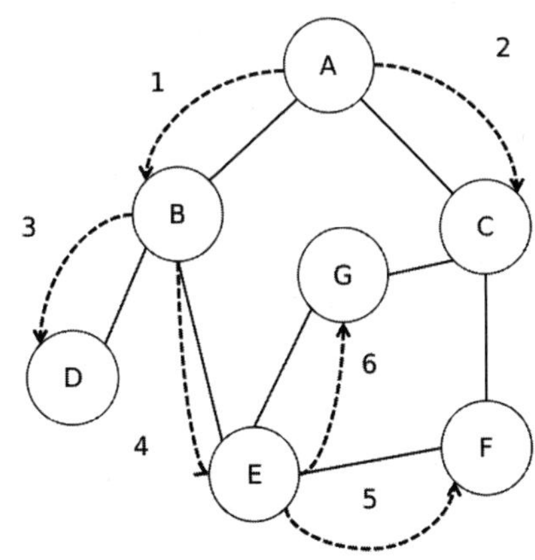

图 2-42　图的广度优先遍历结果（五）

下面用代码来描述上述遍历过程。

```
def graph_bfs(adjacency_list, start_point):
```

```
    visited = [start_point] # 保存已经访问过的顶点
    queue = []              # 用队列结构来记录访问历史
    queue.append(start_point)
    while len(queue) > 0:   # 当队列为空时，说明全部顶点已经遍历完成
        current_point = queue.pop(0)       # 获取访问历史的队头为当前顶点
        for next_point in adjacency_list.get(current_point, []):
            # 逐一访问当前顶点的所有关联点
            if next_point not in visited: # 如果没有访问，添加到已访问队列中
                visited.append(next_point)
                queue.append(next_point)   # 在队尾添加顶点作为访问记录
    return visited
#------------ 测试 --------------------
res = graph_bfs(graph, 'A')
print("->".join(res))
#------------ 结果 --------------------
A->B->C->D->E->F->G
```

2.7.4 挑战："一笔画完"小游戏

微信小程序中有一个"一笔画完"小游戏，游戏中给出锦鲤喵所在的网格的起始位置，玩家需要一笔画过所有可以走的网格，不能遗漏也不能重复。图 2-43 所示为第 14 关。能不能用计算机来辅助通关呢？

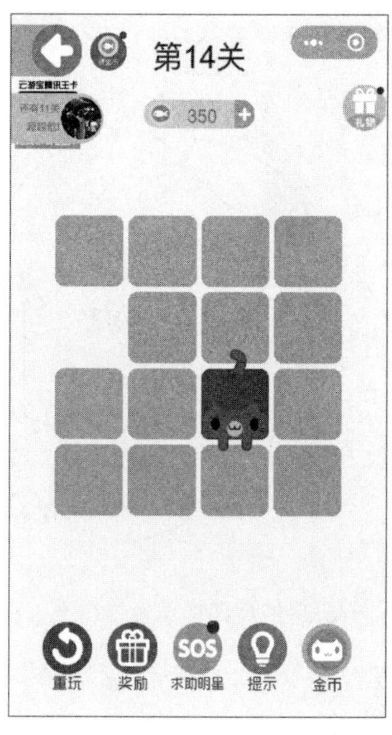

图 2-43　第 14 关

1. 把背景剥离，找出问题核心，简化问题

首先用二维数组表示游戏的地图，游戏中的不同网格用不同的值来表示，如图 2-44 所示。

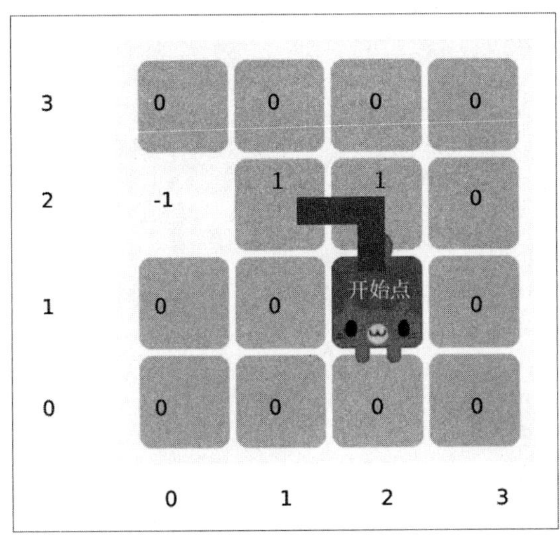

图 2-44　用二维数组表示游戏地图

用 0 表示未经过的网格，-1 表示不可以走的网格，1 表示已经走过的网格。然后把横轴作为 x 轴，纵轴作为 y 轴，那么上面的例子可以表示如下：

```
map_array = [
    [0,0,-1,0],
    [0,0,0,0],
    [0,1,0,0], # 起始位置默认已经访问了
    [0,0,0,0]
]
```

读者或许有些疑惑，这个二维数组和图的位置有些不同，这是数组下标的表示问题。只要把位置输出，看是否一一对应便可。

```
print(" 不可访问的格子 (0,2): ", map_array[0][2]) # 不可访问的格子 (0,2):  -1
```

回到图的遍历问题，那么选择哪种遍历方法呢？用广度优先遍历会保存当前所有路径，当路径比较多时，占用的空间资源也比较多。因此，若需要找到所有解答路径，可以考虑用广度优先遍历。但是，本游戏只需要找到一条路径就可以通关，因此用深度优先遍历更合适。

2. 估算数据规模和算法复杂度

该题目使用邻接矩阵，因此深度优先遍历过程的时间复杂度为 $O(n^2)$；用栈来保存访问记录，那么空间复杂度取决于图的路径深度，最坏情况的空间复杂度为 $O(n)$。

3. 动手写代码

```
class solution_dfs():
    """ 用深度优先遍历法来找一笔画路径 """
    def __init__(self, arr):
        self.map_array = arr                        # 游戏初始化地图
        self.map_height = len(arr)                  # 网格高度
        self.map_width = len(arr[0])                # 网格宽度
        self.stack = []                             # 一笔画路径
    # 寻找开始的点
    def find_start_point(self):
        for x in range(len(self.map_array)):
            for y in range(len(self.map_array[x])):
                if self.map_array[x][y]==1:         # 选择网格值为 1 的坐标
                    return [x,y]
    # 判断是否结束
    def is_finished(self):
        for i in self.map_array:
            if 0 in i:  # 若还存在值为 0 的网格，证明没有结束
                return False
        return True
    # 获取下一步的位置
    def get_next_point(self, current_x, current_y):
        # 顺序是上、右、下、左
        next_points_list = []
        if current_x >= 1 and self.map_array[current_x-1][current_y] == 0:
            next_points_list.append([current_x-1, current_y])
        if current_y < self.map_width-1 and self.map_array[current_x][current_
         y+1] == 0:
            next_points_list.append([current_x, current_y+1])
        if current_x < self.map_height-1  and self.map_array[current_x+1]
         [current_y] == 0:
            next_points_list.append([current_x + 1, current_y])
        if current_y >= 1 and self.map_array[current_x][current_y-1] == 0:
            next_points_list.append([current_x, current_y - 1])
        return next_points_list
    # 深度优先递归寻找路径
    def step_to_next(self):
        if self.is_finished(): # 是否已经找到答案
            return True
        next_steps = self.get_next_point(self.stack[-1][0], self.stack[-1][1]) # 根据
栈顶的网格获取下一个网格位置
        for setp in next_steps:
            self.map_array[setp[0]][setp[1]] = 1    # 网格被访问后值变成 1
            self.stack.append(setp)                 # 当前网格入栈
            if self.step_to_next(): # 递归寻找未访问网格
```

```
                return True
            else:
                self.stack.pop()     # 此路径不满足条件，把当前网格出栈，
                                     # 退回上一个网格
                self.map_array[setp[0]][setp[1]]=0 # 当前网格变回未访问，值为 0
        return False
    def start_game(self): # 启动游戏
        self.stack.append(self.find_start_point())   # 把游戏给出的
                                                     # 开始网格作为起始位置
        if self.step_to_next():     # 开始遍历所有网格
            print(self.stack)
        else:
            print('没有找到解决办法')
#---------------- 测试 -------------------------
map_array = [
    [0,0,-1,0],
    [0,0,0,0],
    [0,1,0,0], # 起始位置默认已经访问了
    [0,0,0,0]
]
s = solution_dfs(map_array)
res = s.start_game()
#---------------- 结果 -------------------------
[[2, 1], [1, 1], [0, 1], [0, 0], [1, 0], [2, 0], [3, 0], [3, 1], [3, 2], [3, 3], [2, 
3], [2, 2], [1, 2], [1, 3], [0, 3]]
```

上述结果看起来不太直观，可以根据坐标来画一下，观察其是否符合要求，结果如图 2-45 所示。

由图 2-45 可以看到，结果是正确的。那么能不能优化输出结果，直观判断结果的对错呢？若要画出比较精致的图形，需要用到画图模块，这里建议使用 matplotlib 模块，这是 Python 2D 绘图领域使用最广泛的模块。

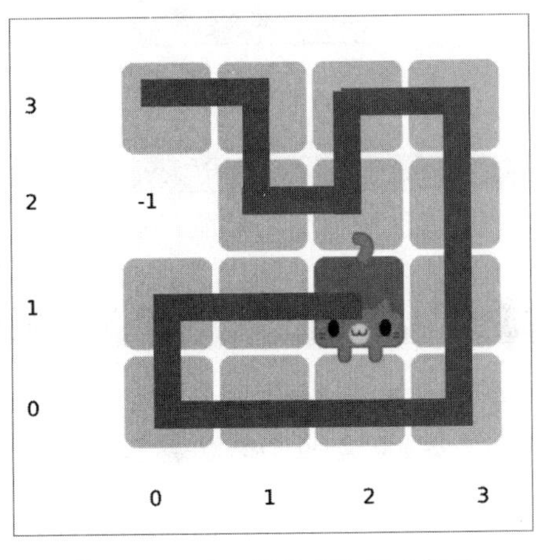

图 2-45 “一笔画完”游戏解答

注意：因为 matplotlib 不是 Python 的标准库，所以使用前应确保已经下载该库。若不了解下载模块代码，可参考本书 1.3 节。

```
import matplotlib.pyplot as plt # 引入 matplotlib-2D 画图库
def find_one_path_plot(self, width, height):
    """ 寻找一条路径 """
    fig, ax1 = plt.subplots()  # 首先创建画布
    # 主刻度
    ax1.set_xticks(range(width))
    ax1.set_yticks(range(height))
    # 次刻度
    ax1.set_xticks(np.arange(width) + 0.5, minor=True)
    ax1.set_yticks(np.arange(height) + 0.5, minor=True)
    # 添加网格
    ax1.xaxis.grid(True, which='minor', lw=5, color='yellow')
    ax1.yaxis.grid(True, which='minor', lw=5, color='yellow')
    plt.title('one step draw')
    x = [p[0] for p in res]
    y = [p[1] for p in res]
    ax1.plot(x, y, '-o',lw=18)
    plt.show()
# 把结果画出来
find_one_path_plot(res, s.map_width, s.map_height)
```

运行结果如图 2-46 所示。

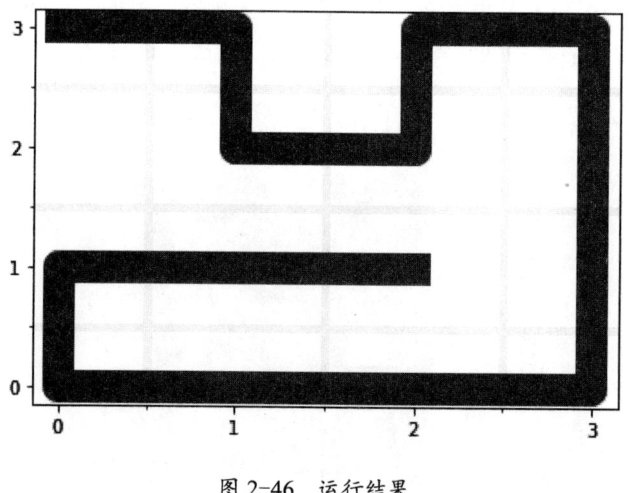

图 2-46　运行结果

图 2-46 所示的结果非常直观，也能马上判断出结果是否正确。上述程序中有很多 matplotlib 的方法和配置参数，这里不做详细解释，有兴趣的读者可以查阅 matplotlib 的说明文档。

2.8 总结

学习数据结构，不仅是学习怎样去构造队列、栈、二叉树等，更重要的是学会把现实中的问题转化为计算机语言来表示。正如我们看到的图和二叉树，通过数组、链表等数据结构，可以将其表现为计算机可以理解的事物。算法基于数据结构，设计特定的程序可以完成相应的任务。所以，数据结构是学好计算机语言的基础，所有的算法都是基于数据结构进行设计的。例如“一笔画完”游戏，若没有图的数据结构，计算机就无法看到这个地图，更不可能解答问题了。学习数据结构还能锻炼思维逻辑和抽象能力，对提高编程能力有很大的帮助。本章内容有限，希望读者能查阅相关资料继续深入学习，这也是提高编程能力的方法之一。

下一章开始学习算法，首先通过数学运算、经典数学题目、数列等简单例子来认识算法。

第3章

数 学

很多人看到数学就头疼，觉得数学非常难懂。其实，数学只是人们对生活的抽象化，用抽象的思维去解决生活中的问题，这种抽象化能力也是人类发展的重要技能。数学能解决生活中的很多问题，如时间问题、路程问题、面积问题等。所以，学习数学可以锻炼人的抽象思维、逻辑推理和空间思维能力，这些能力也正是学习算法所需要的，本章将带大家从熟悉的数学问题中认识算法。

本章主要涉及的知识点如下。

- Python 数学运算：Python 数学运算的常用技巧。
- 数据结构组合应用：根据实际情况选择合适的数据结构。
- 算法优化：形成算法优化概念，认识常见的优化技巧。

注意：本章内容不涉及公式推导。

3.1 进制转换

本节首先介绍进制转换问题，计算机里常用的有二进制、八进制和十六进制。

3.2 基本概念

3.2.1 十进制

十进制就是数值本身，其在 Python 中的表示如下：

```
# 十进制
a = 40
b = (a + 30) * 2
```

3.2.2 二进制

二进制由 0、1 组成，规律是逢二进一。因为计算机是用电来驱动表达信息，最简单的方式就是通电高电平，不通电低电平，两种状态最容易区分和控制，所以二进制是计算机的第一选择。

在程序中，需要用特别标识 0b 来告诉大家，这是一个二进制数。

```
# 0b 放在数值开头标识二进制数
b1 = 0b10   # 数值 2
b2 = 0b1100 # 数值 12
```

注意：如果调用 print() 函数输出结果，则在 Python 中默认输出十进制值；如果要输出二进制形式，需要调用 bin() 函数，输出结果是字符串。

```
print(b1)       # 2
print(bin(b1))  # '0b10'
```

3.2.3 八进制和十六进制

二进制适合计算机使用，但它不符合人的书写和阅读习惯，所以又设计了八进制和十六进制，方便人和计算机的交流。

因为八进制的基数是 8（2^3），数码为 0、1、2、3、4、5、6、7，并且每个数码正好对应三位二进制数，所以八进制能很好地反映二进制。同理，十六进制的基数为 16（2^4），数码如表 3-1 所示。

表 3-1　十六进制数码与十进制数的对应关系

十六进制	0	1	2	3	4	5	6	7	8	9	A	B	C	D	E	F
十进制	0	1	2	3	4	5	6	7	8	9	10	11	12	13	14	15

在 Python 中，用 0o 表示八进制，0x 表示十六进制。

```
# 0o 放在数值开头标识八进制数
o1 = 0o10          # 数值 8
# 0x 放在数值开头标识十六进制数
x1 = 0xf           # 数值 15
x2 = 0x1a          # 数值 26
```

注意：如果用 print() 函数输出结果，则在 Python 中默认输出十进制值；如果要输出八进制形式，需要调用 oct() 函数；如果要输出十六进制形式，需要调用 hex() 函数，输出结果都是字符串。

```
print(o1)         # 8
print(oct(o1))    # '0o10'
print(x1)         # 15
print(hex(x1))    # '0xf'
```

3.2.4　进制转换

Python 中可以实现进制转换，即可以把任意一个数从一种进制转换到另一种进制去表示，例子如下：

```
print(bin(0o7))              # 八进制转换二进制
print(hex(0b1111))           # 二进制转换十六进制
print(int('0b111', 2))       # 二进制转换十进制
print(int('111', 2))         # 不加二进制标识也可以
```

注意：int() 函数的第一个参数是字符串，它能把其他进制数值转换为十进制数值。

虽然能够借助 Python 内置函数轻松实现数值转换，但大家还是要理解其原理。二进制转换为十进制如表 3-2 所示。

表 3-2 二进制转换为十进制

二进制	十进制
0	$0\times2^0=0$
1	$1\times2^0=1$
10	$1\times2^1+0\times2^0=2$
11	$1\times2^1+1\times2^0=3$
100	$1\times2^2+0\times2^1+0\times2^0=4$
101	$1\times2^2+0\times2^1+1\times2^0=5$
110	$1\times2^2+1\times2^1+1\times0^0=6$
111	$1\times2^2+1\times2^1+1\times2^0=7$
1000	$1\times2^3+0\times2^2+0\times2^1+0\times2^0=8$
1001	$1\times2^3+0\times2^2+0\times2^1+1\times2^0=9$
1010	$1\times2^3+0\times2^2+1\times2^1+0\times2^0=10$
1011	$1\times2^3+0\times2^2+1\times2^1+1\times2^0=11$
1100	$1\times2^3+1\times2^2+0\times2^1+0\times2^0=12$
1101	$1\times2^3+1\times2^2+0\times2^1+1\times2^0=13$
1110	$1\times2^3+1\times2^2+1\times2^1+0\times2^0=14$
1111	$1\times2^3+1\times2^2+1\times2^1+1\times2^0=15$
10000	$1\times2^4+0\times2^3+0\times2^2+0\times2^1+0\times2^0=16$

从表 3-2 中可以发现一个规律，数字表示的值与其本身和所在位置都有关系，这种关系称为数的位权。在二进制中，位权是以 2 为底的幂，从左到右依次为 0、1、2、3、4…。下面用程序来验证是否正确。

```
# 编写一个函数来验证公式。data 是一个二进制的数值，用字符串来表示
def change_2_to_10(data):
    weight = 0   # 位权位置，从 0 开始
    result = 0   # 最后结果，成为一个十进制数值
    formula = "" # 列出公式
    for num in data[::-1]:
        result = result + int(num)*pow(2,weight)
        formula = "{}*2^{}+{}".format(num, weight, formula)
        weight += 1
    # 输出结果
    print("计算得到结果 :", result)
    print("内置函数的结果 :", int(data,2))
    print("算式 :", formula[:-1])
```

注意：“^”在 Python 中表示按位异或运算符，pow() 函数才表示幂运算。

```
change_2_to_10('110')    # 0b10
计算得到结果 : 6
内置函数的结果 : 6
算式 : 1*2^2+1*2^1+0*2^0
```

同理，八进制和十六进制也可以按照以上方法转换为十进制，对上述函数稍做修改，可以变成一个八进制转为十进制的函数。

```
# data 是一个 n 进制的数，用字符串来表示
def change_8_to_10(data):
    weight = 0   # 位权位置，从 0 开始
    result = 0   # 最后结果，成为一个十进制数
    formula = "" # 列出公式
    for num in data[::-1]:    # [::-1] 表示倒序输出
        result = result + int(num)*pow(8,weight)  # 基数变成 8
        formula = "{}*8^{}+{}".format(num, weight, formula)  # 把 2 变成 8
        weight += 1
    # 输出结果
    print(" 计算得到结果 :", result)
    print(" 内置函数的结果 :", int(data,8))
    print(" 算式 :", formula[:-1])
# ------- 结果 ------------
change_8_to_10('1777')
计算得到结果 : 1023
内置函数的结果 : 1023
算式 : 1*8^3+7*8^2+7*8^1+7*8^0
```

读者可以自行尝试编写十六进制转换为十进制的函数。

把二进制、八进制、十六进制的 0~15 的数值结果列出来，观察它们的规律，如表 3-3 所示。

表 3-3　二进制、八进制、十六进制等值转换表

二进制	八进制	十六进制
000	0	0
001	1	1
010	2	2
011	3	3
100	4	4
101	5	5
110	6	6
111	7	7
1000	10	8
1001	11	9

续表

二进制	八进制	十六进制
1010	12	A
1011	13	B
1100	14	C
1101	15	D
1110	16	E
1111	17	F

观察表 3-3 可以发现，二进制数从最低有效位开始，以三位为一组，最高有效位不足三位时以 0 补齐，每一组均可转换成一个八进制的值，转换完毕就是八进制整数。如果要将二进制转换为十六进制，就是以四位为一组，每一组也对应一个十六进制的值，转换完毕就是十六进制整数了。

如此看来，二进制、八进制、十六进制之间的相互转换是比较简单的。

将十进制转为二进制，通常采用“除 2 取余，逆序排列”法。具体做法如下：用 2 整除十进制整数，可以得到一个商和一个余数；再用 2 去除商，又会得到一个商和一个余数。以此类推，直到商为 0。然后把先得到的余数作为二进制数的低位有效位，后得到的余数作为二进制数的高位有效位，依次排列。

例如，十进制 11 转化为二进制。

（1）11/2=5，余数为 1。

（2）5/2=2，余数为 1。

（3）2/2=1，余数为 0。

（4）1/2=0，余数为 1。

上面的余数为 1、1、0、1，逆排列后变为 1、0、1、1。

下面用程序来验证。

```
def change_10_to_2(data):
    input_data = data
    result = []    # 保存每次的余数
    quotient = data
    while quotient > 0:  # 直到商为 0 才结束
        quotient =  data // 2
        remainder = data % 2
        result.append(remainder)
        print("{d} / 2 = {q}, 余数为 {r}".format(d=data, q=quotient, r=remainder))
        data = quotient
    # 输出结果
    remainder_list = ",".join([str(i) for i in result]) # join 可以把列表聚合为一个字符串
    rever = "".join([str(i) for i in result[::-1]])
    print(" 上面的余数为 {}, 逆排列后变为 {}".format(remainder_list, rever))
    print(" 内置函数的结果 :", bin(input_data))
```

运行程序，把结果与内置函数运行结果进行比较。

```
change_10_to_2(7)
7 / 2 = 3, 余数为1
3 / 2 = 1, 余数为1
1 / 2 = 0, 余数为1
上面的余数为1,1,1,逆排列后变为111
内置函数的结果 : 0b111
```

3.2.5 挑战：网络攻击

互联网已经成为人们生活的一部分，吃饭、打车、支付等都离不开网络服务。如果突然失去网络服务，衣食住行都会受到影响。因此，网络安全越来越受重视。网络攻击是破坏网络安全的行为，在没有得到授权的情况下偷取或访问任何一台计算机的数据，都会被视为对计算机和计算机网络的攻击。

小刚是企业的网络安全负责人，今天他发现公司的网络有些异常，访问量特别大。于是他就去查看了网络访问日志，日志中记录了所有访问公司网站的 IP 地址。他发现有些 IP 地址特别有趣，如 34.205.179.68，即 IP 地址中 0~9 这 10 个数字各出现了 1 次。把 34.205.179.68 转换为二进制表示，不够八位补 0，结果如表 3-4 所示。

表 3-4　网络 IP 变化

IP 地址	34.205.179.68			
十进制	34	205	179	68
二进制表示	100010	11001101	10110011	1000100
按八位一组	00100010	11001101	10110011	01000100
从右到左排列	00100010	11001101	10110011	01000100

可以看到，这是一个左右对称的二进制数。现在小刚想把所有满足条件的 IP 地址找出来。

1. 把背景剥离，找出问题核心，简化问题

IP 地址以 a.b.c.d 十进制数表示，现将 a、b、c、d 分别转成二进制数 e、f、g、h(不够八位的前面补充 0)，然后找出满足条件的特殊 IP 地址。

条件 1：efgh 构成一个对称的字符串。

条件 2：IP 地址中没有重复的数字，而且 0~9 都有出现。

2. 估算数据规模和算法复杂度

按照题意，用十进制数表示时需要满足 0~9 这 10 个数字各出现一次，那么最高位是除 0 以外的 9 种情况，而其他各个数位可分别使用 0~9 这 10 个数字各一次，其排列组合的结果为 9!（9 的阶乘），所以总共要遍历 9×9! 次，即有 3265920 种情况。

要判断是否左右对称，可以通过16位二进制的逆序排列，然后与自身比较，穷举所有情况，一共有2^{16}（65536）种。然后把二进制数转换为十进制数，如果使用0~9各一次，即符合要求。

3. 动手写代码

遍历IP地址每一组二进制数的情况，找出对称字符串转换为十进制没有数字重复的组合。

```
def change_10_to_2(i):
    """
    找出 IP 地址每一组二进制数的情况
    """
    left = bin(i)[2:]     # 使用内置函数获取二进制数字符串
    if len(left) < 8:
        left = '{zeros}{left}'.format(zeros='0'*(8-len(left)), left=left)
                          # 如果不够八位则补 0
    right = left[::-1]    # 翻转获得对称字符串
    return left,right
# 记录对称字符串转换为十进制后没有数字重复的组合
not_repeat_groups = {}
# 找出对称字符串转换为十进制后没有数字重复的组合
for i in range(pow(2,8)):
    left,right = change_10_to_2(i)
    number10 = '{}{}'.format(int(left,2),int(right,2))
    numberset = set(number10)      # set 是集合，无序的不重复元素序列
    if len(number10) == len(numberset):
        not_repeat_groups[i] = numbers
```

拿到结果后，遍历所有组合情况，找到二进制字符串组合中包含0~9的所有数字，且每个数字只出现一次的组合。

```
# 二进制字符串组合中包含 0~9 的数字，且每个数字只出现一次的组合
has_0_9_groups = set()     # 记录二进制字符串组合中包含 0~9 的数字，且每个数字只出现
                           # 一次的组合
keys = list(not_repeat_groups.keys())
values = list(not_repeat_groups.values())
for i in range(len(values)):
    for j in range(i, len(values)):
        if len(values[i].union(values[j])) == 10:
            has_0_9_groups.add((keys[i],keys[j]))
```

最后通过不同组合方式，找到所有满足条件的结果。

```
result = set()  # 记录最终结果
string_format = '{}.{}.{}.{}'
for i in has_0_9_groups:
    # 通过 key，找到对应的二进制字符串
    left1,left2 = i
    right1 = int(change_10_to_2(left1)[1],2)
```

```
    right2 = int(change_10_to_2(left2)[1],2)
    # 排列位置不同，组合得到所有结果
    result.add(string_format.format(left1,left2,right2,right1))
    result.add(string_format.format(left2,left1,right1,right2))
    result.add(string_format.format(right2,right1,left1,left2))
    result.add(string_format.format(right1,right2,left2,left1))
print(result)
# ------------ 结果 ------------------------
{'68.205.179.34', '179.68.34.205', '68.179.205.34', '205.68.34.179', '205.34.68.179',
'34.205.179.68', '34.179.205.68', '179.34.68.205'}
```

3.3 数学运算

1946 年，世界上出现了第一台电子数字计算机 ENIAC，其专门用于计算弹道，为研发新型大炮和导弹提供技术支持。所以，计算机刚开始的主要作用是数学计算。

本节回归计算机的本职工作，利用程序解决一些数学问题。

3.3.1 内置函数

这里列举一些常见数学运算用到的内置函数。

```
# 求绝对值
abs(-10)        # 10
# 用于创建一个值为 real + imag * j 的复数，参数可以是两个整数或者一个字符串
complex(1,2)    # (1+2j)
complex('1+2j') # (1+2j)
```

> 注意！这里“+”两边不能有空格，即不能写成“1 + 2j”，而应该是“1+2j”，否则会报错。

```
# 把除数和余数运算结果结合起来，返回一个包含商和余数的元组
divmod(7,2)      # (3, 1)
# 将整数和字符串转换成浮点数
float('123')     # 123.0
# 返回浮点数 x 的四舍五入值
round(70.2322)   # 70
# 对系列进行求和计算
sum([1,2,3])     # 6
max([1,2,3])     # 3 获取最大值
min([1,2,3])     # 1 获取最小值
```

all() 是逻辑判断函数，用于判断给定的数组、元组等可迭代参数中的所有元素是否都为真，如果是则返回 True，否则返回 False。在 Python 中布尔型的假有多种含义，包括 0、""（空字符串）、False 和 None。

```
all([1, 23, 4, 'a'])        #True 列表 list，元素都不为空或 0
all(['a', 'b', '', 'd'])    #False 列表 list，存在一个为空的元素
all([0, 1, 2, 3])           #False 列表 list，存在一个为 0 的元素
all([None, 'a', 'c'])       #False 列表 list，存在一个 None 元素
```

注意： 空元组、空列表如 all([])，返回值为 True。

any() 是逻辑判断函数，用于判断给定的列表、元组等可迭代参数是否全部为假，是则返回 False；如果有一个为真，则返回 True。

```
any(['a', '1', '', 'd'])    #True 列表 list，存在一个为空的元素
any([0, '', False])         #False 列表 list，元素全为 0、''、false
any([])    #False 空列表
```

3.3.2 Math 库模块

Math 库模块与数学运算有关，可通过 import 导入。

```
import math
```

本小节重点介绍一些常用的函数。

```
# 两个重要的常数
print(math.pi)              # 圆周率
print(math.e)               # 自然对数
# 阶乘
print(math.factorial(5))    # 5!=120
# 获取整数
n = 100.7
print(math.floor(n))        # 向下取整
print(math.ceil(n))         # 向上取整
print(math.trunc(n))        # 折断取整
# 求和
values = [0.9999999, 1, 2, 3]
print(sum(values))          # 6.999999900000001
print(math.fsum(values))    # 6.9999999
```

注意： math 中的 fsum() 函数可以保证浮点算法精度。

如果读者想深入了解更多函数内容，可以使用如下命令获取：

```
dir(math)                   # 获取所有函数
help(math.trunc)            # 获取某个函数的用法
```

3.3.3 排列组合

排列组合是组合学最基本的概念。排列就是指从给定个数的元素中取出指定个数的元素进行排序；组合则是指从给定个数的元素中仅仅取出指定个数的元素，不考虑排序。在学习概率统计时经常会用到排列组合。在 Python 中，itertools 库模块可以方便地实现排列组合。

```
import itertools    # 导入
# 排列，可以重复
for m in  itertools.permutations('abc', 2):
    print(m)
# 组合
for m in  itertools.combinations('abc', 2):
    print(m)
```

3.3.4 矩阵运算

矩阵运算经常应用在图像处理、力学、光学、量子力学等应用科学上，在 Python 中可以使用 Numpy 库模块实现矩阵运算。

```
import numpy as np
# 定义矩阵变量并输出变量的一些属性
# 用 np.array() 函数生成矩阵
arr=np.array([[1,2,3],[4,5,6]])
print(arr)
print('维度：',arr.ndim)
print('形状：',arr.shape)
print('大小：',arr.size)
```

这里不展开介绍 Numpy 库模块，这是一个高级的数据处理模块，有非常庞大的知识范畴。实际上，Python 已经内置了很多工具，遇到困难时可先搜索相应工具，提高效率。

3.4 挑战：小花童的困惑

每天早上，各种新鲜的花会送到花店里，小花童会把各种花搭配好，做成漂亮的花束，等待顾客购买。有时在搭配不同花朵时，每种花的数量不好计算，因为小花童希望每一束花中不同种类的花的数量是一致的。例如，今天有白玫瑰 56 支和红玫瑰 32 支，那么小花童会取 7 支白玫瑰和 4 支红玫瑰做成一束花，做完 8 束花就刚好分配完成，没有多余的花朵。她希望能有一个程序，当她输入每一种花朵的总数量时，程序可以计算出花朵搭配的数量，而且花束中的花朵数量越少越好。现在她只是用两种花搭配，暂时不考虑多于两种花的情况。

1. 把背景剥离，找出问题核心，简化问题

给出 56 和 32 两个数，要找到一个数可以同时整除这两个数，满足条件的数有 1、2、4、8。然后要让花束中的花朵数量最少，应该选择 8，即这两个数的最大公约数。因此，结果就是 56/8=7，32/8=4。所以问题就转化为求两个数的最大公约数（Greatest Common Divisor，GCD），如图 3-1 所示。

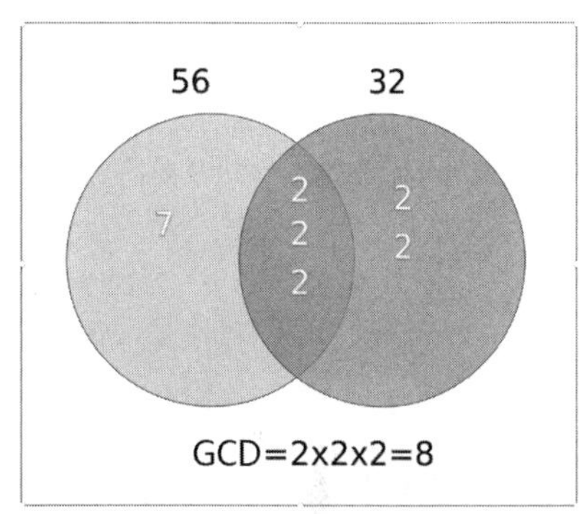

图 3-1　最大公约数

2. 估算数据规模和算法复杂度

如果不知道怎样做，可以凭直觉尝试。最笨的方法就是从 1 开始，依次尝试能否把两个数整除，一直尝试到较小的那个数为止，这样总共要遍历 *N* 种情况。

得益于计算机运算能力的发展，对于花朵数量 *N*，即使全部尝试一次也可在瞬间完成。

但是，我们也不能停止思考的步伐，求最大公约数的另一种方法称为辗转相除法，又称欧几里得算法，即两个整数的最大公约数等于其中较小的那个数和两数相除余数的最大公约数。通过除法，可以大大减少尝试次数，尤其在数值比较大时能体现出明显优势。

3. 动手写代码

```
import time, math
# 方法 1：穷举所有可能，找最大公约数
def gcd_1(m,n):
    # 记录运算时间
    start = time.clock()
    # 找出较小的数
    if m > n:
        max_num = n
    else:
        max_num = m
    # 记录结果，如果有比结果大的数就替换
    gcd = 1
    for i in range(2, max_num+1):
        if m % i == 0 and n % i == 0:
            gcd = i
    print(" 方法 1 运算时间：", (time.clock() - start))
    return gcd
```

```
# 方法 2：辗转相除法，又名欧几里得算法
def gcd_2(m, n):
    # 记录运算时间
    start = time.clock()
    if m < n:    # 我们希望 m>=n
        return gcd_2(n, m)
    while n != 0:
        print('{0} = {1} * {2} + {3}'.format(m, math.floor(m/n), n, m % n))
        (m, n) = (n, m % n)
    print('最大公约数：{}'.format(m))
    # 记录运算时间
    print("方法 2 运算时间：", (time.clock() - start))
    return m
```

注意：如果要比较两种方法的运算时间，可把倒数第 2 行和倒数第 4 行的 print 语句注销，因为输出文字到屏幕会消耗较多运算时间。

验证两种方法，对比其运行结果。

```
print(gcd_1(56,32))
print(gcd_2(56,32))
# 方法 1
方法 1 运算时间：  7.000000000090267e-06  # 约 0.000007 秒
8
# 方法 2
56 = 1 * 32 + 24
32 = 1 * 24 + 8
24 = 3 * 8 + 0
最大公约数：8
方法 2 运算时间：  9.000000000014552e-05 # 约 0.00009 秒
```

因为方法 2 有 print() 函数影响，而且数值太少，所以不能体现其优势。下面换一个更大的数值，同时屏蔽方法 1 代码中倒数第 2 行和方法 2 代码中倒数第 2、4 行 print 语句的影响。

```
print(gcd_1(563060,32160))
print(gcd_2(563060,32160))
方法 1 运算时间：  0.0012840000000000629 # 约 0.0013 秒
20
方法 2 运算时间：  2.000000000279556e-06 # 约 0.000002 秒
20
```

从结果可以看到，两者相差 650 倍，方法 2 展现出了它的价值。另外，有兴趣的读者可以尝试求多个数的最大公约数，原理与此相同，先求两个数的最大公约数，然后求这个最大公约数和第三个数的最大公约数，直到只剩最后一个数。

3.5 挑战：顽皮的图书管理员

在某个学校的图书馆中有一个顽皮的图书管理员，他觉得管理这些图书很无聊，所以就想了很多奇怪的问题去考验来借书的同学。有一天他提出了一个问题：一本书被撕掉了一页，剩下的页码相加总和为 99999，请问被撕掉了哪一页呢？

1. 把背景剥离，找出问题核心，简化问题

使用最简单的穷举法来分析问题，一本书的页码是连续的自然数 1，2，3，4，…所以这是一个连续自然数相加求和问题。

2. 估算数据规模和算法复杂度

首先需要遍历 *N* 次找到最大页码，然后撕掉的那一页的页码也是两个连续的自然数，因此再遍历 *N*-1 次找到撕掉的页码。一本书的页码总是有限的，而且计算机运算速度非常快，所以穷举方法可行。

3. 动手写代码

```
def find_pages(sum_page):
    """
    sum_page 表示输入的缺页书本页码数值总和
    """
    page = 1     # 开始页码
    total = 0    # 页码总和
    while total < sum_page:
        total += page
        page += 1
    print("这本书页码最大值:{}, 页码数值总和:{}".format(page-1, total))
    miss_page1 = 1     # 缺页页码数值
    miss_page2 = 2     # 缺页页码数值
    miss_page_sum = total - sum_page       # 缺页页码数值和
    if miss_page_sum == 0:
        print('没有缺页')                  # 没有缺页就结束程序
        return
    has_find_page = False
    while miss_page1 + miss_page2 <= miss_page_sum:
        if miss_page1 + miss_page2 == miss_page_sum:
            has_find_page = True
            print("缺页页码为{}和{}".format(miss_page1, miss_page2))
            return
        # 如果不符合条件，数值加 1 继续尝试
        miss_page1 += 1
        miss_page2 += 1
    if not has_find_page:
        print("没有找到缺页")
```

运行程序，验证输出的结果。

```
find_pages(99999)
这本书页码最大值 :447, 页码数值总和 :100128
缺页页码为 64 和 65
```

3.6 特别的数字

如果用心去探索数学中的数字，会发现许多美妙的东西。例如，1 有很多“头衔”：它是最小的正整数、最小的正奇数、唯一一个既不是质数又不是合数的正整数，它的平方是本身、它的开方是本身，而且它是任何正整数的公因数。下面一起去发现一些特别的数字，感受数学的美。

3.6.1 质数

质数又称素数。一个大于 1，且除了 1 和它自身外，不能被其他自然数整除的数称为质数，否则称为合数。这个概念相对容易理解，下面用程序来描述这个概念，定义一个判断质数的函数。

```
def prime_check_1(number):
    """
    检查 number 是否为质数 , 如果是则返回 True, 否则返回 False
    """
    # 根据定义排除特殊例子
    # 质数首先是一个大于 1 的自然数，所以负数、0、1 都不是质数
    if number < 2:
        return False
    # 除了 1 和它自身外，不能被其他自然数整除的数
    for i in range(2, number-1):
        if number % i == 0:
            return False
    return True
```

以上完全按照质数的书面含义定义了这个函数，下面运行程序，查看结果。

```
print(prime_check_1(-1))  # False
print(prime_check_1(1))   # False
print(prime_check_1(2))   # True
print(prime_check_1(8))   # False
```

结果很好，都符合预期，似乎探究已经结束。但是，再深入思考一下，这个函数还是有很多地方可以优化的。虽然现在计算机运算速度已经很快了，不优化也不会影响程序运算时间，但是大家

应该时刻做好优化算法的准备，培养良好的思维习惯。

现在一起优化上面的函数，从这个定义可以推导出，大于 2 的偶数都不是质数，所以遇到这样的数便可直接判断，非常简单快捷地得到答案。另外，如果一个数能被其他数整除，则其必然有商，所以就能被两个数整除，如 3×17=51。所以，不需要把所有小于这个数的整数都尝试一次，只需要到这个数的开方就足够了。最后在遍历整数时，可跳过所有偶数，因为能被大于 2 的偶数整除，必然已经在上一步就被排除了。下面根据这些设定，优化 prime_check_1() 函数。

```
def prime_check_2(number):
    if number < 2:
        return False
    # 2 和 3 比较特殊，2 是唯一的偶数质数，3 的开方取整数部分 1，根据公式对 3 做求余数计算，
    # 并判断为质数
    if number < 4:
        return True
    # 大于 2 的偶数当然不是质数，因此不需要继续
    if number % 2 == 0:
        return False
    # 减少遍历的次数，只需要 3 到这个数的开方数的所有奇数
    odd_numbers = range(3, int(math.sqrt(number)) + 1, 2)
    for i in odd_numbers:
        if number % i == 0:
            return False
    return True
```

验证工作读者可自行完成。另外，该函数其实还有很多地方能够继续优化，如比 5 大的整数，而且尾数是 5，必然能被 5 整除。除此之外，大家还能想到什么特殊条件吗？

3.6.2 水仙花数

水仙花数是指一个三位数，它的每一位上的数字的 3 次幂之和等于它本身，如 $1^3+5^3+3^3=153$。下面就把这些优美的数字全部找出来吧！

```
def narcissistic_3():
    """
    水仙花数是指一个三位数，它的每一位上的数字的 3 次幂之和等于它本身
    """
    for number in range(100,1000):
        a = int(number / 100)
        b = int(number % 100 / 10)
        c = int(number % 10)
        if pow(a,3)+pow(b,3)+pow(c,3) == number:
            print("{}^3 + {}^3 + {}^3 = {}".format(a,b,c,number))
```

运行程序，得到如下结果：

```
1^3 + 5^3 + 3^3 = 153
3^3 + 7^3 + 0^3 = 370
3^3 + 7^3 + 1^3 = 371
4^3 + 0^3 + 7^3 = 407
```

继续挑战难度，四位数、五位数、六位数等有没有这样的数呢？其实也存在，分别称为四叶玫瑰数、五角星数、六合数等。下面定义一个通用的函数，寻找 *N* 位自幂数。

```
def narcissistic_number(number):
    """
    N 位自幂数是指一个 N 位数，它的每一位上的数字的 N 次幂之和等于它本身
    """
    original_number = number
    string_number = str(original_number)
    length = len(string_number)
    # 求出每一位上的数字的 N 次幂之和
    sum_number = 0
    for num in string_number:
        sum_number += pow(int(num), length)
    # 是否等于它本身
    if sum_number == number:
        print("{} 是 {} 自幂数 ".format(number, length))
    else:
        print("{} 不是位自幂数 ".format(number))
```

对比 narcissistic_3() 和 narcissistic_number() 两个函数，可以发现第二个函数是用字符串处理每个数字的 *N* 次幂的，显得比较简洁。所以，在处理数字时，可以考虑把它变成字符串，方便利用内置属性和方法去简化处理。

注意：在 Python 中，整数的值不受位数的限制。因此，不需要用任何特殊方法来处理超级长的数值。

Python 的这个特性可以解决很多编程难题，完全不用考虑数值范围。但如果把上面的函数用 C 语言运行，则很快就会超出整型的数值范围。

3.6.3 完全数

在整数中有一些数，它的因子之和等于自身，如 6=1+2+3，称为完全数，也称完美数。这些数有很多特性，如所有完全数的倒数都是调和数，如 1/1+1/2+1/3+1/6=2、1/1+1/2+1/4+1/7+1/14+1/28=2；除 6 以外的完全数，把它的各位数字相加，直到变成个位数，那么这个个位数一定是 1，如 28（2+8=10，1+0=1）、496（4+9+6=19，1+9=10，1+0=1）。更多关于完全

数的知识，读者可以查阅相关书籍。现在根据定义，编写一个判断是否为完全数的函数。

```
def isPerfectNumber(number):
    """
    输入一个大于 1 的整数
    如果是完全数就返回 True，如果不是则返回 False
    """
    if type(number) != int or number < 1:
        print('n 是非法输入，n 必须是不小于 1 的整数 ')
        return False
    # 找出所有因子
    divisors = []
    for divisor in range(1,number):
        if number % divisor == 0:
            divisors.append(divisor)
    print(divisors)
    # sum 求和整个队列，与原来的数比较大小
    return sum(divisors) == number
```

运行程序，求证结果是否正确。

```
isPerfectNumber(496) #[1, 2, 4, 8, 16, 31, 62, 124, 248] True
isPerfectNumber(49) #[1, 7] False
isPerfectNumber(0) # n 是非法输入，n 必须是不小于 1 的整数 False
```

在写算法时需要考虑输入的合法性，特别是 Python 是弱类型语言，出乎意料的输入会出现意想不到的错误，而且有时错误会非常隐蔽。因此，适当对输入进行检测，可以提高程序的健壮性，不容易让程序崩溃。

3.6.4 挑战：奇妙的数字

小琛非常喜欢研究数字，有一天他发现了一个奇妙的数字。它的平方和立方把 0~9 这 10 个数字每个刚好只用了一次，他把这个数字作为他的幸运数字。大家猜猜究竟是什么数字呢？

这个题目的背景十分简单，核心问题就是找出符合条件的数字。第一种办法是从 1 开始逐个尝试，总共需要尝试的次数不会超过 1000。第二种方法就是用 0~9 随机组合，再测试是否符合条件，这个方法的复杂度约等于全排列 0~9，一共是 10！次，相比之下当然没有第一种方法好。方法选择好后，下面开始动手写代码。

```
def find_luck_number():
    """
    寻找一个数字 n，n^2 和 n^3 把 0~9 这 10 个数字每个刚好只用了一次
    """
    number = 1
```

```
    number_string = ""
    while len(number_string) < 11:
        # 当位数超过 11 位时必然会有数字重复，所以循环到 11 位即可
        number_string = str(pow(number, 2)) + str(pow(number, 3))
        If set(number_string) == set('0123456789'):
            print("幸运号码 :{}, 平方数 :{}, 立方数 :{}".format(number, number**2,
number**3))
        number += 1
# ------ 结果 ---------
幸运号码 :69, 平方数 :4761, 立方数 :328509
```

上述代码再次把数值转换为字符串去处理，利用 set 集合属性帮助判断数字是否符合条件。该代码简单，可直观展现算法逻辑。

3.7 数列

数列问题也是数学中常见的一类问题。比较常见的有等差数列、等比数列等，较为出名的数列有斐波那契数列、杨辉三角等。这些数列怎样用程序表现出来呢？它们能够解决什么问题呢？带着这些问题，本节从计算机的角度带领大家再次认识数列。

3.7.1 等差数列

数列中的每一个数都称为这个数列的项，排在第 1 位的数称为这个数列的第 1 项（通常也称首项），排在第 2 位的数称为这个数列的第 2 项，以此类推，排在第 n 位的数称为这个数列的第 n 项，通常用 an 表示。

等差数列是指从第 2 项起，每一项与它的前一项的差等于同一个常数的数列。这个常数称为等差数列的公差，公差常用字母 d 表示。例如，1, 3, 5, 7, 9, … , $2n-1$，其通项公式为 $an = a1+(n-1)\times d$，首项 $a1 = 1$，公差 $d = 2$，计算前 n 项之和的公式为 $Sn=[n\times(a1+an)]/2$。

注意：以上 n 均为正整数。

等差数列用代码该怎样表示呢？

```
def arithmetic_sequence(n, a1, d):
    """ 等差数列
    n: 项数
    a1 首项
    d: 公差 """
    if "" in (n,a1,d): # 简单的输入判断，避免程序因输入错误意外退出
        return " 存在空白输入 "
```

```
    series = []
    for _ in range(int(n)):
        # 计算数列项
        if series == []:
            series.append(a1)
        else:
            series.append(str(float(series[-1])+float(d)))
    return series
if __name__ == "__main__":
    n = input("数列项数") # 用交互方式获取参数，输入参数都是字符串类型
    a1 = input("数列首项")
    d = input("数列公差")
    print(arithmetic_sequence(n, a1, d))
```

通过 input() 函数接收用户输入，如果输入正确，返回数列的每一项。试一下以下输入：

```
print(arithmetic_sequence("4","2","1"))
# ['2', '3.0', '4.0', '5.0']
print(arithmetic_sequence("5","2.1","1.1"))
# ['2.1', '3.2', '4.300000000000001', '5.4', '6.5']
print(arithmetic_sequence("-1","0","2"))
# []
print(arithmetic_sequence("0","0","0"))
# []
print(arithmetic_sequence("1","1",""))
# 存在空白输入
```

这个算法虽然简单，但还是要注意边界输入和错误输入导致的程序崩溃。

3.7.2 等比数列

国王要奖赏一个人，便问他想要得到什么赏赐。那人就说："请您在棋盘上的第 1 个格子里放 1 粒麦子，第 2 个格子里放 2 粒麦子，第 3 个格子里放 4 粒麦子，第 4 个格子里放 8 粒麦子，即从第 2 格起，每一个格子中放的麦粒都必须是前一个格子麦粒数目的 2 倍，直到最后一个格子（第 64 格）放满为止，这样我就十分满足了。"国王听了之后哈哈大笑，慷慨地答应了这个请求，后来这个国家差点因为此事破产了。那么到底要给这个人多少麦粒呢？

这是等比数列的一个经典例子，要求解国王一共要给多少麦粒，可以通过数列 $1+2+2^2+2^3+2^4+\cdots+2^{63}$ 求和得知。

等比数列是指从第二项起，每一项与它前一项的比值等于同一个常数的数列。这个常数称为等比数列的公比，用字母 $q(q \neq 0)$ 表示，等比数列首项 $a1 \neq 0$，其中的每一项均不为 0。

下面用程序来求解一共有多少麦粒。

```
def geometric_series(n, a1, q):
    """等差数列
```

```
    :n: 项数
    :a1 首项
    :q: 公比 """
    series = []
    power = 1
    multiple = q
    for _ in range(n):
        if series == []:
            series.append(a1) # 首项
        else:
            power += 1
            series.append(a1 * multiple)
            multiple = pow(q, power)
    return series # 返回数列的所有项
```

根据故事可知棋盘一共有 64 格，第 1 格是 1 粒，后面一格是前面的 2 倍，所以 *n*=64，*a*1=1，*q*=2。

```
series = geometric_series(64,1,2)
total = sum(series) # 求数列的和
print(" 一共是 %d 粒麦粒 " % total)
# 输出：一共是 18446744073709551615 粒麦粒
```

这是什么概念？查看中国国家统计局数据，中国小麦产量（截至 2018 年）如图 3-2 所示。

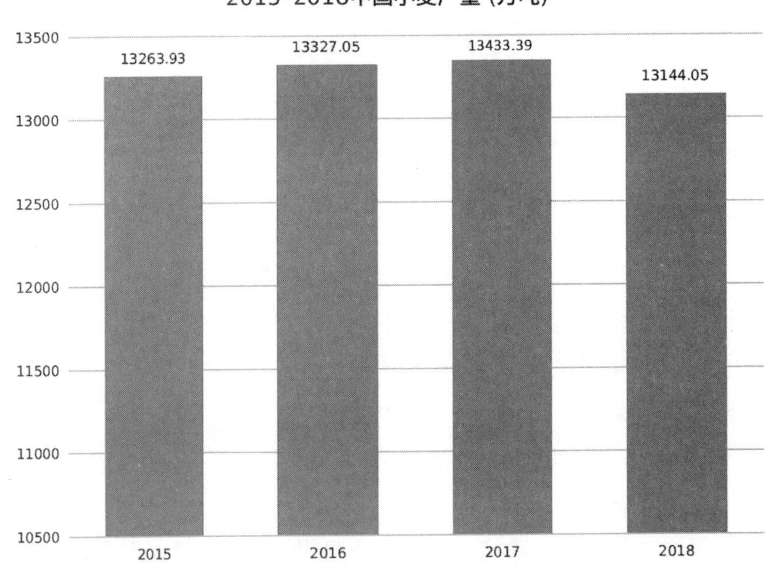

图 3-2 中国小麦产量

一粒小麦的质量大概是 0.03g，那么 18446744073709551615 转化为万吨是多少呢？

```
total = total*0.03/1000/1000/10000
print(" 也就是 %.4f 万吨 " % total)
```

```
# 输出：也就是 55340232.2211 万吨
```

由上述结果可知，这个人想得到的麦子数量是中国一年小麦产量的四千多倍。

3.7.3 调和数列

调和数列的形式为 1+1/2+1/3+1/4⋯+1/*n*+⋯，其各项倒数所组成的数列（不改变次序）为等差数列。调和数列各元素相加所得的和称为调和级数，而且经过证明，它是一个发散的无穷级数。此数列中 *n* 越大，*an* 就越小，但是数列的和总是慢慢地增大，并且超过任何一个有限值。这里引入了“无穷”的概念，“无穷”个“无穷小”的数加起来变成“无穷大”，这听起来充满了哲学的味道。因此，关于“无穷”的讨论使一代又一代的数学家感到困惑，但又为之着迷。

下面尝试用计算机还原当年数学家争论的场景。给出一个正整数 *M*，计算调和数列多少项的和能够超过 *M* 的值，并用事实证明它是发散的无穷级数。

```
from math import fsum # 使用 fsum 精确计算浮点数累加
def harmonic_series(n):
    """ 调和数列，n 为项数 """
    series = []
    for temp in range(int(n)):
        # 1+1/2+1/3+1/4……+1/n+…… 第一个是 1，其他 1/(n+1)
        series.append(1/(temp + 1) if series else 1)
    return series
def find_n(m):
    """ 找数列项数的最小值 n，使得调和级数大于 m """
    n = 1
    total = 1
    while total < m:
        n += 1  # 项数
        total = fsum(harmonic_series(n))
    return n
```

当 *n* 为 1~10 时，调和数列需要的项数如下：

```
for i in range(1, 11):
    print("S>{}, n={}".format(i, find_n(i)))
#--------------- 结果 --------------------
S>1, n=1
S>2, n=4
S>3, n=11
S>4, n=31
S>5, n=83
S>6, n=227
S>7, n=616
```

```
S>8, n=1674
S>9, n=4550
S>10, n=12367
```

3.7.4 斐波那契数列

除了调和数列外，同样让人着迷的数列还有斐波那契数列。斐波那契数列从第 3 个元素起，每一个元素都是前面两个元素相加的和，该数列越往后，相邻的两个数的比值越趋向于黄金比例值（0.618），它也因此被称为黄金分割数列。用递推的方式来表示斐波那契数列，如下：

```
F(0)=0, F(1)=1, F(n)=f(n-1)+F(n-2) (n>=2)
```

在艺术设计中经常使用黄金分割，这是人类审美的标准。公元前 5 世纪建造的雅典帕特农神殿，其高宽比是 0.618；罗浮宫镇馆之宝“断臂维纳斯”的身材比例也符合黄金分割；舞台中心位置通常不是中间，而是偏一点，那就是舞台的黄金分割点处；自然界各种花草的结构常常符合黄金比例，很多花的花瓣数目就是斐波那契数列上的数值。关于此内容，有兴趣的读者可以查询更多专业资料。斐波那契的特殊魅力吸引了各行各业的学者去研究，下面用代码的方式重新认识斐波那契数列。

```
def fibonacci(n):
    """ 递归求解斐波那契数列 """
    if n <= 1:
        return n
    else:
        return fibonacci(n - 1) + fibonacci(n - 2)
if __name__ == "__main__":
    max_n = int(input(" 项数 "))
    if max_n > 0:
        # 列表生成式表达
        print([fibonacci(n) for n in range(max_n)])
    else:
        print(" 请输入大于 0 的正整数 ")
```

运行程序，测试结果。

```
项数 10
[0, 1, 1, 2, 3, 5, 8, 13, 21, 34]
项数 15
[0, 1, 1, 2, 3, 5, 8, 13, 21, 34, 55, 89, 144, 233, 377]
```

通过递归调用 fibonacci() 函数，把问题一直简化到刚开始时，即 $F(0)=0$ 和 $F(1)=1$，然后通过定义把两个值相加得到下一项的值。该算法思路十分清晰简单，没有任何冗余内容。

3.7.5 杨辉三角

杨辉三角是二项式系数在三角形中的一种几何排列，如图 3-3 所示。

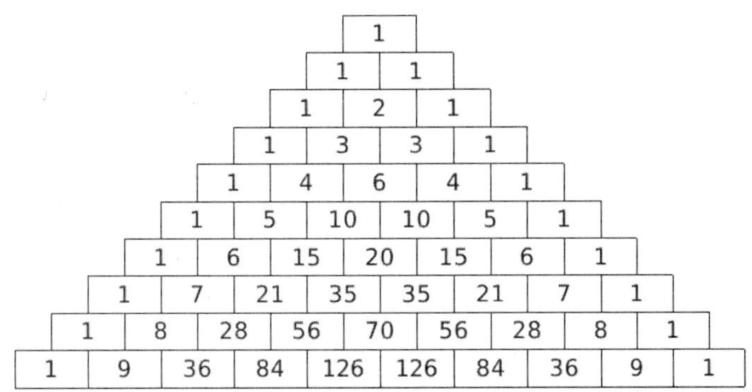

图 3-3 杨辉三角

杨辉三角的特性如下。

（1）每个数字等于它上方两数字之和。如图 3-4 所示，注意三角阴影区内的例子，上一层 *ai* 和 *ai*+1 的和，便是下一层 *bi*+1 的值（除了最外层的 1）。

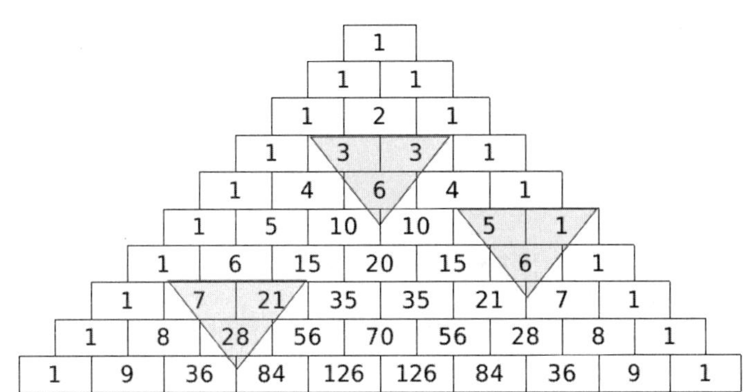

图 3-4 杨辉三角特性（一）

（2）每行数字左右对称，由 1 开始逐渐变大。

（3）最外层的数字总是 1，如图 3-5 右侧阴影所示。

（4）第二层是自然数，如图 3-5 左侧阴影所示。

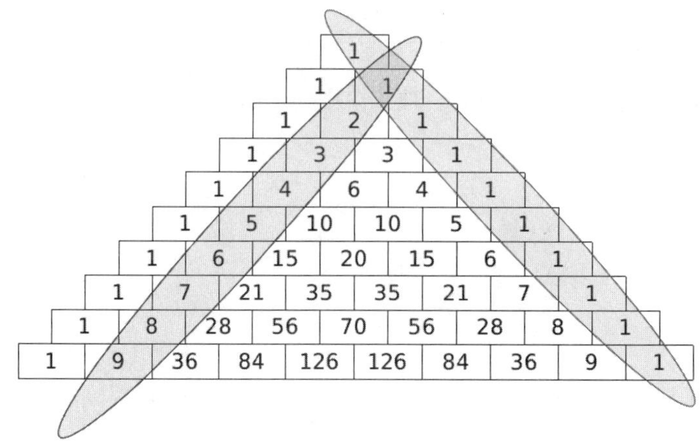

图 3-5 杨辉三角特性（二）

（5）下一层数字之和是上一层数字的 2 倍，如图 3-6 所示，第 N 层的总和是 2^N，N 从 0 开始。

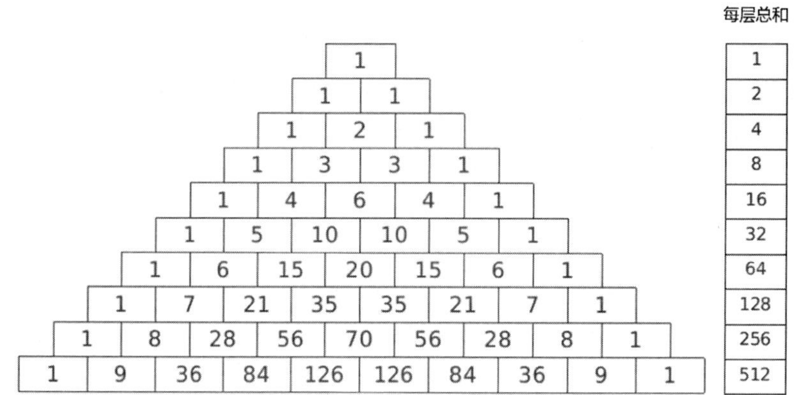

图 3-6 杨辉三角特性（三）

（6）$(a+b)^n$ 的展开式中的各项系数依次对应杨辉三角的第 $(n+1)$ 行中的每一项，这正是定义中的二项式系数。例如，二项式分解，$(a+b)^2=a^2+2ab+b^2$，它的系数对应的就是杨辉三角的第二层“1, 2, 1”。

根据这些属性，能否用程序来输出一个巨大的杨辉三角呢？根据斐波那契数列递归构造的经验，再利用杨辉三角的第（1）个和第（2）个特性，便能推导出杨辉三角每一层的数值。给出初始值，第一行只有一个 1，每一行总是从 1 开始，然后根据每个数等于它上方两数之和，便能求解出任何位置的数值，代码如下。

```
def pascal(depth):
    """ 杨辉三角 """
    res = [[1]] # 第一层
    for i in range(0, depth):
        layer = [1] # 特性 3: 每一层都是从 1 开始
```

```
        for j in range(0, len(res[i]) - 1):
            # 特性1: 每个数等于它上方两数之和
            layer.append(res[i][j] + res[i][j + 1])
        layer.append(1) # 特性3: 每一层都是1结尾
        res.append(layer) # 把每一层的数列加到结果中
    return res
```

注意：杨辉三角的英文是 Pascal's Triangle，因为在欧洲这一规律是由帕斯卡在 1654 年发现的，而我国南宋数学家杨辉在 1261 年所著的《详解九章算法》里就提到了这个规律，比帕斯卡早 393 年。

图 3-3 中一共有 10 层，最底层为 9。输入 9，观察程序返回结果是否符合要求。

```
print(pascal(9))
# ----------- 结果 -------------
[[1], [1, 1], [1, 2, 1], [1, 3, 3, 1], [1, 4, 6, 4, 1], [1, 5, 10, 10, 5, 1], [1, 6,
15, 20, 15, 6, 1], [1, 7, 21, 35, 35, 21, 7, 1], [1, 8, 28, 56, 70, 56, 28, 8, 1],
[1, 9, 36, 84, 126, 126, 84, 36, 9, 1]]
```

可以看到，数组中的值和图 3-3 中的值是一致的，这是 Python 中列表的默认输出。下面尝试用一个函数输出更接近杨辉三角的形状。

```
def print_pascal(data):
    """ 输出杨辉三角 """
    for squence in data:
        total = 0 # 一层数值求和结果
        for i in squence:
            total += i
            print(i, end=' ')
        print("=%d" % total, end=' ') # end 表示输出结尾
        print()# 默认的输出结尾是 \n，按 Enter 键另起一行
```

用 pascal() 函数返回的结果作为输入，再观察 print_pascal() 函数处理后的结果。

```
print_pascal(pascal(9))
# ----------- 结果 -------------
1 =1
1 1 =2
1 2 1 =4
1 3 3 1 =8
1 4 6 4 1 =16
1 5 10 10 5 1 =32
1 6 15 20 15 6 1 =64
1 7 21 35 35 21 7 1 =128
1 8 28 56 70 56 28 8 1 =256
1 9 36 84 126 126 84 36 9 1 =512
```

上述运行结果一目了然，同时验证了杨辉三角的第（5）个特性。

其实杨辉三角还有很多有趣的规律，如按照一个斜度去求和数列，而不是按一层，可以发现斐波那契数列的项，如图 3-7 所示。

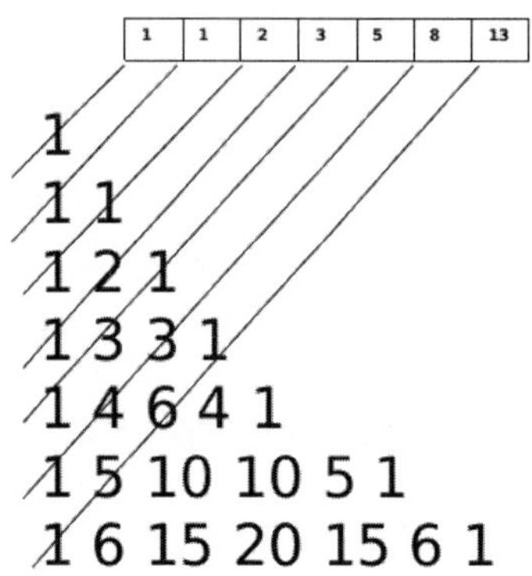

图 3-7　杨辉三角与斐波那契数列

能否用代码来验证这个特性呢？该算法的关键是找到数据坐标的规律。根据图 3-7，可以发现杨辉三角和斐波那契数列的关系如下：

$F(0) = C(0,0)=1$

$F(1) = C(1,0)=1$

$F(2) = C(2,0) + C(1,1)=1+1=2$

$F(3) = C(3,0) + C(2,1)=1+2=3$

$F(4) = C(4,0) + C(3,1) + C(2,2)=1+3+1=5$

由此推导出 $F(n)=C(n-m, m)(m\leq n-m)$，用代码来表达此公式，如下：

```
def pascal_to_fibonacci(data):
    result = []
    for n in range(len(data)):
        fib = [] # 初始化每一层的数列，为空
        m = 0
        while n - m >= m:
            # 根据定义，杨辉三角和斐波那契数列的关联关系如下
            fib.append(data[n-m][m])
            m += 1
        result.append(fib)
    print_pascal(result) # 借用杨辉三角输出函数，输出每一层的和
```

根据例子数据，测试当 n=6 时的运行结果。

```
pascal_to_fibonacci(pascal(6))
# ----------- 结果 -------------
1 =1
1 =1
```

```
1 1 =2
1 2 =3
1 3 1 =5
1 4 3 =8
1 5 6 1 =13
```

结果中每一层的和刚好为斐波那契数列的项。更多关于杨辉三角的有趣规律和特性，如它和分形数学的关联，读者可查阅相关资料，这里不再一一讲述。

3.7.6 冰雹猜想

我们来玩一个游戏，任意写出一个正整数 N，并且按照以下规律进行变换。

（1）如果是奇数，则下一步变成 $3N+1$。

（2）如果是偶数，则下一步变成 $N/2$。

这个数最后会变成什么样？用程序来模拟这个游戏，代码如下：

```
def collatz_sequence(n):
    """ 冰雹猜想：记录数值变化的过程 """
    sequence = [n]
    while n != 1:# 猜想结果是，所有正整数都会回到 1
        if n % 2 == 0:  # 如果是偶数，变为 N/2
            n //= 2
        else: # 如果是奇数，变为 3N+1
            n = 3 * n + 1
        sequence.append(n)
    return sequence
```

随机输入几个数，会发现它们最终都会变为 1。准确地说，任何数都无法逃出落入底部的 4-2-1 循环。这就是冰雹猜想，指的是一个正整数 x，如果是奇数就乘以 3 再加 1，如果是偶数就析出偶数因数 2^n，这样经过若干次，最终回到 1。测试例子如下。

```
from random import randint
for _ in range(5): # 测试 5 个数值
    print(collatz_sequence(randint(1,100))) # 随机挑选一个正整数
# ----------- 结果 -------------
[34, 17, 52, 26, 13, 40, 20, 10, 5, 16, 8, 4, 2, 1]
[81, 244, 122, 61, 184, 92, 46, 23, 70, 35, 106, 53, 160, 80, 40, 20, 10, 5, 16, 8,
4, 2, 1]
[96, 48, 24, 12, 6, 3, 10, 5, 16, 8, 4, 2, 1]
[78, 39, 118, 59, 178, 89, 268, 134, 67, 202, 101, 304, 152, 76, 38, 19, 58, 29, 88,
44, 22, 11, 34, 17, 52, 26, 13, 40, 20, 10, 5, 16, 8, 4, 2, 1]
[100, 50, 25, 76, 38, 19, 58, 29, 88, 44, 22, 11, 34, 17, 52, 26, 13, 40, 20, 10, 5,
16, 8, 4, 2, 1]
```

randint() 函数随机挑选 5 个 0~100 的随机正整数，它们最终都回到了 1。

3.7.7 卡特兰数

卡特兰数又称卡塔兰数（Catalan Number），是组合数学中一个常出现在各种计数问题中的数列。该数列前 *N* 项为 1, 1, 2, 5, 14, 42, 132, 429, 1430, 4862, …，它的递推公式有多种，这里不进行证明。下面介绍一种比较简单的递推公式，设 *an* 为卡特兰数的第 *n*+1 项，令 *a*0=1 和 *a*1=1，卡特兰数满足递推公式 *an*=*C*(2*n*, *n*)/(*n*+1) (*n*=0, 1, 2, …)，而 *C*(*n*,*m*) 则是组合数公式 *n*!/*m*!(*n*−*m*)!。现在编写两个函数，第一个是 combination() 函数，计算组合数；第二个是 catalan_number() 函数，计算卡特兰项的值。

```
def combination(n, m):
    """ 组合数公式: C(n,m) = n!/m!(n-m)!"""
    result = 1  # 保存结果
    # 组合数公式性质 C(n, m) = C(n, n-m)
    if m > (n - m):
        m = n - m
    # 计算 C(n,k)
    for i in range(m):
        result *= n - i
        result //= i + 1
    return result
def catalan_number(n):
    """ 通过计算组合数推导出卡特兰数第 n 项的值, an=C(2n,n)/(n+1)"""
    return combination(2 * n, n) // (n + 1)
```

测试前 10 项，观察结果是否正确。

```
for i in range(10):
    print(catalan_number(i), end=',')
# ----------- 结果 -------------
1,1,2,5,14,42,132,429,1430,4862,
```

结果符合预期，与例子给出的前 10 项值一样。

3.7.8 挑战：百变二叉树

给出 *n* 个元素，你知道这 *n* 个元素能组合成多少个不同的二叉树吗？

1. 把背景剥离，找出问题核心，简化问题

根据学习数列的经验，尝试用递推方式寻找组合数量的规律。

（1）只有 1 个元素，这种情况最简单，即 *F*(1)=1。

（2）有 2 个元素，此时可通过图来辅助分析，如图 3-8 所示，发现一共有 2 种二叉树结构；每一种树结构中不同元素占据不同位置，即排列不同，一共有 2 种情况，所以 $F(2)=2\times2$。

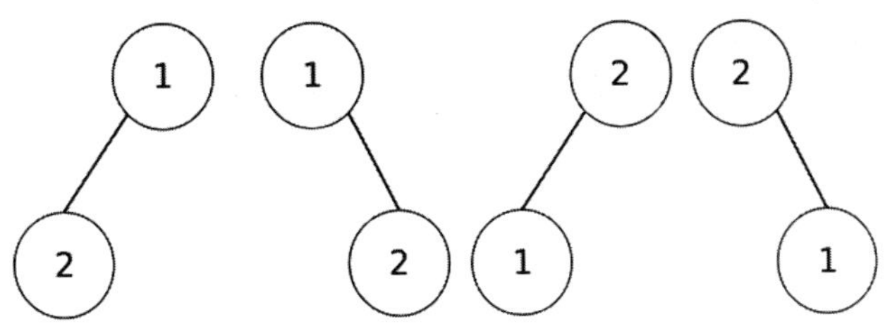

图 3-8　有 2 个元素

（3）有 3 个元素，其分析如图 3-9 所示。

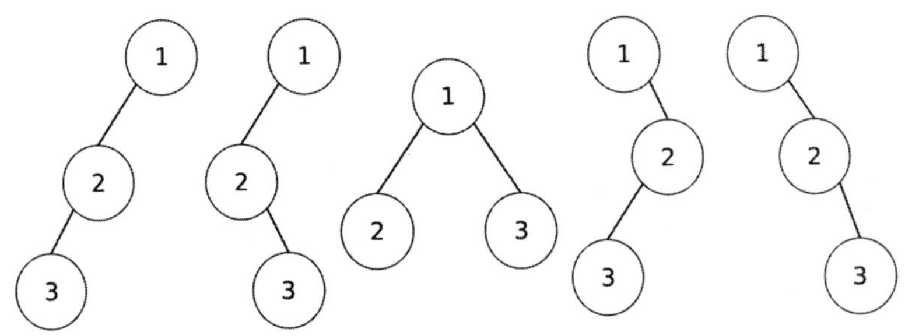

图 3-9　有 3 个元素

从图 3-9 可知一共有 5 种树结构。根据组合数的规律，n 个元素的全排列为 n 的阶乘，因此 $F(3)=5\times3!=30$。

把前三个例子放在一起，如表 3-5 所示。

表 3-5　百变二叉树

元素数量	树结构数量	组合数量	总变化数量
1	1	1	1
2	2	2	4
3	5	6	30

组合数量“1, 2, 6”为全排列数列，公式为 $C(n)=n!$。树结构数量“1, 2, 5”为卡特兰数，因此 $F(n)=\text{catalan}(n)\times n!$。

2. 估算数据规模和算法复杂度

回顾 3.7.7 小节求解卡特兰数的过程，它有一个求解组合数量的过程，需要遍历 n 个元素，然后求解 $n!$ 也同样需要遍历 n 个元素，因此时间复杂度为 $O(2n)$；在空间上不需要额外存储中间结果，因此空间复杂度为 $O(1)$。

3. 动手写代码

```
def factorial(n):
```

```
    """ 求解 n 的阶乘 """
    result = 1
    for i in range(1, n):
        result = result * (i + 1)
    return result

def variety_tree(n):
    """ 求解 n 个元素的二叉树变化数量 """
    if n < 0:
        print("n 必须大于 0")
        return
    if n == 0: # 若为 0，则输出 0
        return 0
    return catalan_number(n) * factorial(n)
```

catalan_number() 函数用于计算卡特兰数，再添加一个求解阶乘函数 factorial()，然后把两者结果相乘，得到想要的最终结果。下面测试输入从 1 到 10 的结果。

```
for i in range(1, 10):
    print(variety_tree(i), end=',')
# ----------- 结果 -------------
1,4,30,336,5040,95040,2162160,57657600,1764322560,
```

3.8 总结

本章介绍了算法最开始使用的场景（数学计算）。通过一些例子熟悉了 Python 中的数学处理技巧，如字符串和数值的转换，集合 set 的使用，内置函数 bin()、sum()、set()、math 库模块等。这些小技巧可以大大提升编写程序的效率，因此读者要多了解 Python 中的内置函数、标准库（如 math、itertools）等，利用 dir() 和 help() 函数查阅使用说明，避免做无用功，同时还能提高程序的健壮性和可读性。例子中讲了一些良好的编程和思维习惯，如输入验证，可以提高程序健壮性，同时也可以排除一些特殊输入值，优化运算时间。在学习数列的过程中初步认识了递推归纳法，这是算法设计的一种技巧，后面还会有章节专门介绍这些算法的思想和技巧。

第 4 章将介绍最常见的一类算法 —— 排序算法，需要综合运用之前学到的知识去分析和理解不同类型的排序算法，从中认识算法的灵活多变，在面对相同的问题时，可以用各种各样的方式去解决。

第 4 章

排　序

从本章开始，将带领读者学习一些经典算法，首先是排序算法。

在工作和生活中到处都能看到排序，考试有分数排序，比赛有名次排序，工作中收到的邮件可以按时间排序、按收件人排序、按类别排序等。在这些场景中，排序算法即可发挥作用。排序是计算机内部经常进行的操作之一，好的排序算法能够大大提高效率，节省大量资源。本章将会带读者了解 5 种经典的排序算法。

本章主要涉及的知识点如下。

- 熟悉 5 种排序算法：了解不同排序算法的优缺点和各自的特性。
- 灵活运用排序算法：学会用排序算法解决实际问题。
- 调试程序：通过测试用例调试程序，比较不同算法的效率。

注意：排序算法不止 5 种，本章只是挑选其中具有代表性，并且容易理解的 5 种排序算法进行介绍。更多关于排序算法的内容，读者可以查阅其他专业资料。

4.1 定义

排序是指令一串记录根据其中某个或某些关键字的大小，按照递增或递减排列的操作。排序算法即通过特定的方式，将一组或多组数据按照设计好的模式进行重新排序。例如，在军训时按身高从左到右排队，这就是一种排序。首先，一组人排成一列，向右边看齐，如果右边的人比左边的人高，左边的人便和他交换位置。按照这个做法，很快就可以完成身高排序。

排序算法有很多种，怎样评价和比较它们呢？算法的时间复杂度和空间复杂度是重要的参考因素。有些算法在程序执行过程中，基本上不需要额外的辅助空间，或只需要少量的额外辅助空间，称为原地（就地）排序，即算法只在原来的排序数组中进行比较和交换。除了这两个基本标准外，排序算法还有一个重要评价标准，称为稳定性。稳定的排序算法是指每一次排序结束后，相同元素的相对顺序不变，不管元素的初始位置怎样变化，都不会影响结果的次序。表 4-1 总结了常见的排序算法特性。

表 4-1　排序算法特性

算法	时间复杂度			空间复杂度	稳定排序	原地排序
	最好情况	一般情况	最坏情况			
冒泡排序	$\Omega(N)$	$\theta(N^2)$	$O(N^2)$	$O(1)$	是	是
选择排序	$\Omega(N^2)$	$\theta(N^2)$	$O(N^2)$	$O(1)$	不是	是
插入排序	$\Omega(N)$	$\theta(N^2)$	$O(N^2)$	$O(1)$	是	是
归并排序	$\Omega(N\log N)$	$\theta(N\log N)$	$O(N\log N)$	$O(N)$	是	不是
快速排序	$\Omega(N\log N)$	$\theta(N\log N)$	$O(N^2)$	$O(\log N)$	不是	是

4.2 冒泡排序

4.2.1 定义

冒泡排序（Bubble Sort）是排序算法中较为简单的一种。该算法思路很简单，就是把较小的元素往前调，较大的元素往后调。排序时每次都是比较相邻的两个元素，这样一次遍历所有元素后，将会把最大的元素浮到最右端（顶端），元素就像一个个气泡冒出水面。下面模拟这个算法的运行过程，例子的初始排序是 4,5,7,6,3,2,1，第一趟遍历过程如图 4-1 所示。

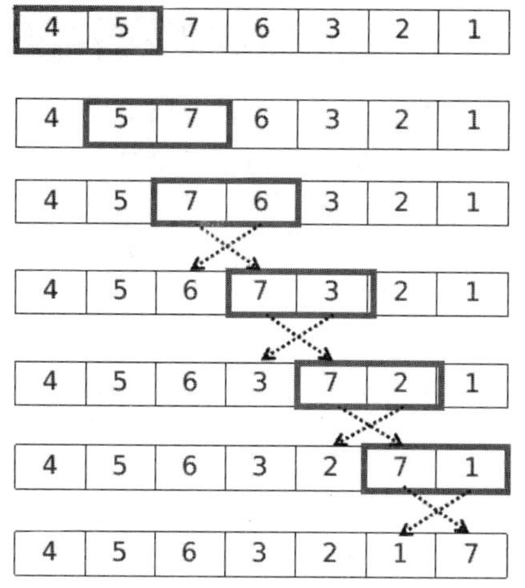

图 4-1　第一次遍历过程

从图 4-1 中可以看到，第一趟遍历比较过后，最大值 7 冒出来，位于数组的最右边。以此类推，重复这一过程，最终便能得到结果 1,2,3,4,5,6,7。下面用代码来描述冒泡排序算法。

```
def bubble_sort(arr):
    number = len(arr)           # 数组的长度
    has_changed = True          # 一趟遍历中是否发生过交换
    x = 0
    while has_changed:
        has_changed = False # 每次循环复位
        for i in range(1, number-x):
                                # 每次循环减少一次，因为后面的数列已经是有序数列
            if arr[i-1] > arr[i]:
                arr[i-1], arr[i] = arr[i], arr[i-1] # 交换位置
                has_changed = True
        x += 1
    return arr
```

注意：本章例子若没有特殊说明，都是升序排列。降序排列的方法和升序排列基本一样，只是在判断条件时略有不同。例如上面的例子，只需把第 9 行的“>”变成“<”，便能得到降序排序结果。

4.2.2　挑战：三角形大比拼

现在有一个游戏，玩法是在一堆长度不一的棍子中找出三根棍子，拼出一个周长最大的三角形。有什么策略能比较快速地找到正确答案呢？

1. 把背景剥离，找出问题核心，简化问题

该问题非常简单，首先用数组来保存游戏中的棍子。例如，现在有五根棍子，可以表示为[4,14,9,5,2]，数值代表棍子的长度。然后在这个数组中找出周长最大的三角形，即找出三根最长的棍子，并且能够拼成三角形。因为三角形的三个边要满足条件 $a+b>c$，为了快速找到答案，第一步就是把棍子排序，方便从大到小挑选棍子；第二步就是组合棍子，并且判断它们是否符合构成三角形的条件。若找到答案，就不需要继续尝试，因为越后面的棍子会越短。

2. 估算数据规模和算法复杂度

第一步的棍子长度排序使用冒泡排序，因此其时间复杂度和空间复杂度分别是 $O(N^2)$ 和 $O(1)$。然后在有序的序列中找出三个最大的边长，当三个相邻元素不符合 $a+b>c$ 时，后面的元素也不可能代替较小两个元素和最大元素结合为三角形，因此只能整体平移。若找到符合条件的三个相邻元素，那么同样也不需要继续往后找，后面的元素必然比当前元素小。所以，只需要遍历一次即可，时间复杂度与序列长度有关，为 $O(N)$。因此，该算法整体时间复杂度为 $O(N^2)$，空间复杂度为 $O(1)$。

3. 解题思路

（1）对原始输入数组进行排序。

（2）在数组中从大到小依次选择三个连续的元素 $c>b>a$。

（3）如果 $a+b>c$，那么就是题目答案，程序输出 a、b、c 和它们的总和，程序结束。

（4）如果不符合规则，则返回第（2）步。

（5）遍历数组结束后，如果没有找到符合要求的元素，则输出信息说明没有找到符合要求的解，程序结束。

4. 动手写代码

```
def largest_perimeter(arr):
    """ 寻找最大周长的三角形 """
    arr = bubble_sort(arr)                  # 用冒泡排序
    res = 0
    for i in range(len(arr)-1, 1, -1):      # 从大到小遍历
        if arr[i-2] + arr[i-1] > arr[i]:    # 满足三角形边长条件
            res = arr[i-2] + arr[i-1] + arr[i]
            print(' 三角形的周长是 {}, 三条边长度分别是 {},{},{}'.format(
                res, arr[i], arr[i-1], arr[i-2]))
            break    # 已经找到结果不需要继续，跳出循环
    if res == 0:
        print(" 没有找能够组成三角形的棍子 ")
```

使用上面的冒泡排序函数，得到一个有序列表，然后遍历列表找出符合要求的三个数。

```
largest_perimeter([4,14,9,5,2])
largest_perimeter([20,10,1,2,7])
Largest_perimeter([233,120,747,75,67,336,221,845,780,403])
```

```
# -------------- 结果 -----------------------
三角形的周长是 11, 三条边长度分别是 5,4,2
没有找能够组成三角形的棍子
三角形的周长是 2372, 三条边长度分别是 845,780,747
```

得到的结果符合预期。按照这个思路去玩游戏，刚开始效果很好，很快就可以找到答案。但当棍子越来越多时，算法效率就会降低。深入思考，也可以一边找长棍子，一边组合三角形，而不需要把所有棍子都提前排好序。上述过程用代码怎样实现呢？

```
def largest_perimeter_2(arr):
    """ 寻找最大周长的三角形，优化排序过程，一边排序一边寻找答案 """
    if len(arr) < 3:
        print(" 数据不够，至少要有三个元素！ ")
    else:
        max_index = len(arr) -1             # 数组最大下标
        res = 0                             # 三角形周长
        # 冒泡排序
        for i in range(max_index):
            for j in range(max_index-i):
                if arr[j] > arr[j+1]:       # 相邻元素比较，交换位置
                    arr[j], arr[j+1] = arr[j+1], arr[j]
            if i >= 2: # 从大到小，找到三个有序元素后，开始尝试组合三角形
                if arr[max_index - i] + arr[max_index-i + 1] > arr[max_index -
                 i + 2]:
                    res = arr[max_index - i] + arr[max_index-i + 1] + arr[max_
                     index - i + 2]
                    print(' 三角形的周长是 {}, 三条边长度分别是 {},{},{}'.format(
                        res, arr[max_index - i], arr[max_index-i + 1], arr[max_
                         index - i + 2]))
                    return
        if arr[0] + arr[1] > arr[2] and res == 0: # 上面少比较了最后三个元素
            res = arr[0] + arr[1] + arr[2]
            print(' 三角形的周长是 {}, 三条边长度分别是 {},{},{}'.format(
                        res, arr[0], arr[1], arr[2]))
            return
        if res == 0:
            print(" 没有找能够组成三角形的棍子 ")
```

一边排序一边寻找答案，若发现正确答案，就退出函数，返回结果。

```
largest_perimeter_2([233,120,747,75,67,336,221,845,780,403])
# 结果
三角形的周长是 2372, 三条边长度分别是 747,780,845
```

这样只需循环遍历三次数组便能得到结果，运算次数大大减少。如果是成千上万个元素，那么该算法的优势会更明显。

4.3 选择排序

4.3.1 定义

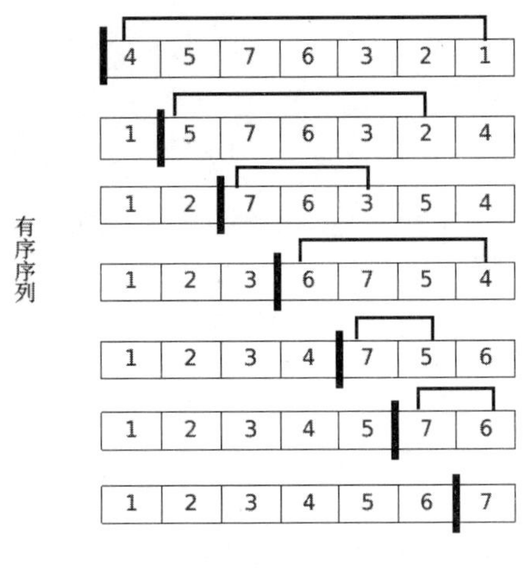

图 4-2 选择排序

选择排序（Selection Sort）是一种比较简单直观的排序算法。它的工作原理是：首次从序列的元素中选出最小的一个元素，与序列的第一个元素交换；然后从剩余的未排序元素中找到最小元素，与第二个元素交换，直到已排序的序列末尾。以此类推，重复这一过程，直到全部待排序的元素都移到排序序列中。

同样以 4,5,7,6,3,2,1 为例，选择排序的运行过程如图 4-2 所示。

从图 4-2 中可以看到，每一轮比较会找出一个最小值放到列表的前面。若想要降序排序，只需要把每次找出的元素的最大值放到列表前面，或者把最小值放到列表尾部即可。下面用代码来描述选择排序算法。

```
def selection_sort(arr):
    """ 选择排序 """
    for i in range(len(arr)):
        min_index = i   # 初始化下标，从无序序列的第一个元素开始
        for j in range(i + 1, len(arr)):
            if arr[j] < arr[min_index]: # 从待排序序列中找最小值
                min_index = j  # 把最小值下标记录下来
        arr[min_index], arr[i] = arr[i], arr[min_index] # 当前位置元素交换位置
    return arr
```

4.3.2 稳定性比较

在上面的例子中，稳定排序和不稳定排序区别不大。本小节换一种形式，假设有几个人——赵四、李力、陈强、李明、张小飞，现在按照姓名来排序，规则是按姓的拼音首字母来排列，然后分别用冒泡排序和选择排序来实现这个算法。

```
def name_bubble_sort(arr):
    """ 拼音首字母冒泡排序 """
    number = len(arr)   # 数组的长度
    has_changed = True  # 一趟遍历中是否发生过交换
    x = 0
    while has_changed:  # 若遍历序列没有发生交换，证明序列已经有序
        has_changed = False                  # 每次循环复位
        for i in range(1, number-x):         # 每次循环减少一次，最大的数就放到最右边
            if arr[i-1][0] > arr[i][0]:      # 只是比较首字母
                arr[i-1], arr[i] = arr[i], arr[i-1] # 交换位置
                has_changed = True           # 标记有交换
        x += 1
    return arr
def name_selection_sort(arr):
    """ 拼音首字母选择排序 """
    for i in range(len(arr)):
        min_index = i    # 初始化下标，从无序序列的第一个元素开始
        for j in range(i + 1, len(arr)):
            if arr[j][0] < arr[min_index][0]:
                         # 从待排序序列中找最小值，只比较首字母
                min_index = j  # 把最小值下标记录下来
        arr[min_index], arr[i] = arr[i], arr[min_index] # 当前位置元素交换位置
    return arr
```

该算法和之前的排序算法几乎一样，只是在第 9 行和第 19 行不同，即比较大小的关键值不同，这次是选取拼音的首字母。用冒泡排序和选择排序得到的结果如下：

```
data = ['zhaosi','lili','chenqiang','liming','zhangxiaofei'] # 输入数据
print(' 冒泡排序 ',name_bubble_sort(data))
print(' 选择排序 ',name_selection_sort(data))
# --------------- 结果 ---------------
# 冒泡排序：陈强，李力，李明，赵四，张小飞
冒泡排序 ['chenqiang', 'lili', 'liming', 'zhaosi', 'zhangxiaofei']
# 选择排序：陈强，李力，李明，赵四，张小飞
选择排序 ['chenqiang', 'lili', 'liming', 'zhaosi', 'zhangxiaofei']
```

交换输入顺序，变成陈强、赵四、李力、张小飞、李明，结果会如何？

```
data2 = ['chenqiang','zhaosi','lili','zhangxiaofei','liming'] # 输入数据
print(' 冒泡排序 ', name_bubble_sort(data2))
print(' 选择排序 ',name_selection_sort(data2))
# --------------- 结果 ---------------
# 冒泡排序：陈强，李力，李明，赵四，张小飞
冒泡排序 ['chenqiang', 'lili', 'liming', 'zhaosi', 'zhangxiaofei']
# 选择排序：陈强，李力，李明，张小飞，赵四
选择排序 ['chenqiang', 'lili', 'liming', 'zhangxiaofei', 'zhaosi']
```

可以看到，在选择排序中，虽然初始列表中“赵四”都是在“张小飞”前面，但最后结果却不一样了，这说明选择排序不是稳定排序。

4.4 插入排序

4.4.1 定义

插入排序（Insertion Sort）是一种简单直观的稳定排序方法，其基本定义是，在一个有序的数据序列中插入一个新元素后，序列仍然有序。插入排序的基本思想非常直观，即比较新元素和有序序列的元素，找到合适的位置。本小节根据寻找元素的不同方式，介绍两种插入排序。

4.4.2 直接插入排序

直接插入排序算法比较接近我们平常的做事习惯，首先在无序序列中选取第一个元素，然后和有序序列从最大元素开始逐个比较。若比待插入元素小，那么该待插入元素就不用动，即插入原来的位置；若比待插入元素大，则有序元素后移一个位置。继续比较，直到找到比较小的元素位置 i，然后插入对应位置，如图 4-3 所示。

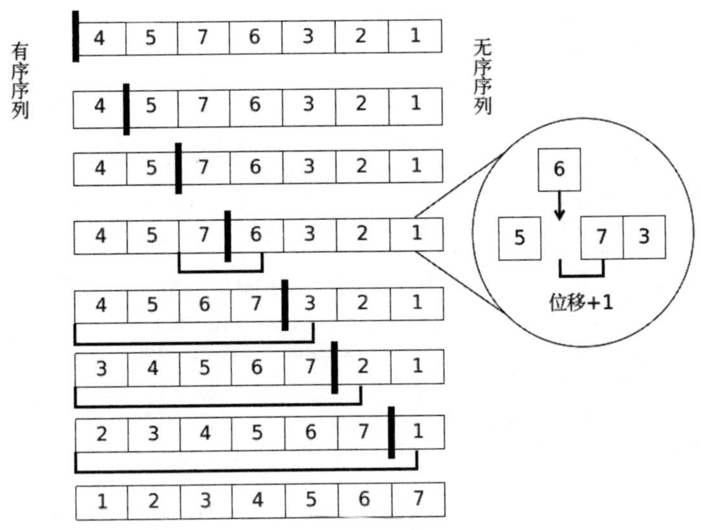

图 4-3 直接插入排序

```
def insertion_sort(arr):
    """ 直接插入排序 """
    for i in range(len(arr)):
        key = arr[i]          # 暂存当前元素值
        position = i          # 记录位移位置
        while position > 0 and key < arr[position - 1] :
            arr[position] = arr[position - 1]
            position -= 1    # 位移多一次，下标值减一
        arr[position] = key # 把之前的元素插入这个位置
    return arr
```

4.4.3 折半插入排序

直接插入排序采用顺序查找法查找当前记录在已排序序列中的插入位置，该查找操作也可利用折半查找来实现，由此进行的插入排序称为折半插入排序（二分插入排序）。先比较位置中间的元素，若比待插入元素大，再比较左半部分的元素，若是相反则比较右半部分元素，以此类推，找到合适的位置插入。折半插入排序的优点是，一般情况下所需比较次数比直接插入排序少，因此效率会更高。

```
def binary_insertion_sort(arr):
    """ 折半插入排序 """
    for i in range(len(arr)):
        key = arr[i]                            # 暂存当前元素值
        position_low = 0                        # 有序序列最小元素下标
        position_height = i-1                   # 有序序列最大元素下标
        while position_low <= position_height:
            mid = (position_low + position_height) // 2   # 中间元素下标
            if key > arr[mid]:
                position_low = mid + 1      # 比较中间位置右半部分
            else:
                position_height = mid - 1 # 比较中间位置左半部分
        # 找到插入位置后，下标值为 position_low(mid 值相同 )
        for j in range(i, position_low, -1):
            arr[j] = arr[j - 1]                 # 向右位移，腾出空间插入新元素
        arr[position_low] = key                 # 插入新元素
    return arr
```

注意：第8行中的“//”表示截断除法，结果是不保留小数的，要注意和“/”进行区分，如15//6=2，15/6=2.5。

4.5 归并排序

4.5.1 定义

归并排序（Merge Sort）是建立在归并操作上的一种有效的排序算法。归并操作可以理解为合并，核心思想是将有序的子序列合并，得到一个完全有序的序列。这是一种巧妙的方法，采用分治思想，即把大问题拆分为小问题，逐一解决。对于一个无序序列，可以先把它分解为若干个有序的子序列，一直分解到每个子序列只有一个元素，此时的序列必然有序；然后依次把所有序列进行归并，最终合为一个序列。归并排序算法在归并过程中需要用另外的数组存放合并后的序列，因此它是一个非原地排序。由表 4-1 可知，归并排序在最坏情况下的时间复杂度为 $O(N\log N)$，效率比前面学习的三种排序算法都高，而且是稳定排序算法。

通过例子 4,5,7,6,3,2,1 模拟归并排序的过程，如图 4-4 所示。

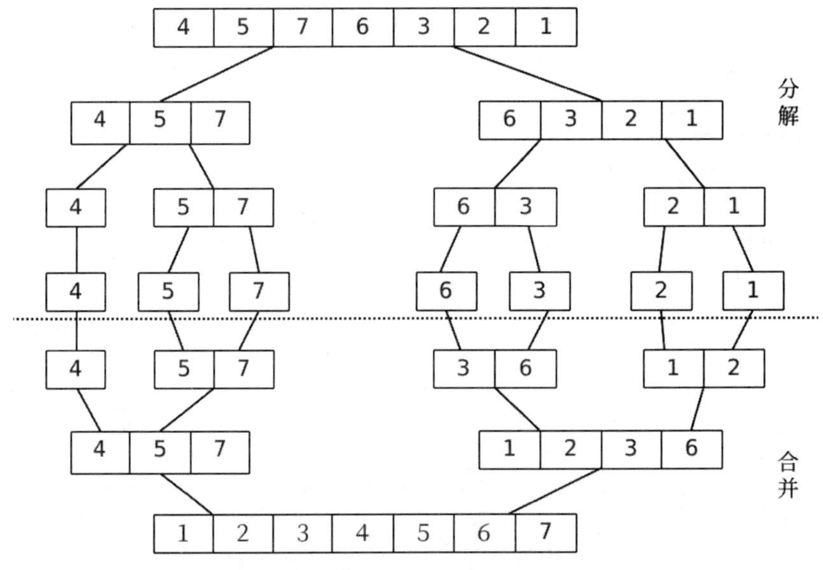

图 4-4　归并排序

算法分解如下。

（1）将原始序列从中间分成两列，得到左右两个子序列。

（2）如果子序列的元素个数不是一，继续把子序列从中间分成两列。

（3）重复步骤（2），直到子序列只有一个元素。

（4）相邻两个子序列归并为一个有序序列，直到序列数量只有一个。

如图 4-4 所示，第一次分成两个序列，第二次分成四个序列，第三次分成七个序列。第一个序列 4 只有一个元素，故不用比较合并；5 和 7 合并成序列 5,7。以此类推，一直合并回一个序列，得到结果 1,2,3,4,5,6,7。下面用代码来描述上述过程。

```
def merge_sort(arr):
    """ 归并排序 """
    if len(arr) <= 1:     # 不多于一个元素，最小的子序列不用继续拆分
        return arr
    mid = len(arr) // 2   # 找到序列中间位置的下标
    # 从中间分成两个子序列，子序列递归调用 merge_sort() 函数进行归并排序
    left, right = merge_sort(arr[:mid]), merge_sort(arr[mid:])
    # 返回的结果是有序的子序列，然后调用 merge() 函数合并子序列
    return merge(left, right)
def merge(left, right):
    """ 左右子序列合并 """
    merged = left + right  # 创建一个和左右子序列相同大小的列表
    left_positon, right_positon = 0, 0
    while left_positon < len(left) and right_positon < len(right):
        # 对左右子序列的每个元素进行比较排序，放到新的有序序列中
        if left[left_positon] <= right[right_positon]:
            merged[left_positon+right_positon]=left[left_positon]
            left_positon += 1
        else:
            merged[left_positon + right_positon] = right[right_positon]
            right_positon += 1
    # 如果某一边的子序列已经排序结束，就把另一边的子序列直接加到新的序列后面
    for left_positon in range(left_positon, len(left)):
        merged[left_positon + right_positon] = left[left_positon]
    for right_positon in range(right_positon, len(right)):
        merged[left_positon + right_positon] = right[right_positon]
    return merged
```

注意：在 Python 中，函数可以先使用，再定义。例如，第 9 行使用了 merge() 函数，但其实这个时候 merge() 函数还没有定义，具体定义这个函数的程序在第 11 行才开始。因此，在 Python 中函数的位置对程序没有影响，但在其他编程语言中或许会出错。

4.5.2 挑战：成为大富翁

现在你有一次机会成为大富翁：有一组非负数值，每个数只能用一次，你需要把它们组合成为一个最大的数字，填到支票上，钱就是你的了。赶紧设计一个程序，让计算机帮你找到最大金额吧！

1. 把背景剥离，找出问题核心，简化问题

怎样才能造出一个最大数字呢？例如 31,4,200，把所有组合试一下，即 314200,312004,200314,200431,431200,420031，然后排序找到最大值 431200。这时你可能会产生一个想法，把所有

组合找出来，排序找最大值。这种方法确实可以找到答案，暂且称为方法一。继续分析 4,31,200 这三个值，如果它们两两组合，然后比较数值大小，可发现 431>314，31200>20031，4200>2004。那么方法二就是先进行排序，排序的规则是比较两个元素的组合数值的大小，根据它们组合值较大情况下两个元素的位置来判断大小，在左边的元素为较大值。正如上面的例子，431 大于 314，所以 4 比 31 大。据此得到一个有序序列后，按照顺序组合起来的数字即为最大值。

2. 估算数据规模和算法复杂度

先分析方法一，根据原始输入的数组（N 个元素）进行全排列组合，得到的新数组大小是 $N!$，然后进行排序，这里使用归并排序算法，时间复杂度为 $O(N!\log N!)$。由此可知，该算法基本没有实际用途，运行效率非常低。方法一需要一个 N 大小的空间存放原始输入和一个 $N!$ 大小的空间存放所有组合，因此空间复杂度为 $O(N!)$。

然后分析方法二，其只需要进行归并排序就能得到结果，因此时间复杂度为 $O(N\log N)$；该方法仅需要两个 N 大小的空间，因此空间复杂度为 $O(2N)$。

通过比较两个方法的时间和空间复杂度，可知方法二明显优于方法一。

3. 动手写代码

```
def merge_sort_2(arr):
    """ 归并排序 """
    if len(arr) <= 1:         # 不多于一个元素，最小的子序列，不用继续拆分
        return arr
    mid = len(arr) // 2       # 找到序列中间位置的下标
    # 从中间分成两个子序列，子序列递归调用 merge_sort() 函数进行归并排序
    left, right = merge_sort_2(arr[:mid]), merge_sort_2(arr[mid:])
    # 返回的结果是有序的子序列，然后调用 merge() 函数合并子序列
    return merge_2(left, right)
def merge_2(left, right):
    """ 左右子序列合并 """
    merged = left + right   # 创建一个和左右子序列相同大小的列表
    left_positon, right_positon = 0, 0

    while left_positon < len(left) and right_positon < len(right):
        # 判断元素位置
        if compare(left[left_positon],right[right_positon]):
        # 和前面算法的区别就是这里，即改变了规则
            merged[left_positon+right_positon]=left[left_positon]
            left_positon += 1
        else:
            merged[left_positon + right_positon] = right[right_positon]
            right_positon += 1
    # 如果某一边子序列已经排序结束，那么把另一边的子序列直接加到新的序列后面
    for left_positon in range(left_positon, len(left)):
        merged[left_positon + right_positon] = left[left_positon]
```

```
    for right_positon in range(right_positon, len(right)):
        merged[left_positon + right_positon] = right[right_positon]
    return merged
def compare(a,b):
    """
    两个元素组合为两个数值，根据它们组合值较大情况下两个元素的位置来判断大小，在左边的元素为
较大值
    返回结果：
    True 代表 a>b
    False 代表 a<=b
    """
    ab = a + b
    ba = b + a
    # 比较数字
    if int(ab) > int(ba):
        return True
    else:
        return False
def be_rich(input_arr):
    """ 主程序 """
    for i in range(len(input_arr)):
        input_arr[i] = str(input_arr[i])   # 把数值变成字符串
    result = merge_sort_2(input_arr)       # 用归并排序获取有序列表
    print(" 最大数值为：", "".join(result))
```

从代码中可以看到，归并排序的代码几乎没有改变，只是在第17行比较元素时，换了一种规则。下面输入几组数据进行测试。

```
be_rich([4,51,71,63,31,23,1,33,3])
be_rich([9,92,6,96211,111,33,3])
be_rich([0,0,0,0,0])
# ----------- 结果 --------------
最大数值为： 716351433331231
最大数值为： 996211926333111
最大数值为： 00000
```

观察结果，第一个和第二个结果符合要求，但是第三个结果显然是错误的。这个错误也是非常常见的错误之一，即没有考虑一些特殊值，如边界值0、1及空字符等。这里没有考虑到数组全部为零的情况，认真看题目，有一个词是“非负”，那么应该怎样修改程序呢？

```
def be_rich_2(input_arr):
    """ 主程序 """
    all_zero = not any(input_arr)            # 增加特殊值判断
    if all_zero:
        print(" 最大数值为 0，欺骗人的！ ", )
        return
    for i in range(len(input_arr)):
```

```
        input_arr[i] = str(input_arr[i])   # 把数值变成字符串
    result = merge_sort_2(input_arr)       # 用归并排序获取有序列表
    print("最大数值为：", "".join(result))
# ----------- 测试 -----------
be_rich([0,0,0,0,0])
# ------------ 结果 ------------
最大数值为 0，欺骗人的！
```

当然，程序没有完美的，这只是修补了其中一个漏洞，大家还能想到什么特殊条件吗？

4.6 快速排序

4.6.1 定义

快速排序（Quick Sort）是对冒泡排序的一种改进，同样是通过元素之间比较和交换位置来达到排序的目的。通过一次排序将待排序的数据拆分为两个子序列，其中一个子序列的所有数据都比另一个子序列的所有数据小。以此类推，将这两个子序列分别进行快速排序，从而使整个序列变成有序序列。

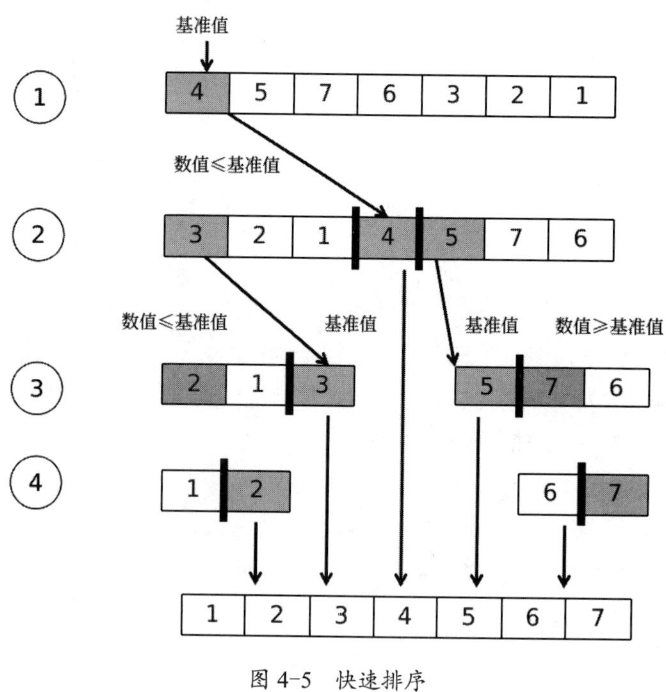

图 4-5 快速排序

回想冒泡排序，其每一轮排列只能把一个元素推到一端，效率非常低，而且和我们的生活习惯不一样。我们平常在排序或者分类东西时，也是根据某个标准先分成几个大类，然后再细分，这与归并排序的思路一致，都是把问题规模缩小，这样解决起来也更简单。

以同样的例子 4,5,7,6,3,2,1 模拟快速排序过程，如图 4-5 所示。

算法分解如下。

（1）选取基准值。选取序列的首个值，如图 4-5 所示，第一轮选取了 4。

（2）遍历序列，逐一和基准值比较。把序列分成三部分，比基准值小的在左边，基准值在中间，比基准值大的在右边。如图 4-5 所示第二轮的序列，经过第一轮的拆分，得到左子序列 3,2,1，中间子序列 4，右子序列 5,7,6。

（3）子序列重复第（1）步，选出基准值，继续拆分序列，直到只剩一个元素。

（4）结束拆解序列后，开始把相邻的子序列合并，得到有序序列。

如图 4-5 所示，第一轮选择 4 为基准值；第二轮的三个子序列中，中间子序列只有一个元素，故不需要继续拆分，对其余两个子序列分别选择 3 和 5 作为基准值；第三轮只剩两个子序列超过一个元素，分别选择基准值 2 和 7。第四轮交换好位置后，整个序列就变成有序序列了。下面用代码来描述算法运行过程。

```
def partition(arr, begin, end):
    base_index = begin                # 选择序列中的第一个元素作为基准值
    for i in range(begin+1, end+1):
        if arr[i] <= arr[begin]:      # 如果元素大于基准值，则位置不变，否则调换位置
            base_index += 1           # 记录基准值的新位置
            arr[i], arr[base_index] = arr[base_index], arr[i]
    arr[base_index], arr[begin] = arr[begin], arr[base_index]
                                                  # 把基准值放到新位置
    return base_index

def quick_sort_recursion(arr, begin, end):
    if begin >= end: # 若开始下标和结束下标重合，就是最小的子序列，不用继续拆解
        return
    base_index = partition(arr, begin, end)       # 找出基准值的新下标
    quick_sort_recursion(arr, begin, base_index-1)  # 小于基准值的子序列
    quick_sort_recursion(arr, base_index+1, end)  # 大于基准值的子序列

def quick_sort(arr):
    """ 快速排序 """
    begin = 0                                     # 刚开始是整个列表
    end = len(arr) - 1                            # 列表最末端下标
    quick_sort_recursion(arr, begin, end)         # 递归
```

用递归方法来拆分序列，当子序列不能再拆分时，结束递归过程，返回结果。

注意：Python 函数的传递参数有两种，如果参数是不可变变量（如字符串、整数、元组等），函数传递参数相当于赋值操作；如果参数是可变变量（如字典、列表等），函数传递参数相当于引用操作（传递内存地址）。所以，quick_sort() 和 quick_sort_recursion() 函数虽然没有返回任何结果，但输入列表 arr 已经变成有序序列，因为参数传递的是内存地址，函数中的操作也是直接针对 arr 的操作。

验证程序是否满足要求。

```
arr = [4,5,7,6,3,2,1]
print(quick_sort(arr))
print(arr)
# ------------ 结果 -----------------
None
[1, 2, 3, 4, 5, 6, 7]
```

可以看到，如果像前面例子那样直接输出结果，得到的是None，因为函数并没有返回任何结果。输出初始列表 arr，可以发现其已经是有序序列了。

4.6.2 优化

查看表 4-1，可以发现快速排序在最坏情况下的时间复杂度是 $O(N^2)$，为什么会变化这么大呢？想象一种特殊情况，一个降序序列通过快速排序变成升序序列，如果选择的基准值同样是序列的第一个元素，就会使得每次拆分序列，都只能得到一个 N-1 的子序列和一个基准值，如图 4-6 所示。

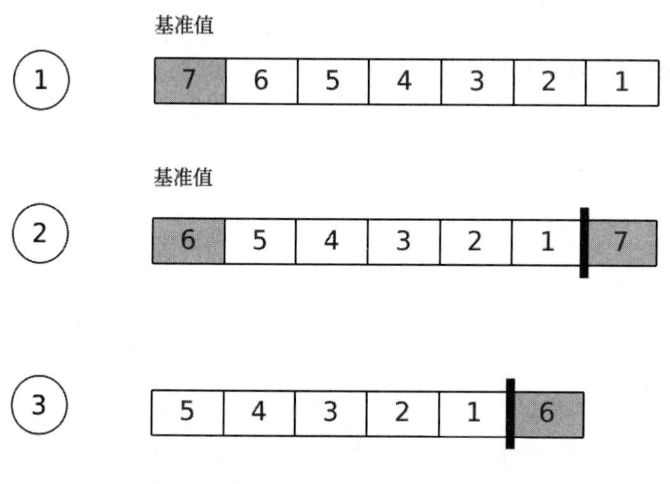

图 4-6 快速排序优化

其效率和冒泡排序一样，要进行 N-1 轮排序才能得到结果。因此，应优化算法，避免这种情况出现。从图 4-6 中可以看到，由于每次选取基准值都是选择首个元素，因此才会出现降序的极端例子。改变选取基准值的方式，能极大地避免极端例子出现，所以优化方式是随机获取其中一个元素作为基准值。现在修改上面的程序代码，使得选取基准值的方式变为随机。

```
from random import randint        # 使用 randint 产生随机整数
def partition_random(arr, begin, end):
    """ 优化选择基准值的方式 """
```

```
    base_index = randint(begin, end)  # 随机选择序列中的某个元素作为基准值
    arr[begin], arr[base_index] =  arr[base_index], arr[begin]
                                      # 把基准值调到最前面
    base_index = begin
    for i in range(begin+1, end+1):
        if arr[i] <= arr[begin]: # 如果元素大于基准值，则位置不变，否则调换位置
            base_index += 1      # 记录基准值的新位置
            arr[i], arr[base_index] = arr[base_index], arr[i]
    arr[base_index], arr[begin] = arr[begin], arr[base_index]
                                 # 把基准值放到新位置
    return base_index
```

上述程序使用标准库模块 random 中的 randint() 函数来随机挑选基准值，然后把基准值和第一个元素交换位置，这样就不需要过多改动原来的代码，只增加两行代码（第 4 行和第 5 行），便完成了优化。

4.6.3 挑战：荷兰国旗问题

荷兰国旗是由红、白、蓝三色组成的，现在有若干个红、白、蓝三种颜色的球随机排列成一条直线，我们的任务是把这些球按照红、白、蓝排序。

1. 把背景剥离，找出问题核心，简化问题

该任务非常简单，就是按不同颜色分类。根据生活经验，分类就是把不同的东西先放到一个框中，然后按顺序将它们排列，即不同颜色的球放到不同数组，最后把三个数组组合在一起。这是一个可行的方法，有兴趣的读者可以用这个方法去编写程序。但该方法和快速排序没有关系，所以这里对题目加一个条件，即不得使用额外内存空间来完成排序，因此程序需要通过交换球的位置来完成任务。现在开始遍历数组，对不同颜色的球进行不同的操作，规则如下。

（1）将数组分为 4 种元素：红色、白色、非分类和蓝色，初始化设定所有元素分组为非分类。

（2）设定白色指针、红色指针都在数组前端，蓝色指针在数组末端。

（3）如果白色指针小于蓝色指针，则移动白色指针。

（4）如果白色指针指向红色球，则与红色指针交换所指元素并向前移动白色指针和红色指针。

（5）如果白色指针指向白色球，则元素已经在正确的位置，因此只需向前移动白色指针。

（6）如果白色指针指向蓝色球，则与蓝色指针交换所指元素，即交换最新的未分类元素，蓝色指针向后移动。

根据上面的规则，用模拟程序来验证算法的正确性，如图 4-7 所示。

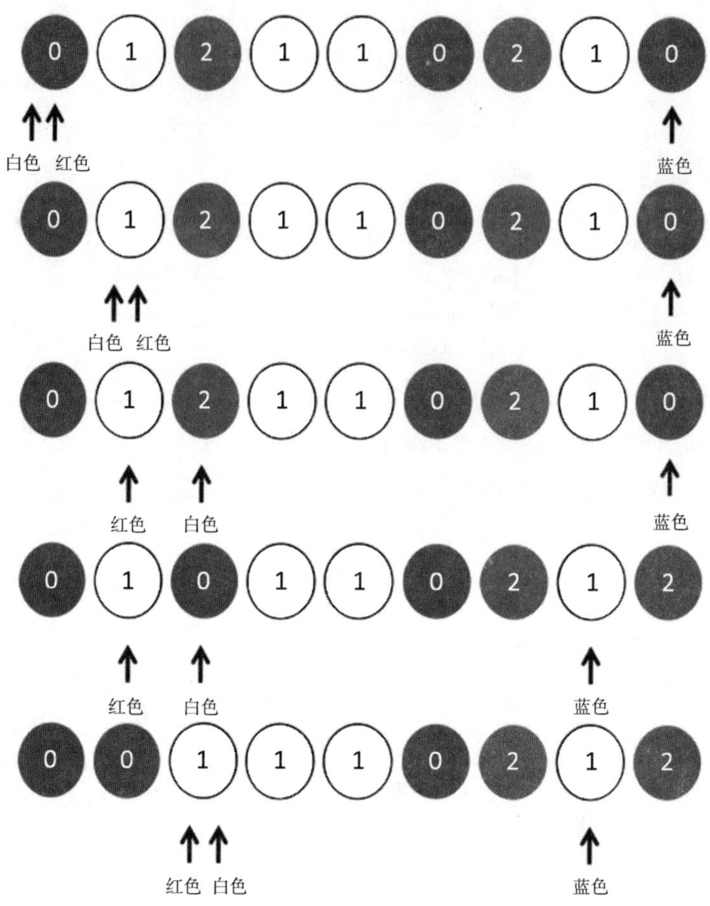

图 4-7　验证算法

图 4-7 中用 0、1、2 表示红、白、蓝三种球。初始情况下，白色指针和红色指针都在第一个球上，根据规则交换指针所指元素。因为两者一样，所以没有发生变化。白色指针和红色指针向前一步，来到第二行的状态。白色指针指向白色球，因此白色指针继续向前一步，来到第三行状态。这时白色指针指向蓝色球，按规则与蓝色指针交换所指元素，蓝色指针向左移一步，来到第四行状态。现在白色指针指向红色球，按照规则交换白色指针和红色指针的所指元素。最后白色指针再向前一步，来到最后一行状态。经过四轮，观察到已分类的四个球（被指针访问过）都符合要求，两个红色球在左边，原本左三蓝色球到了最右边，原本左二白色球已经位于这两个红色球和蓝色球的中间。

2. 估算数据规模和算法复杂度

这里是快速排序的简化版，只需要一次遍历，把序列分成三个部分，因此时间复杂度是 $O(N)$；因为排序没有使用额外空间，所以空间复杂度为 $O(N)$。

3. 动手写代码

```
def color_sort(arr):
    """ 荷兰国旗问题 """
```

```
    red, white, blue = 0,0, len(arr) - 1 # 初始化指针位置
    while white <= blue:      # 白色指针小于蓝色指针，移动白色指针
        if arr[white] == 0:  # 遇到红色球
            # 白色指针指向红色球，与红色指针交换所指元素并向前移动白色指针和红色指针（+1）
            arr[red], arr[white] = arr[white], arr[red]
            red += 1
            white += 1
        elif arr[white] == 1: # 遇到白色球
            # 白色指针指向白色球，则元素已经在正确的位置，因此只需向前移动白色指针
            white += 1
        else:                 # 遇到蓝色球
            # 白色指针指向蓝色球，与蓝色指针交换所指元素，即交换新的未分类元素，蓝色
            # 指针向后移动
            arr[blue], arr[white] = arr[white], arr[blue]
            blue -= 1
```

用代码把规则描述出来，可见算法逻辑和快速排序一样，只不过快速排序是分成小于基准值、等于基准值和大于基准值三部分，这里则是按照红、白、蓝三种颜色把球分成三部分。解决荷兰国旗问题的方法，也是优化快速排序的方法。因为快速排序算法中没有把等于基准值作为一个子序列，而是把不大于基准值的元素作为一个子序列。当待排序的序列中有很多重复元素时，这种优化能提高排序效率。下面测试函数是否符合预期。

```
input_data = [0,1,2,1,1,0,2,1,0]
color_sort(input_data)
print(input_data)
# ------------ 结果 -----------------
[0, 0, 0, 1, 1, 1, 1, 2, 2]
```

结果符合预期。同样是传入列表参数，因此不需要函数返回值，程序直接在输入的列表上操作。运行结束后，输入列表变成有序列表。

4.7 Python 内置排序

在 Python 中，列表元素本身有一个内置排序函数 sort()，一般情况下其效率较高，所以在实际工作中，sort() 函数常常用于解决简单的排序问题。学习以下例子，便能知道 sort() 函数的诸多优势。

```
arr = [4,5,7,6,3,2,1]
arr.sort()
print(arr)
# ------------ 结果 -----------------
[1, 2, 3, 4, 5, 6, 7]
```

由上述代码可以看出，一个 sort() 函数就可解决问题，简化了很多工作。这是最基本的操作，灵活使用 sort() 函数，可以大大提高工作效率。例如下面的例子，使用 sort() 函数不仅可以按元素大小排序，还能按绝对值排序、按字符长度排序等，即可以对元素进行运算处理后的结果进行排序。

```
arr = [4,5,7,6,3,2,1]
arr.sort(reverse=True)  # 降序排序
print(arr)
arr_2 = [3, -2, 1, 8, 0, -11, -2, 10]
arr_2.sort(key=abs)  # 按绝对值排序
print(arr_2)
arr_3 = ['louis', 'Tom', 'Merry', 'Jack', 'Anthony']
arr_3.sort(key=len)      # 按字符长度排序
print(arr_3)
# ------------ 结果 -----------------
降序排序： [7, 6, 5, 4, 3, 2, 1]
按元素绝对值升序排序： [0, 1, -2, -2, 3, 8, 10, -11]
按元素字符长度升序排序： ['Tom', 'Jack', 'louis', 'Merry', 'Anthony']
```

Python 中还有一个独立的内置函数 sorted()，其功能和 sort() 函数相同。但 sorted() 函数的排序对象可以是所有的可迭代对象，如字典、列表、元组等。

```
arr = [4,5,7,6,3,2,1]
print(" 升序 :", sorted(arr))        # 默认是升序
print(" 输入列表: ", arr)            # 不改变原来列表
arr_2 = sorted(arr, reverse=True)  # 降序
print(" 降序 :", arr_2)
# ------------ 结果 -----------------
升序排序 : [1, 2, 3, 4, 5, 6, 7]
输入列表:  [4, 5, 7, 6, 3, 2, 1]
降序排序 : [7, 6, 5, 4, 3, 2, 1]
```

从上面的例子可以知道，sorted() 函数不会改变输入的变量，而且函数会返回结果，还可以通过 key 来实现更多排序方式。

```
# 用 key
arr_3 = [('b',2),('a',1),('c',3),('d',4)]
# 选择用某个关键值来排序
arr_4 = sorted(arr_3, key=lambda x:x[1])
print(" 通过第二个关键值来排序 :", arr_4)
arr_5 = ['louis', 'Tom', 'Merry', 'Jack', 'Anthony']
# 按字符长度排序 , 用 lambda 可以使表达更清晰
arr_6 = sorted(arr_5, key=lambda x: len(x), reverse=True)
print(" 按元素字符长度降序 ", arr_6)
# ------------ 结果 -----------------
通过第二个关键值来排序 : [('a', 1), ('b', 2), ('c', 3), ('d', 4)]
```

```
按元素字符长度降序排序：['Anthony', 'louis', 'Merry', 'Jack', 'Tom']
```

注意：key=lambda x: len(x) 等价于 key=len。

还能通过自定义函数来处理元素，再进行比较排序。

```
# 按字符长度排序的不同表达方式
arr_7 = sorted(arr_5, key=len, reverse=True)
print(" 按元素字符长度降序排序 2：", arr_6)
# 用创建函数的方式，选择用某个关键值来排序
def value_len(value):
    return len(value)
arr_8 = sorted(arr_5, key=value_len, reverse=True)
print(" 按元素字符长度降序排序 3：", arr_8)
# ------------ 结果 -----------------
按元素字符长度降序排序 2： ['Anthony', 'louis', 'Merry', 'Jack', 'Tom']
按元素字符长度降序排序 3： ['Anthony', 'louis', 'Merry', 'Jack', 'Tom']
```

下面尝试对字典进行排序。

```
dict_1 = {'b':2, 'a':1, 'c':3, 'd':4}
dict_2 = sorted(dict_1.items(), key=lambda x: x[1])
print(" 原字典：",dict_1)
print(" 字典的值排序 ", dict_2)
# ------------ 结果 -----------------
原字典： {'b': 2, 'a': 1, 'c': 3, 'd': 4}
字典的值排序 [('a', 1), ('b', 2), ('c', 3), ('d', 4)]
```

上述代码看起来和处理列表差不多，但仔细观察输出结果，可以发现字典已经变成了列表。所以，字典是哈希表，是无序的。要使其变成有序的，还要将其转化为列表再进行排序。

如果对象有多个值，可以通过多个关键值一起排序，看下面的例子。

```
class cmp_list:
    def __init__(self, a, b, c):
        self.a = a
        self.b = b
        self.c = c
    def __repr__(self):
        return repr((self.a, self.b, self.c))
multi_cmps = [cmp_list('X', 1, 6), cmp_list('A', 3, 2), cmp_list('X', 2, 5)]
# 首先根据 a 的位置排序，然后根据 b 的位置排序
res = sorted(multi_cmps, key=lambda x:(x.a, x.b))
print(" 多关键值排序：", res)
# ------------ 结果 -----------------
多关键值排序： [('A', 3, 2), ('X', 1, 6), ('X', 2, 5)]
```

通过 key=lambda x:(x.a, x.b) 告诉函数，首先比较元素的 a 属性，再比较元素的 b 属性。观察结果中的第二个元素和第三个元素，当 a 属性相同（同为 X）时，就比较 b 属性，因为 1 在 2 前面，所以第二个元素排在前面了。

4.8 算法比较

Python 的单元测试是一种测试程序的便捷方式。本节即通过单元测试的方法来比较本章介绍的 5 种排序算法在各种不同情况下的运行时间。使用之前已经编写的排序函数，用相同的输入记录它们的运算时间。由于整个测试程序比较长，这里不全部写出，完整程序代码可在附赠的源码中查看（/ 第 3 章 /sort_test.py）。下面介绍整个测试过程。

首先创建一个算法类 sort_algorithm，其包含 7 个排序算法。

```
class sort_algorithm(object):
    def __init__(self, arr):
        self.origin_arr = arr        # 记录输入列表
    def bubble_sort(self):
        """ 冒泡排序 """
        arr = self.origin_arr.copy()
        start = time.clock()         # 记录开始时间
        number = len(arr)            # 数组长度
        has_changed = True           # 一趟遍历中是否发生过交换
        x = 0
        while has_changed:
            has_changed = False      # 每次循环复位
            for i in range(1, number - x):
                                     # 每次循环减少一次，因为后面的数列已经是有序数列
                if arr[i - 1] > arr[i]:
                    arr[i - 1], arr[i] = arr[i], arr[i - 1]  # 交换位置
                    has_changed = True
            x += 1
        operation_time =time.clock() - start
        return arr, operation_time
    def selection_sort(self):
        """ 选择排序，省略过程 """
    def insertion_sort(self):
        """ 插入排序，省略过程 """
    def merge_sort(self):
        """ 归并排序，省略过程 """
    def quick_sort(self):
```

```
        """ 快速排序，省略过程 """
    def quick_sort_2(self):
        """ 快速排序优化：随机选择基准值，省略过程 """
    def python_sort(self):
        """Python 内置排序 """
        arr = self.origin_arr.copy()                  # 防止修改原列表
        start = time.clock()                          # 记录开始时间
        arr.sort()
        operation_time = time.clock() - start         # 运行时间
        return arr, operation_time
```

把前面的排序函数汇总在一起，每个函数只添加三行代码，复制一份输入数据，在排序开始前记录时间，在排序结束后求出运行时间，最后将排序结果和运行时间作为结果一起返回。

然后导入 unittest 标准库模块，创建测试用例 TestCase_sort。先在 setUp() 函数中初始化测试数据，该函数会在测试开始前自动调用；执行 test1_5000_sort() 函数；测试结束前会自动调用 tearDown() 函数，在该函数中处理之前的测试结果，按运行时间的长度升序排序输出。以下是部分程序代码。

```
class TestCase_sort(unittest.TestCase):
    """ 排序算法比较 """
    def setUp(self):
        # 测试用例执行前的初始化操作
        self.number = 5000
        self.input_arr = [randint(0, 1000000) for _ in range(self.number)]
        # 用内置排序结果作为标准答案，用于验证排序的正确性
        self.answer = sorted(self.input_arr)
        # 创建对象，所有排序使用同样的输入
        self.sort = sort_algorithm(self.input_arr)
        self.result = [] # 用于记录排序结果，进行对比
    def tearDown(self):
        # 测试用例执行后运行
        self.result.sort(key=lambda x:x[1])          # 结果按用时排序
        for data in self.result:                     # 输入结果到屏幕
            print("{} 用时：{} 秒 ".format(data[0], data[1]))
    def test1_5000_sort(self):
        """ 测试 """
        arr, op_time = self.sort.bubble_sort()
        random_index = randint(0, self.number)     # 随机挑选一个位置，对比答案
        # 测试用例期望两个结果相等，若不相等，测试结束
        self.assertEqual(arr[random_index], self.answer[random_index])
        self.result.append([' 冒泡排序 ', op_time]) # 记录排序用时

        arr, op_time = self.sort.selection_sort()
```

```
        random_index = randint(0,self.number )
        self.assertEqual(arr[random_index], self.answer[random_index])
        self.result.append(['选择排序', op_time])
        # 其他排序也类似这样调用，然后记录结果，这里省略
if __name__ == '__main__':
    unittest.main() # 启动测试
```

程序第 19 行使用冒泡排序，即调用 self.sort.bubble_sort() 函数，然后把结果保存到 self.result 列表中。其他排序也是这样调用，同样把运算结果保存到 self.result 中，然后启动测试查看结果。如果用 PyCharm 打开文档，可以选择“Run”→“Run Unittests in sort_test.py”命令，或者按【Shift+F10】组合键；如果用终端打开文档，可以输入命令 python sort_test.py。运行结果如下。

```
Testing started at 下午12:55 ...
 Launching unittests with arguments python -m unittest discover -s /home/python -p
sort_test.py -t /home/python in /home/python
Python 内置排序用时：0.0007079999999999309 秒
快速排序用时：0.007124999999999826 秒
快速排序优化版用时：0.009827999999999726 秒
归并排序用时：0.014799999999999702 秒
选择排序用时：0.511239 秒
插入排序用时：0.6935300000000002 秒
冒泡排序用时：1.265512 秒
Ran 1 test in 2.508s
OK
Process finished with exit code 0
```

这是其中一个测试过程，程序还会创建几个不同输入进行测试，这里不展示全部测试过程，测试结果汇总如表 4-2 所示。

表 4-2　测试结果汇总

算法	输入 1	输入 2	输入 3
冒泡排序	1.265512	0.747395	1.089403
选择排序	0.511239	0.519182	0.538041
插入排序	0.69353	0.178861	0.493722
归并排序	0.0148	0.012931	0.013404
快速排序	0.007125	0.152563	0.046602
快速排序优化版	0.009828	0.009807	0.010254
Python 内置排序	0.000708	0.000354	0.000352

三种输入情况分别如下。

（1）输入 1 是 5000 个随机数。

（2）输入 2 是 2500 个升序排序的数和 2500 个随机数。

（3）输入 3 是 2500 个降序排序的数和 2500 个随机数。

从表 4-2 中可以看到，冒泡排序的时间是最长的，而且和初始输入关系比较大，运行时间波动比较大，最快时间和最慢时间相差超过 0.5s。同样波动比较大的还有插入排序和快速排序，在原始数据大部分有序的情况下，插入排序效率会比较高，快速排序则相反。其他几个排序，如归并排序、选择排序、快速排序优化版和 Python 内置排序时间波动比较小，由此可见，它们和输入数据的初始排序关系不大。在输入数据完全随机的情况下，快速排序比快速排序优化版要快。总体来说，Python 内置排序是最优的，在不同情况下都有非常稳定和良好的表现。所以，在 Python 中不需要自己编写排序函数，直接使用 sorted() 函数即可，而且效率更高。

注意：编译型语言如 C、Java，是先编译后运行；解释型语言如 Python、PHP，是在运行期间才编译，所以前者一般比后者快。

4.9 总结

本章介绍了 5 种典型的排序算法，每一种都有其特点，在使用时应结合实际情况选择合适的算法。例如，冒泡排序一般情况下比快速排序慢，但在一些特别场合，如已知输入的数据大部分已经有序，那么冒泡排序有可能比快速排序有优势。如果结果非常注重稳定性，就不能使用不稳定的排序算法。当然，排序算法还有很多，如桶排序、计数排序、链表排序、希尔排序等，读者如需要进一步学习，可查阅相关专业资料。

下一章将介绍查找算法，它和排序算法紧密相关，也是一种非常重要的基础算法。

第 5 章

查　找

上一章学习了排序算法，本章将介绍查找算法。很多时候排序算法和查找算法总是一起出现，因为很多查找算法都基于有序序列，所以需要配合排序算法一起使用。查找算法也是基础算法，使用场景非常多，如在文章中找特定的词、在计算机中寻找文档、在数据库中筛查数据等。第 2 章介绍哈希表结构时就涉及查找，通过哈希表结构，消耗更多空间资源换取时间资源的节约，可以实现高效的查找效果。

本章主要涉及的知识点如下。

- 熟悉查找算法：根据不同情况，使用不同的查找算法。
- 加强对数据结构的理解：利用树结构、哈希结构、线性结构等设计算法。
- 认识递归过程：初步了解递归算法的使用方式。

注意：查找算法不只有本章介绍的几种，本章只是挑选了其中具有代表性并且容易理解的算法，更多关于查找算法的内容，读者可以查阅其他专业资料。

5.1 定义

查找（Searching）是数据处理中经常使用的一种重要运算，它的主要作用是通过一定的方法，在一些（有序或无序的）数据元素中找出与给定关键值相同的数据元素。查找算法与排序算法一样，也有非常多的方式来实现。其按照操作方式可以分成两种类别：静态查找表（Static Search Table）和动态查找表（Dynamic Search Table）。静态查找表仅进行查找操作，不能改变表中的数据元素；动态查找表则是在查找的同时进行创建、扩充、修改、删除等操作，看起来不像是在查找，而像是在重新建立秩序。因此，动态查找比静态查找多了一些修改操作，在具体的数据结构中实现这些操作不是一件容易的事。

注意：查找不仅是寻找元素是否存在，还包括插入元素、删除元素等操作。

静态查找又可以分为线性查找（Linear Search）和间隔查找（Interval Search）。间隔查找根据不同的跳跃间隔的方式，又可以分为二分查找（Binary Search）、斐波那契查找（Fibonacci Search）、插值查找（Interpolation Search）、跳跃查找（Jump Search）等。动态查找可分为二叉树查找、2-3 树查找、红黑树（Red Black Tree）查找等。

面对各式各样的查找算法，评判它们的优劣标准有哪些？表 5-1 总结了部分常用查找算法的特性。

表 5-1　部分常用查找算法的特性

算法	结构	时间复杂度	ASL（平均查找长度）	最坏情况查找长度
线性查找	随意	$O(N)$	$(N+1)/2$	$n+1$
二分查找	有序	$O(\log N)$	$\log(N+1)-1$	$\log N$
跳跃查找	有序	$O(\mathrm{sqrt}(N))$	大于二分查找	$2\times\mathrm{sqrt}(N)-1$
斐波那契查找	有序	$O(\log N)$	小于二分查找	大于二分查找
插值查找	有序	$O(\log\log N)$	小于二分查找	$O(\log N)$
二叉树查找	随意	$O(\log N)$	$\log(N+1)-1$	$O(N)$
2-3 树查找	随意	$O(\log N)$	$\log(N+1)-1$	$\log N$
红黑树查找	随意	$O(\log N)$	$\log(N+1)-1$	$\log N$
哈希查找	随意	$O(1)$	不确定（根据实现方式）	不确定（根据实现方式）

一般情况下，查找算法不需要辅助空间，因此空间复杂度可以不考虑。下面对表中的查找算法逐一进行深入学习。

5.2 线性查找

5.2.1 定义

线性查找又称顺序查找，是一种最简单的查找方法。它的核心思想就是从第一个元素开始，逐个比较关键值，直到找到目标元素，则查找成功；若遍历整个序列都没有找到目标元素，则查找失败。

这是非常直观的算法，下面看这个例子。在序列 10,30,40,20,50,70,90 中寻找元素 50，模拟算法查找的过程如图 5-1 所示。

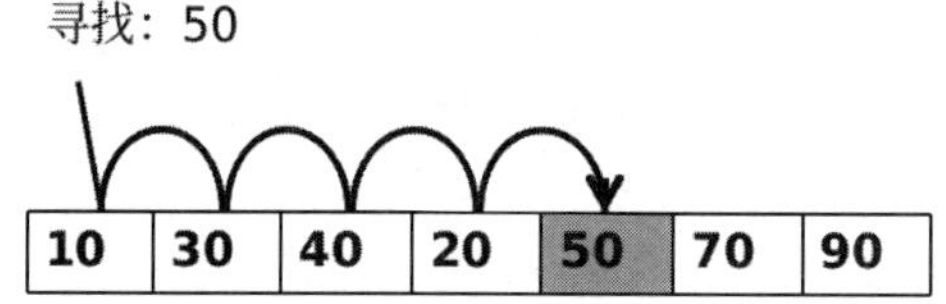

图 5-1　模拟算法查找的过程

```
def linear_search(arr, key):          # arr：输入列表，key 是待查找元素
    """ 线性查找 """
    for i, value in enumerate(arr):
        if value == key:     # 如果找到元素，马上结束程序，返回元素下标
            return i
    return -1 # 如果没有找到，返回 -1
```

注意：return 代表函数结束，返回结果，因此第 6 行不需要写判断语句。若前面的程序没有结束，便代表没有找到元素，才有机会运行到最后一行语句，并返回 -1。当然，读者也可以根据自己的习惯选择不同的表达方式，如上面的代码可以加上 else 来增强逻辑关系。

```
def linear_search_2(arr, key):        # arr：输入列表，key 是待查找元素
    """ 线性查找 """
    for i, value in enumerate(arr):
        if value == key:              # 如果找到元素，马上结束程序，返回元素下标
            return i
    else:            # 可以增加 else，加强逻辑关系
        return -1 # 如果没有找到，返回 -1
```

从以上例子可以看到，不管序列是否有序，程序都需要从头到尾、一个一个地比较元素，直到找到目标元素或者遍历整个列表。上述代码虽然看起来效率不是很高，但其有一个好处，就是列表不需要有序。最后检验程序运行结果。

```
arr = [10,30,40,20,50,70,90]
print(linear_search(arr, 50))  # 4
print(linear_search(arr, 77))  # -1
```

结果符合预期。

5.2.2 挑战：海洋探测

现代科学技术已经可以让人方便地测量大海的深度，在测量船上用超声测位仪（声呐）向海底垂直发射超声波，通过计算收到回波信号的时间间隔，便能计算出海洋中该处的深度。现在测位仪返回一组记录海洋深度的序列 12,16,17,18,32,40,30,15,7,6,1，要求通过计算机自动标记出这片地区的最深处。例如，根据例子所给数据，程序应该返回元素 40 的下标 5。

1. 把背景剥离，找出问题核心，简化问题

该题目的描述很简洁，核心问题就是在给定的序列中找到最大值，这也是使用查找算法的经典场景。因为序列是无序的，所以可以使用线性查找，遍历整个序列找出最大元素。

2. 估算数据规模和算法复杂度

不管输入的序列如何，都需要遍历整个序列找出最大值，所以时间复杂度就是 $O(N)$；由于不需要辅助空间，因此空间复杂度为 $O(1)$。

3. 动手写代码

```
def find_deepest_point(arr):
    max_index = 0                      # 记录最大值下标
    max_value = -1                     # 记录最大值下标对应值
    for i, value in enumerate(arr):
        # i 是列表的下标，value 是下标对应值
        if max_value < value:          # 如果比最大值大，则记录下来
            max_index = i
            max_value = value
    return max_index   # 返回结果下标
#-------------- 测试 ------------------------
print(find_deepest_point([7,6,1]))
#-------------- 结果 ------------------------
5
```

下标从 0 开始，下标为 5 时正好是数值 40，结果符合预期。是否能把这个函数写得更简洁呢？可以使用 Python 的内置函数，这里选用 max() 函数和 index() 函数，优化后的代码如下。

```
def find_deepest_point_2(arr):
    # 使用 Python 内置函数 max() 找最大值
    # 使用列表内置函数 index() 找元素对应的下标
```

```
    i = arr.index(max(arr))
    return i
```

注意：不能使用 index() 函数查找元素是否在列表中，因为当元素不在列表中时，函数会报错，触发异常。不过上面的代码是从列表中找到的最大值，所以结果必然在列表中，不存在这个问题。

下面比较两个程序的效率。

```
from random import randint
import time
input_data = [randint(0, 5000) for _ in range(50000)]
start = time.clock()                          # 记录开始时间
result = find_deepest_point(input_data)
operation_time = time.clock() - start         # 运行时间
print(" 方法 1 的结果：{}, 用时：{}".format(result, operation_time))
start = time.clock()                          # 记录开始时间
result = find_deepest_point_2(input_data)
operation_time = time.clock() - start         # 运行时间
print(" 方法 2 的结果：{}, 用时：{}".format(result, operation_time))
#--------------- 结果 -------------------------
方法 1 的结果：1192, 用时：0.0015550000000001951
方法 2 的结果：1192, 用时：0.0005729999999997126
```

随机生成了 5000 个数，两个方法找到的最大值下标都是 1192，但用时相差了三倍。因此，使用 Python 内置函数的优化效果体现出来了，而且代码非常简洁，核心代码只需要一行。

5.3 间隔查找

间隔查找算法有一个前提，即原始序列必须有序。根据不同的间隔方式可以设计出不同的算法，下面一起来深入学习。

5.3.1 二分查找

二分查找也称为折半查找，其基本思想是，从表的中间元素开始，与目标元素比较，若相等则查找成功；否则，如果目标元素比中间元素大，则把查找区间定位在表的后半段，反之则把查找区间定位为表的前半段。然后用相同的方法找到中间元素继续比较，直到找到目标元素；如果查找区间的左右边界出现异常，则查找失败。当然，要使用二分查找，需要序列已经有序。

下面模拟二分查找的过程，假设有一个序列 10,20,40,50,60,70,90，查找元素 70 是否在序列中，过程如图 5-2 所示。

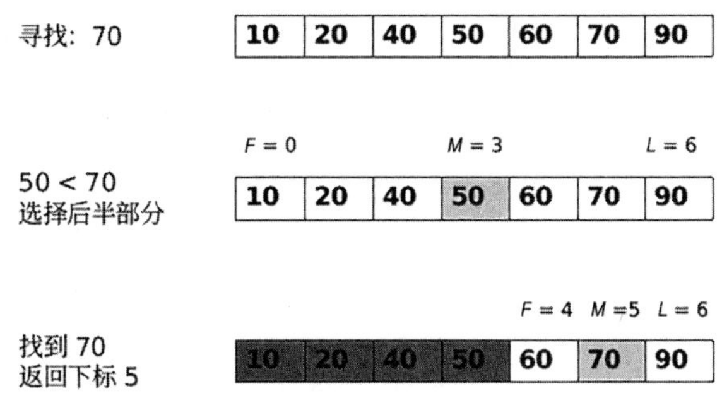

图 5-2　二分查找

如图 5-2 所示，第一轮中，*F* 为序列的最小值下标 0，*L* 为序列的最大值下标 6，那么中间元素下标 *M* 为 3；然后比较目标元素 70 和中间元素 50 的大小，因为目标元素比较大，所以选择后半部分的序列进行第二轮查找，*F* 的值变为 4，中间元素下标 *M* 变为 5，第二轮比较即可找到目标元素，一共比较了两次。如果使用线性查找，则需要比较六次。因此，二分查找确实可以减少比较次数，但它的高效率有一部分是因为序列已经排序好了。下面用代码来实现查找过程。

```
def binary_search(arr, key): # arr: 输入列表，key 是待查找元素
    """ 二分查找算法 """
    first = 0           # 最小值下标（左边界）
    last = len(arr)-1 # 最大值下标（右边界）
    index = -1          # 记录目标值下标
    while (first <= last) and (index == -1):
        # 循环退出条件 1: 找到目标元素，那么 index 就不等于 -1
        # 循环退出条件 2: 列表边界错误，说明序列中没有目标元素
        mid = (first + last) // 2   # 计算序列的中间元素下标
        if arr[mid] == key:         # 若相等，则找到目标元素
            index = mid             # 记录目标元素下标
        else:
            if key < arr[mid]:
                # 若小于中间元素，则看前半部分，修改右边界的值
                last = mid - 1
            else:
                # 若大于中间元素，则看后半部分，修改左边界的值
                first = mid + 1
    return index
```

该程序的核心是理解 while 循环的退出条件，该条件是根据二分查找算法的定义得到的。条件

有两个，第一个是找到目标元素；第二个是边界异常，即左右边界已经重合，没有元素了。

在 while 循环中，根据左右边界找出中间元素，然后和目标值 key 比较，再根据结果更新 first 和 last 的值，直到满足退出条件，程序结束，结果如下。

```
arr = [10,20,40,50,60,70,90]
print(binary_search(arr, 70))  # 输出结果: 5
```

5.3.2 斐波那契查找

斐波那契查找就是在二分查找算法的基础上，把数列分为两部分，其大小为连续的斐波那契数值。首先找到大于或等于给定查找表长度的最小斐波那契数值，找到斐波那契数值为 $F[n]$(第 n 个斐波那契数)，若 $F[n]-1$ 大于查找表长度，则需要补充最后一个元素，直到满足 $F[n]-1$ 个元素。然后使用 $F[n-1]-1$ 的值作为索引（如果它有效），然后将此数列上的值与目标元素进行比较，若目标元素比较大，就找后半部分，否则找前半部分，重复这一过程，不断缩小区间，直到找到目标元素。

假设序列为 10,20,30,40,50,60,70,80,90，查找元素 70 是否在序列中，过程如图 5-3 所示。

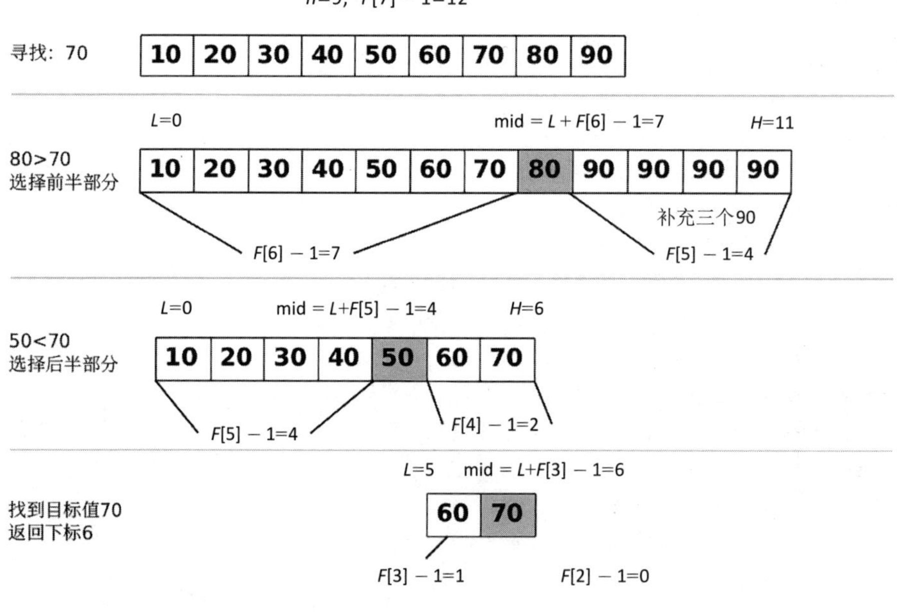

图 5-3 斐波那契查找

（1）把序列长度扩充到满足 $n=F[k]-1$，例子中序列长度 $n=9$，因此扩充三个末位元素 90，满足条件 $9+3=F[7]-1=12$。

（2）根据定义，把序列分割为前后部分和中间元素。根据公式得到中间元素下标 mid=7，元素值为 80，左边界（Low）L=0，右边界（High）H=11，如图 5-3 中第二轮的情况。

（3）因为 80>70，所以选择前半部分，然后在新的序列中调整 L、H 和 mid 的值，新一轮中的中间元素则为 50，如图 5-3 中第三轮的情况。

（4）因为 50<70，所以选择后半部分，新一轮的中间值便是 70，找到目标元素，返回元素下标位置，结束程序。

从例子中可以看到，斐波那契查找和二分查找本质上是一样的，只是分割点不同，之后还是根据分割点的值与目标元素比较，然后选择不同的子序列，直到找到目标元素或者边界出现异常。下面用代码描述以上过程。

```
def fibonacci_search(arr, key):
    """ 斐波那契查找算法 """
    # 初始化斐波那契数列
    fib_N_2 = 0 # F(k-2) 斐波那契数列值
    fib_N_1 = 1 # F(k-1) 斐波那契数列值
    fib_next = fib_N_1 + fib_N_2 # 下一个斐波那契数列值，F(n)=f(n-1)+F(n-2)
    length = len(arr)        # 原始序列的长度
    # 找到一个斐波那契数列值不小于序列的长度
    while (fib_next < length):
        fib_N_2 = fib_N_1
        fib_N_1 = fib_next
        fib_next = fib_N_2 + fib_N_1
    # 记录下标的偏移量
    offset = -1
    # 当 fib_next 小于 1 时，表示没有序列可以拆分，查找结束
    while (fib_next > 1):
        # 找出中间元素的下标，但要确保下标不越界
        i = min(offset + fib_N_2, length - 1)
        # 如果中间元素比目标元素小，获取后半部分
        if (arr[i] < key):
            fib_next = fib_N_1
            fib_N_1 = fib_N_2
            fib_N_2 = fib_next - fib_N_1
            offset = i          # 下标的偏移量为 i
        # 如果中间元素比目标元素大，获取前半部分，偏移量不变
        elif (arr[i] > key):
            fib_next = fib_N_1
            fib_N_1 = fib_N_2
            fib_N_2 = fib_next - fib_N_1
        else :
            return i            # 刚好相等，返回元素下标
    # 最后和最大元素值比较
    if(fib_N_1 and offset < length -1) and (arr[offset+1] == key):
        # 后面补充的元素都是最大元素，因此只需给偏移量 +1，就是原始序列的下标
```

```
        return offset+1
    return -1                    # 没有找到元素，返回 -1
```

以上代码量看起来比二分查找多，但其主要是为了计算斐波那契数列的值和计算子序列。这两个算法的最大区别是，计算中间值时使用的运算不同，二分查找算法计算中间值是用“//”整除，但斐波那契查找计算中间值只用了加减。一般认为除法运算比加减运算消耗更多 CPU 资源，因此理论上斐波那契查找优于二分查找。运行结果如下：

```
arr = [10,20,40,50,60,70,90]
print(fibonacci_search(arr, 70)) # 输出结果：5
print(fibonacci_search(arr, 77)) # 输出结果：-1
```

5.3.3 插值查找

插值查找是对二分查找的改造，将查找点的选择改进为自适应选择，可以提高查找效率。插值查找选择中间元素的公式如下：

```
index = low + [(key-arr[low])*(high-low) / (arr[high]-arr[low])]
```

式中，arr 是原始有序序列，key 是目标元素，low 和 high 是序列的左边界和右边界的下标。index 是下标，当目标元素更接近右边界时，下标偏向右边，反之偏向左边。然后找出 index 下标对应的元素值，并和目标元素比较。如果对应的元素值等于目标元素，则返回下标 index；如果比目标元素大，则取左边子序列，反之取右边子序列。重复这一过程，直到找到目标元素，或者边界异常。

该算法的思路是，计算出目标元素所在序列的占比，然后确定分割位置，达到自适应的效果。但在序列存在极端分布的情况下，效率会大打折扣，如 0,1,2,50,60,1000,1999,99999 这种序列，元素值差异比较大会影响分割点的选择。该插值查找过程与二分查找非常类似，这里不再手动模拟它的运行过程；它们的代码也非常类似，请看下面的插值查找程序代码。

```
def interpolation_search(arr, key): # arr: 输入列表，key 是待查找元素
    """ 插值查找算法 """
    low = 0                 # 最小值下标（左边界）
    high = len(arr)-1       # 最大值下标（右边界）
    index = -1              # 记录目标值下标，若找不到返回 -1
    while (low < high) and (index == -1):
        # 循环退出条件 1：找到目标元素，那么 index 就不等于 -1
        # 循环退出条件 2：列表边界错误，说明序列中没有目标元素
        mid = low + int((high - low) * (key - arr[low])/(arr[high] -
         arr[low]))  # 计算序列中间元素下标
        if arr[mid] == key:          # 若相等，则找到目标元素
            index = mid              # 记录目标元素下标
```

```
        else:
            if key < arr[mid]:
            # 若小于中间元素，则看前半部分，修改右边界的值
                high = mid - 1
            else:
            # 若大于中间元素，则看后半部分，修改左边界的值
                low = mid + 1
    return index # 没有找到目标元素，返回 -1
```

5.3.4 跳跃查找

跳跃查找是通过固定步骤跳过某些元素代替搜索所有元素来检查较少的元素（而不是线性搜索），它是间隔查找和线性查找的融合，因此也只能针对有序序列。

例如，有一个序列 10,20,30,40,50,60,70,80,90，现在需要查找元素 40 是否存在。首先确定跳跃的大小 m，序列长度 n=9，m 取值为 n 的开方的最小整数，因此 m=3。跳跃查找的过程如图 5-4 所示。

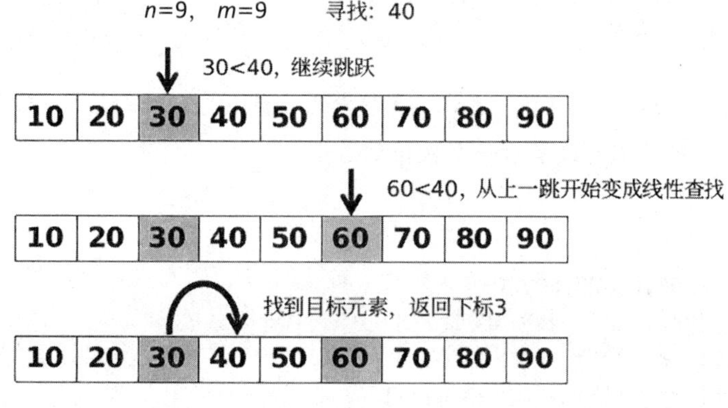

图 5-4 跳跃查找

（1）从下标 0 跳跃到下标 2，元素值为 30。因为 30<40，继续跳跃。

（2）从下标 2 跳跃到下标 5，元素值为 60。因为 60>40，变为线性查找。

（3）从下标 2 到下标 5 进行线性查找，若找到目标元素，则返回下标。

注意：为什么 m 取值为 n 的开方？因为在跳跃查找中，最坏情况下的比较总数是 $(n/m)+m-1$，所以在 m 取值为 n 的开方时，$(n/m)+m-1$ 的值将为最小值。

代码实现如下：

```
import math
def jump_search (arr, key):
    """ 跳跃查找 """
    length = len(arr)                # 序列长度
```

```
    jump = int(math.sqrt(length))  # 计算跳跃长度，也是子序列大小
    left, right = 0, 0             # 初始化左右边界
    while left < length and arr[left] <= key:       # 找到目标元素所在子序列
        right = min(length - 1, left + jump - 1)    # 找到右边界下标
        if arr[left] <= key and arr[right] >= key: # 目标元素是否在子序列中
            break     # 如果是，跳出循环
        left += jump; # 否则跳到下一个子序列
    # 结束循环后，判断是否找到子序列
    if left >= length or arr[left] > key:
        # 如果左边界已经大于序列长度或者目标元素小于序列最小值，说明没有找到目标元素，
        # 返回 -1
        return -1
    # 否则在子序列中用线性查找找出
    right = min(length - 1, right) # 找到子序列的边界
    for i, value in enumerate(arr[left:right+1]):
        # 如果找到元素，马上结束程序，返回元素下标
        if value == key:
            # 因为 i 只是子序列的下标，所以要加上左边界的值才是原始序列的下标
            return i + left
    return -1 # 若找不到返回 -1
```

注意：Python 列表的切片的边界值，如第 19 行中的 arr[left:right+1]，要在右边界加一，因为在切片的定义中是不包含最后一个数值的。

测试结果如下：

```
arr = [10,20,30,40,50,60,70,80,90]
print(jump_search(arr, 40)) # 输出结果：3
print(jump_search(arr, 90)) # 输出结果：8
print(jump_search(arr, 41)) # 输出结果：-1
```

5.3.5 挑战：洒水的最小半径

路边的很多绿化带安装了自动洒水装置，它们被设定好之后，就会每天进行洒水。现在洒水系统有一个小问题，就是怎样确保把所有需要洒水的地方都覆盖到？把问题进行简化，这本来是一个二维平面上的问题，可以将其变成一个一维问题。系统会给出每个需要洒水的位置的序列，如 2,4,1,6,12,8，表示在 x 轴上的对应位置需要洒水。还应有一组数据记录所有洒水点，如 3,4,5,11。现在需要系统能通过这两个输入得到一个最小的洒水半径。例如，例子中的最小半径是 3，最远距离就是位置 8 和洒水点 11 的距离。

1. 把背景剥离，找出问题核心，简化问题

把问题抽象出来，就是计算每个位置距离洒水点的距离，然后找到这些距离中的最长距离。因

为是一维空间，所以位置和洒水点可以放在一个水平线上进行比较。找到每一个位置点距离洒水点的最小距离，一共有以下 4 种情况。

（1）位置点和洒水点位置相同，则距离为 0。

（2）洒水点在位置点左侧，则可以认为这是最近的距离。

（3）洒水点在位置点右侧，则需要和位置点左侧的洒水点比较距离长短，取距离最短的。

（4）洒水点都在位置点右侧，那么将最近的洒水点作为最近距离。

2. 估算数据规模和算法复杂度

查找洒水点距离选用二分查找算法，如果位置点有 M 个，洒水点有 N 个，那么算法的时间复杂度为 $O(M\log N)$；空间上并不需要额外辅助空间，只需记录最长距离即可，因此空间复杂度为 $O(1)$。

3. 动手写代码

```
def find_min_radius(points, water):
    # 存放最长距离
    max_lenght = 0
    # 二分查找算法的前提是有序序列，这里使用内置函数排序
    points.sort()
    water.sort()
    for p in points:
        # 二分查找，在 water 中寻找与位置点 p 最近的洒水点
        left = 0
        right = len(water) - 1
        while left < right:
            mid = (left + right) // 2
            if water[mid] < p:
                left = mid + 1
            else:
                right = mid
        # 情况 1：若找到的值等于 p，则说明 p 处有一个洒水点，p 到洒水点的最短距离为 0
        if water[left] == p:
            continue # 只是最短距离，可以忽略
        # 情况 2：若该洒水点的坐标值小于 p，说明该洒水点的坐标与 p 之间没有其他洒水器
        elif water[left] < p:
            if max_lenght < p - water[left]:
                max_lenght = p - water[left]
        # 情况 3：若该洒水点的坐标值大于 p 并且 left 不等于 0 ，说明 p 介于 left 和
        # left-1 之间
        elif left > 0:
            # 该位置到洒水点的最短距离就是 left 和 left-1 处洒水点与 p 差值的最小值
            tmp_res = min(water[left] - p, p - water[left - 1])
            if max_lenght < tmp_res:
                max_lenght = tmp_res
```

```
        else: # 情况 4:left=0, 所有洒水点都比 p 点大
            if max_lenght < water[left] - p:
                max_lenght = water[left] - p
        print(max_lenght)
    return max_lenght
```

5.4 树表查找

线性查找和间隔查找都属于静态查找算法，查找过程中不会改变存储结构。本节将会介绍动态查找算法，这类算法将会在查找过程中对表进行增删改等操作。动态查找算法通过构建特定的数据结构来提高查找效率。树表查找是比较常见的动态查找，其中包括二叉树查找、红黑树查找等。

5.4.1 二叉树查找

二叉查找树的相关定义和属性可以查阅 2.6.3 小节的相关内容，本小节将着重讲述查找算法的知识。要使用二叉树查找算法，需使待查找的数据生成二叉查找树，因此原始序列不需要有序。一般情况下，构建二叉查找树需要的插入和删除操作比排序少。

2.6.3 小节用代码构建了二叉查找树类 BinarySearchTreeNode，这里通过 import 导入这个类。由于 Jupter-notebook 上的文档是 .ipynb，和 .py 文档不一样，不能直接运行，因此需要把复用的类和方法转移到 tools.py 文档中。暂时把需要用到的 TreeNode 类、BinarySearchTreeNode 类和 print_tree() 函数放到 tools.py 中。文件结构如下所示。

```
-chapter4
    |- __init__.py
    |-chapter4.ipynb
    |-tools.py
```

在 tools.py 中放置以下两个类和一个函数，具体代码可以在 2.6.3 小节查看。

```
# 创建节点对象
class TreeNode(object):...
# 创建二叉查找树对象
class BinarySearchTreeNode(object):...
# 输出二叉树函数
def print_tree(root):...
```

注意：__init__.py 文档的作用是让一个呈结构化分布（以文件夹形式组织）的代码文件夹变成可以被导入的软件包。

现在需要在BinarySearchTreeNode中添加一个search()方法，因此需要构建一个新的类BinarySearchTree2继承BinarySearchTreeNode，然后添加search（）方法。下面用代码来描述算法。

```
from tools import BinarySearchTreeNode as Tree, print_tree
# 引用tools.py文档中的类和函数
class BinarySearchTree2(Tree):
    def search(self, value):
        """ 二叉树查找 """
        node = self
        while node:
            if value < node.value:          # 比节点值小，那么选择左子树
                node = node.left
            elif value > node.value:        # 比节点值大，那么选择右子树
                node = node.right
            else:
                return node                 # 若相等，则返回节点
        self.insert(value)                  # 如果没有找到元素，则插入元素
        return -1                           # 返回 -1
```

注意：使用import工具时，可以一次性导入全部工具，如import tools；或者通过from…import引用软件包中的某些类和函数。然后通过as把原来的名字改成其他名称，如from tools import BinarySearchTreeNode as Tree的含义就是，用Tree代替BinarySearchTreeNode。

下面验证程序的功能是否符合要求。

```
tree = BinarySearchTree2(20) # 创建根节点 20
for data in [11,27,5,18,14,19]:  # 插入数值
    tree.insert(data)
print("------- 原始二叉查找树 -----------")
print_tree(tree)
res = tree.in_order_traversal()
print(" 中序遍历 ",res)
print(" 寻找元素 18", tree.search(18))
print(" 寻找元素 29", tree.search(29))
print("------- 当前二叉查找树 -----------")
print_tree(tree)
# -------------- 结果 -------------------
------- 原始二叉查找树 -----------
      20
     /   \
   11     27
   / \
  5   18
```

```
      / \
    14 19
中序遍历 [5, 11, 14, 18, 19, 20, 27]
寻找元素 18 TreeNode(18)
寻找元素 29 -1
------- 当前二叉查找树 -----------
         20
       /    \
     11      27
    / \        \
   5   18      29
      / \
    14   19
```

从中序遍历输出结果来看，构建的二叉查找树是正确的，search() 函数的表现也符合预期效果。寻找元素 18 时能返回这个节点，寻找元素 29 时则返回 -1，并且也把元素 29 添加到了二叉查找树上。

但是，二叉查找树有一个缺点，如果输入序列接近有序，构建出来的二叉树有可能不平衡，这样会使查找效率迅速降低。通过以下例子演示该情况。

```
tree  = BinarySearchTree2(5)    # 创建根节点 5
for data in [11, 14, 18]:       # 插入数值
    tree.insert(data)
print_tree(tree)
# ------------- 结果 ------------------
          5
            \
             11
               \
                14
                  \
                   18
```

像这样的“一边树”，查找效率将变为 $O(N)$。为了避免极端情况出现，可使用下面的算法构建平衡树。

5.4.2 平衡树：2-3 查找树

二叉查找树对于大多数情况下的查找和插入在效率上来说是没有问题的，但是在极端情况下效率会降到 $O(N)$。本小节介绍的平衡查找树（Balanced Search Tree）能够保证在最差的情况下也能达到 $O(\log N)$ 的效率。

平衡查找树可以保证树在插入完成之后始终保持平衡状态。在一棵具有 N 个节点的树中，希望该树的高度能够维持在 $\log N$ 左右，这样能保证只需要 $\log N$ 次比较操作就可以查找到想要的值。但是，如果使用二叉查找树，每次插入元素之后要维持树的平衡状态，需要耗费时间去调整树的结构，代价很大。所以本小节及 5.4.3 小节介绍两个新的数据结构，即 2-3 查找树（2-3 Search Tree）和红黑树，它们能保证在极端情况下插入和查找效率都能在复杂度 $O(\log N)$ 内完成。

2-3 查找树基于 2-3 树的树形结构，其内部节点有两种，对于普通的 2 节点 (2-node)，它保存一个数据元素和左右两个孩子节点；对于 3 节点 (3-node)，保存两个数据元素和三个叶子节点，并且有一个或者两个数据元素。

2-3 查找树的节点可以为空，若不为空，则需要满足以下条件。

（1）若为 2 节点，如图 5-5 中的 17，则该节点保存一个数据元素和两个指向左右的叶子节点。左节点是一个 2-3 节点，所有的值都比父节点元素要小；右节点也是一个 2-3 节点，所有的值都比父节点元素大。

（2）若为 3 节点，则该节点保存两个数据元素和三个指向左中右的节点。左节点是一个 2-3 节点，所有的值均比两个数据元素中的最小值还要小；中间节点也是一个 2-3 节点，节点的数据值在父节点的两个元素值之间；右节点依然是一个 2-3 节点，节点的所有值都比两个元素中的最大值还要大。

下面构建一个 2-3 查找树，如图 5-5 所示。

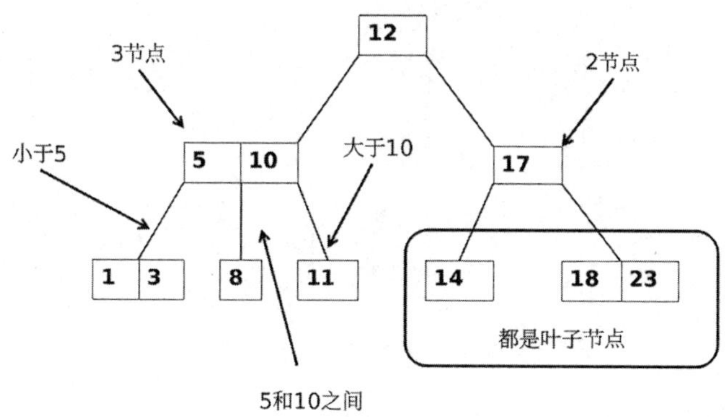

图 5-5 2-3 查找树

在 2-3 查找树中查找一个元素的过程和在二叉查找树中是类似的，也是比较根节点的大小，然后根据结果选择下一个查找方向。例如，在图 5-5 所示的 2-3 查找树中查找元素 11。

（1）12>11，所以选择左子树。

（2）11>10，所以选择右子树 。

（3）11=11，找到目标元素，返回结果。

该过程很简单，很快就能找到结果。若没有找到目标元素，则要把该元素插入树中。这时就需要考虑怎样调整当前结构，使其能够在添加元素后依然是一个平衡树。和二叉查找树相比，2-3 查找树的插入过程比较复杂，但正因为有 3 节点的设定，所以才能有空间缓存新插入的节点，才有调整的可能性。现在分 2 节点插入和 3 节点插入两种情况来研究。

2 节点插入相对简单，直接把 2 节点变成 3 节点，然后把新元素放在该节点上即可，类似于缓存效果。例如，想在图 5-5 所示的 2-3 查找树中插入元素 7，过程如图 5-6 所示。

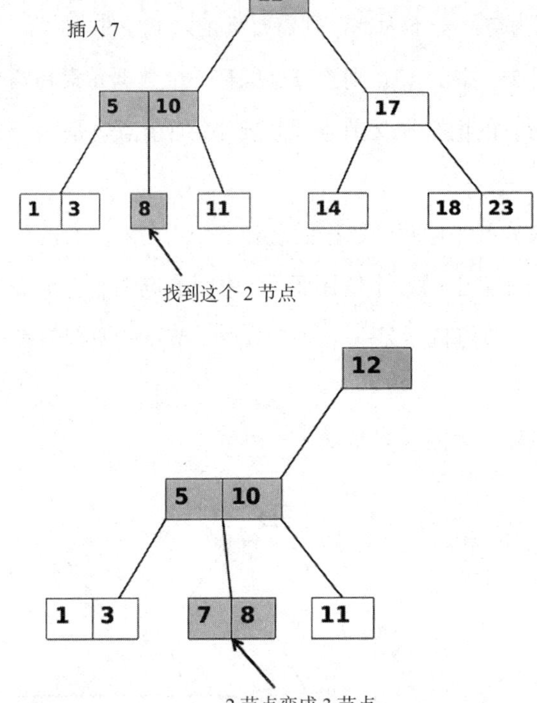

图 5-6　在 2-3 查找树中插入元素（一）

3 节点插入的情况相对复杂，因为这时要调整树的结构。

（1）父节点是 2 节点，将要在其一个 3 节点的孩子节点上插入新元素。

这一步类似于 2 节点的插入过程，临时把新元素放在该节点上，这时该节点上有三个元素，把中间元素提升到父节点上，父节点变为 3 节点，最后把剩下的两个元素放在新的 3 节点适当的孩子节点上，过程如图 5-7 所示。

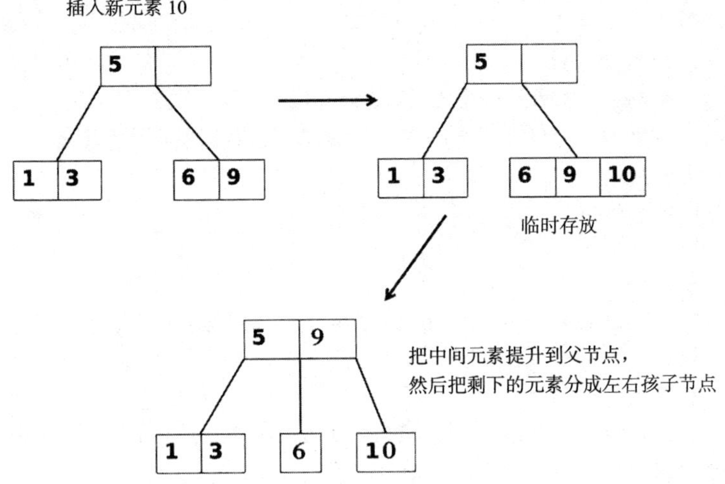

图 5-7 在 2-3 查找树中插入元素（二）

（2）父节点是 3 节点，将要在其一个 3 节点的孩子节点上插入新元素。

首先按照上一种情况的方式把新元素临时安放在该节点上，然后把中间元素提升到父节点。这时父节点拥有三个元素，因此还需要继续调整，把中间元素向上提升，使其成为父节点。然后把左右两边的元素分别放到两边的孩子节点上，过程如图 5-8 所示。

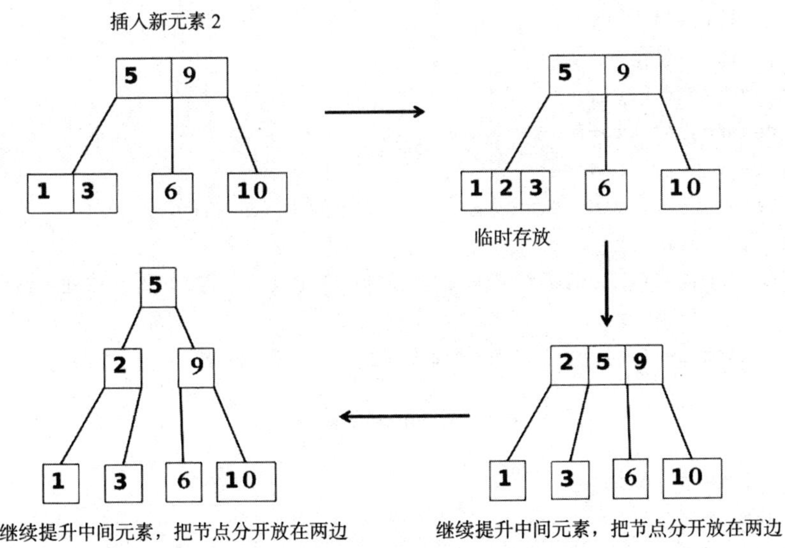

图 5-8 在 2-3 查找树中插入元素（三）

2-3 查找树的插入过程分析完毕，下面用代码把刚才的分析运算过程描述出来，首先定义 2-3 查找树节点类 Node。

```
class Node(object):
    """ 创建 2-3 查找树节点类 """
    def __init__(self, key):
        self.key1 = key    # 至少一个值，那么最多是两个孩子节点
        self.key2 = None  # 保存两个 key，那么就有可能是三个孩子节点
        self.left = None
        self.middle = None
        self.right = None
    def __repr__(self):
        return '2_3TreeNode({},{})'.format(self.key1, self.key2)
    def is_leaf(self):
        # 是否为叶子节点
        return self.left is None and self.middle is None and self.right is None
    def has_key2(self):
        # 是否有 key2
        return self.key2 is not None
    def has_key(self, key):
        # 2-3 查找树是否存在该值
        if (self.key1 == key) or (self.key2 is not None and self.key2 == key):
            return True
        else:
            return False
    def get_child(self, key):
        # 小于 key1，查找左边子树
        if key < self.key1:
            return self.left
        elif self.key2 is None:
            return self.middle # 没有 key2 就把中间子树作为右子树
        elif key < self.key2:
            return self.middle # 有 key2 就和 key2 比较，比它小就是在中间子树
        else:
            return self.right  # 比 key2 大就往右子树方向寻找
```

有了节点类，下面创建 2-3 查找树类 TwoThreeTree。

```
class TwoThreeTree(object):
    """2-3 查找树类 """
    def __init__(self):
        # 初始化，根节点为 None
        self.root=None
    def is_empty(self): # 是否为空
        return self.root is None
    def get(self, key):
```

```
    # 获取节点
    if self.is_empty():
        return None  # 如果为空，就没有结果
    else:
        return self._get(self.root, key)
def _get(self, node, key):  # _ 表示私有函数概念
    if self.is_empty():
        return None
    elif node.has_key(key): # None 在逻辑判断中相当于 False
        # 如果有返回结果，则停止寻找，返回结果
        return node
    else:
        child = node.get_child(key) # 若没有找到，继续尝试寻找孩子节点
        return self._get(child, key)
def search(self, key):
    # 查找节点，有则返回 True，没有则返回 False
    if self.get(key):
        return True
    else:
        return False
def insert(self, key):
    # 插入节点
    if self.is_empty(): # 如果是空，直接赋值给根节点
        self.root = Node(key)
    else:
        # 否则根据之前分析的情况进行插入，p_key 和 p_ref 可以表示为临时保存
        p_key, p_ref = self._insert(self.root, key)
        if p_key is not None:
            # 这里是最上层，如果还有新插入的元素，
            # 则需要把中间元素提升为根节点，
            # 然后把剩下的两个元素拆分，分别放在左子树 (left) 和中间子树 (middle)
            # 的位置
            new_node = Node(p_key) # 这是提升的元素
            new_node.left = self.root
            new_node.middle = p_ref
            self.root = new_node   # 变成根节点
def _insert(self, node, key):
    if node.has_key(key): # 已经存在节点则无须再插入
        return None, None
    elif node.is_leaf(): # 如果是叶子节点，可以尝试插入
        return self._add_to_node(node,key, None)
    else:
```

```
            # 不是叶子节点，继续寻找孩子节点
            child = node.get_child(key) # 比较插入值大小，判断在哪个子树寻找位置
            p_key, p_ref = self._insert(child, key) # 递归尝试插入
            if p_key is None: # 没有新插入元素，则无须处理
                return None,None
            else:
                # 否则需要尝试插入该节点
                return self._add_to_node(node, p_key, p_ref)
    def _add_to_node(self, node, key, p_ref):
        if node.has_key2():  # 如果已经有两个 key，需要插入新元素后拆分剩余的元素
            return self._split_node(node, key, p_ref)
        else:
            # 第一种情况，只有一个 key 的节点
            if key < node.key1:  # 如果新元素比 key1 大，则代替 key1,key1 变为 key2
                node.key2 = node.key1
                node.key1 = key
                if p_ref is not None:                # 如果有新孩子节点
                    node.right = node.middle         # 原来的中间子树移动到右子树
                    node.middle = p_ref              # 中间子树指向新孩子节点
            else:
                node.key2 = key                      # 否则新元素为 key2
                if p_ref is not None:                # 新孩子节点放在最右边
                    node.right = p_ref
            return None,None
    def _split_node(self, node, key, p_ref):
        # 当节点有三个元素时，需要提升中间元素为父节点，拆分剩下的两个元素
        # 左边元素用之前的节点，右边元素用新节点
        new_node = Node(None)                  # 新节点给右边元素
        if key < node.key1:                    # 如果新元素比 key1 小，那么就提升 key1
            p_key = node.key1                  # key1 为提升元素
            node.key1 = key                    # 新插入元素用 key1 节点
            new_node.key1 = node.key2          # key2 是右边新元素
            if p_ref is not None:              # 如果有新孩子节点
                new_node.left = node.middle    # 原节点的中间子树成为新节点左子树
                new_node.middle = node.right   # 原节点的右子树成为新节点中间子树
                node.middle = p_ref            # 把中间子树指向新孩子节点
        # 如果新元素大于 key1、小于 key2，那么就提升新插入元素 key
        elif key < node.key2:
            p_key = key                        # key 为提升元素
            new_node.key1 = node.key2          # key2 是右边新元素
            if p_ref is not None:
                new_node.left = p_ref          # 把左子树指向新孩子节点
```

```
            new_node.middle = node.right
    else:
        # 如果新插入元素大于 key2，那么就提升 key2
        p_key = node.key2                 # key2 为提升元素
        new_node.key1 = key               # key1 是右边新节点
        if p_ref is not None:
            new_node.left = node.right # 原节点的右子树成为新节点左子树
            new_node.middle = p_ref       # 新孩子节点成为新节点中间子树
    node.key2 = None                      # 提升后，原节点成为 2 节点
    return p_key, new_node                # 返回提升元素和新的孩子节点
```

为了构造平衡树，需要进行比较复杂的调整操作，读者可自行尝试不同情况下的节点调整。下面测试程序，数据就用图 5-8 中的数据。

```
t = TwoThreeTree()
for i in [5,9,1,3,6,10]:
    t.insert(i)
print("根节点：", t.root)
print("根节点左子树：", t.root.left)
print("根节点中间子树：", t.root.middle)
print("根节点右子树：", t.root.right)
t.insert(2)      # 插入新元素 2
print("当前根节点：",t.root)
# ------------结果----------
根节点： 2_3TreeNode(5,9)
根节点左子树： 2_3TreeNode(1,3)
根节点中间子树： 2_3TreeNode(6,None)
根节点右子树： 2_3TreeNode(10,None)
当前根节点： 2_3TreeNode(5,None)
```

上述运行结果和图 5-8 呈现的结果是一致的，原来根节点是 3 节点，且节点中 key1=5，key2=9，插入元素 2 之后变成了 2 节点且 key1=5。

5.4.3 平衡树：红黑树

本小节介绍第二种平衡树，即红黑树（Red Black Tree）。红黑树在进行插入和删除操作时，通过特定操作保持二叉查找树的平衡，从而获得较高的查找性能。平衡树的特性让红黑树在最坏情况下的运行效率仍然很高，时间复杂度还能保持 $O(\log N)$。

红黑树的特性如下。

（1）每一个节点都有颜色，即红色或者黑色。

（2）根节点是黑色。

（3）叶子节点不包含数据，但不是多余的，用来保持红黑树的结构特征（没有数据的节点 NULL 用黑色表示，在 Python 中表示为 None）。

（4）如果是红色节点，那么它的孩子节点都是黑色。

（5）从任一节点到其每个叶子节点的所有路径都包含相同数目的黑色节点。

首先通过图 5-9（可在附赠资源中查看）所示的红黑树来熟悉上面介绍的特性。

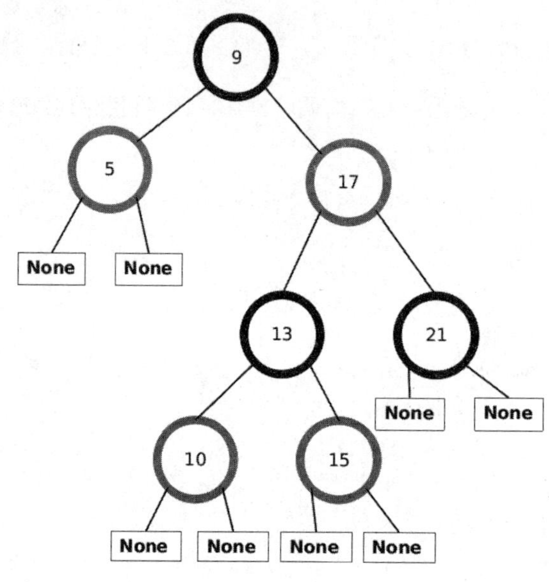

图 5-9　红黑树

首先每一个节点都有颜色，黑色圈代表黑色节点，红色圈代表红色节点，圈内的元素是该节点的值。None 是空节点，用黑色矩形表示，也是黑色节点。

红黑树的查找不会破坏树的平衡，因此其和二叉查找树一样从根节点开始查找，比较节点的元素大小，若比节点元素值大，则往右子树方向查找，否则往左子树方向查找，若找到相同元素则返回当前节点。这里不再过多论述，详细内容可以查看 2.6.3 小节。

那么一棵红黑树为什么在随机插入元素时能一直保持平衡呢？原因是每次插入或删除后通过一些操作，让树保持红黑树的特征，这样就能自然地保持平衡。为了保持其自身平衡，红黑树的操作一共有三种：左旋、右旋和变色。

（1）左旋：以某个节点作为支点，其右孩子节点变成支点的父节点，右孩子节点的左子树变成支点的右子树，其右子树不变。如图 5-10 所示，以 9 为支点进行左旋，那么它的右孩子节点是 17，17 成为父节点，而 17 的左子树根节点 13 作为 9 的右子树，其他节点的连接不变。这里的结果暂时不考虑红黑树的特性，不进行颜色变换，主要是理解左旋的过程。

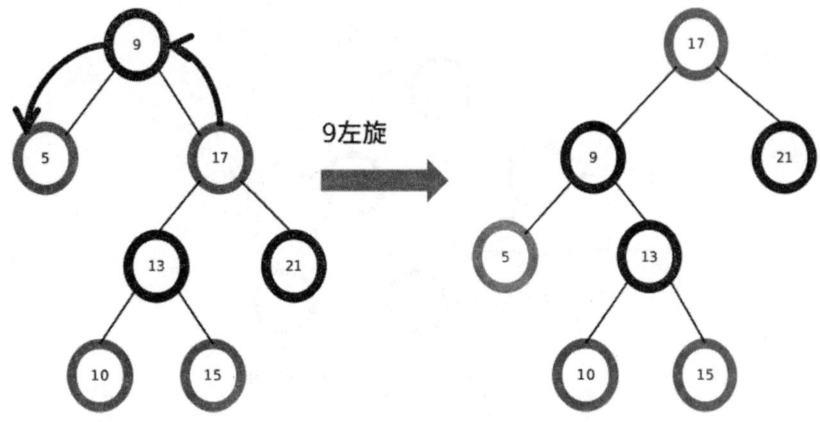

图 5-10　红黑树左旋

（2）右旋：以某个节点作为支点，其左孩子节点变成支点的父节点，左孩子节点的右子树变成支点的左子树，其左子树不变。如图 5-11 所示，以 17 作为支点右旋，那么它的左孩子节点 9 将成为父节点，而 9 的右子树根节点 13 作为 17 的左子树，其他节点的连接不变。

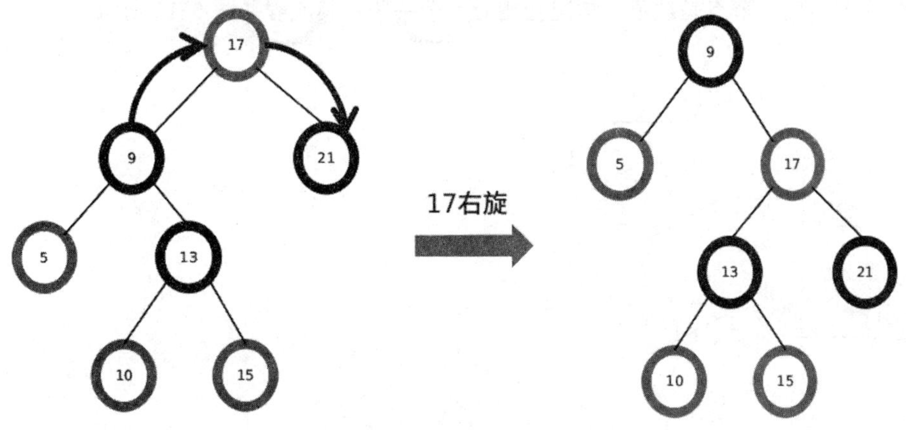

图 5-11　红黑树右旋

结合上面的例子，左旋和右旋只会影响局部的节点，左旋只影响支点和其右子树；反之，右旋只影响支点和左子树。

（3）变色：节点的颜色由红变黑或由黑变红。

从上面的例子可以看到，旋转后的二叉树不再符合红黑树的特性，因此需要改变颜色，让其节点性质符合红黑树的规则。正是通过旋转和变色，红黑树才能时刻保持平衡。

红黑树寻找插入位置的过程是，比较节点元素值大小，若比节点元素大则往右子树寻找，否则往左子树寻找，直到找到合适的位置。下面研究不同情况下插入新元素后，怎样通过上面的三种方式来调整二叉树，这里通过图 5-12 复习不同节点的名称。

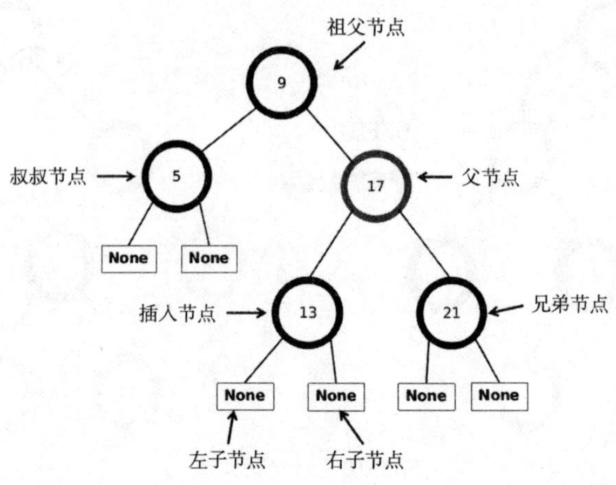

图 5-12 不同节点的名称

(1) 红黑树为空，即插入的新元素是根节点。通过定义根节点为黑色，把颜色设定为黑色。

(2) 插入节点的父节点为黑色，直接插入，不需要调整。

(3) 插入节点的父节点是红色，情况会相对复杂一些，其流程如图 5-13 所示。

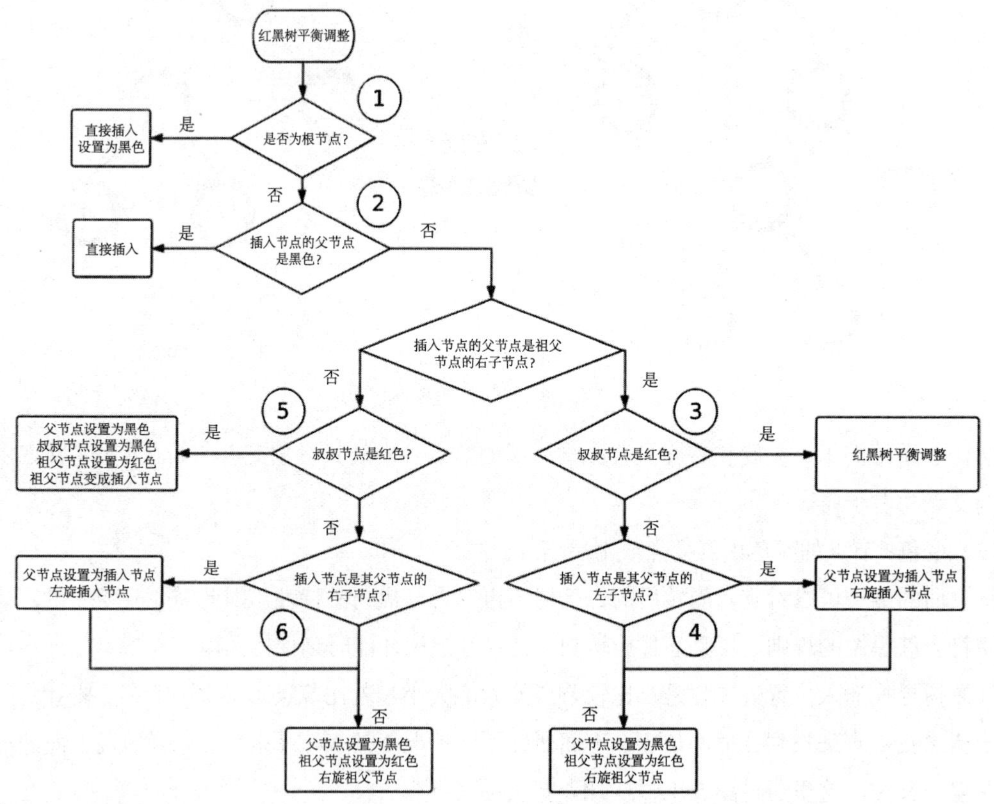

图 5-13 红黑树算法流程

从图 5-13 中可以看到，条件①和②分别代表第一种和第二种情况。下面观察第三种情况，首先看案例 1，图 5-13 中条件③为真，插入节点的父节点是祖父节点的右子节点，父亲节点和叔叔节点都是红色，调整过程如图 5-14 所示。

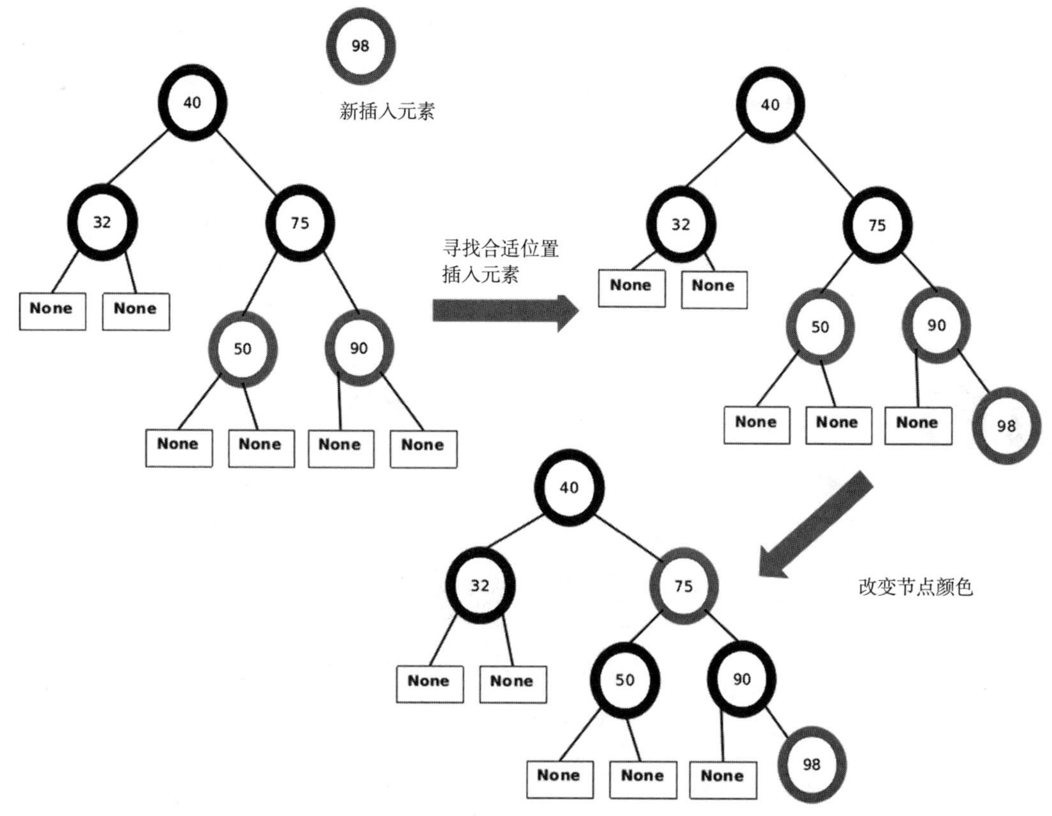

图 5-14　条件③为真

首先找到新元素 98 的位置，然后插入该位置，并且新元素的颜色必定是红色。插入新元素后，二叉树已经不满足红黑树的定义，违反红色节点的叶子节点是黑色。此时改变节点颜色即可，方式为将祖父节点变成红色，叔叔节点和父亲节点变成黑色。

然后看案例 2，假设图 5-13 中条件④为假，即插入节点的父节点是祖父节点的右子节点，并且插入节点是其父节点的右子节点的情况，例子如图 5-15 所示。

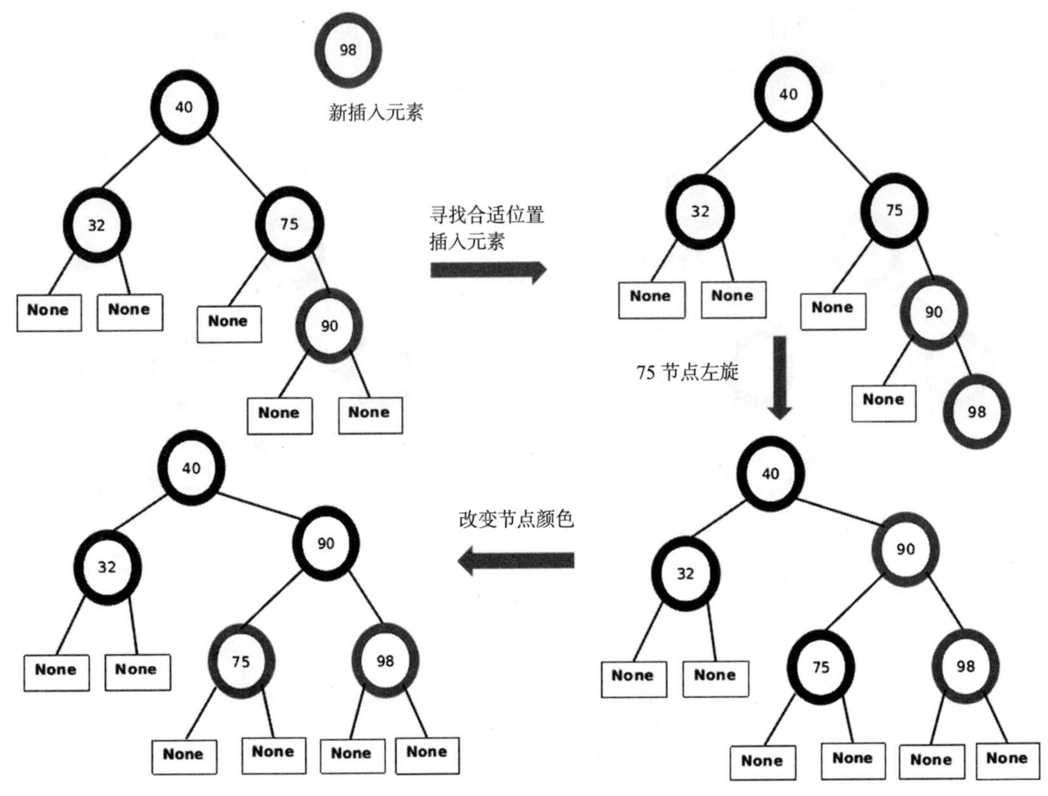

图 5-15　条件④为假

同样，把新元素插入正确的位置，然后进行调整。根据算法，首先对插入节点的祖父节点 75 进行左旋，原来父节点的位置现在成为新插入节点 98；然后把父节点 90 的颜色改为黑色，原祖父节点改为红色。

最后看案例 3，如果条件④为真，情况则变成插入节点的父节点是祖父节点的右子节点，并且插入节点是其父节点的左子节点。这时只需要一次右旋，便能变成上一种情况（图 5-15），然后按照上一种情况的算法调整节点，过程如图 5-16 所示。

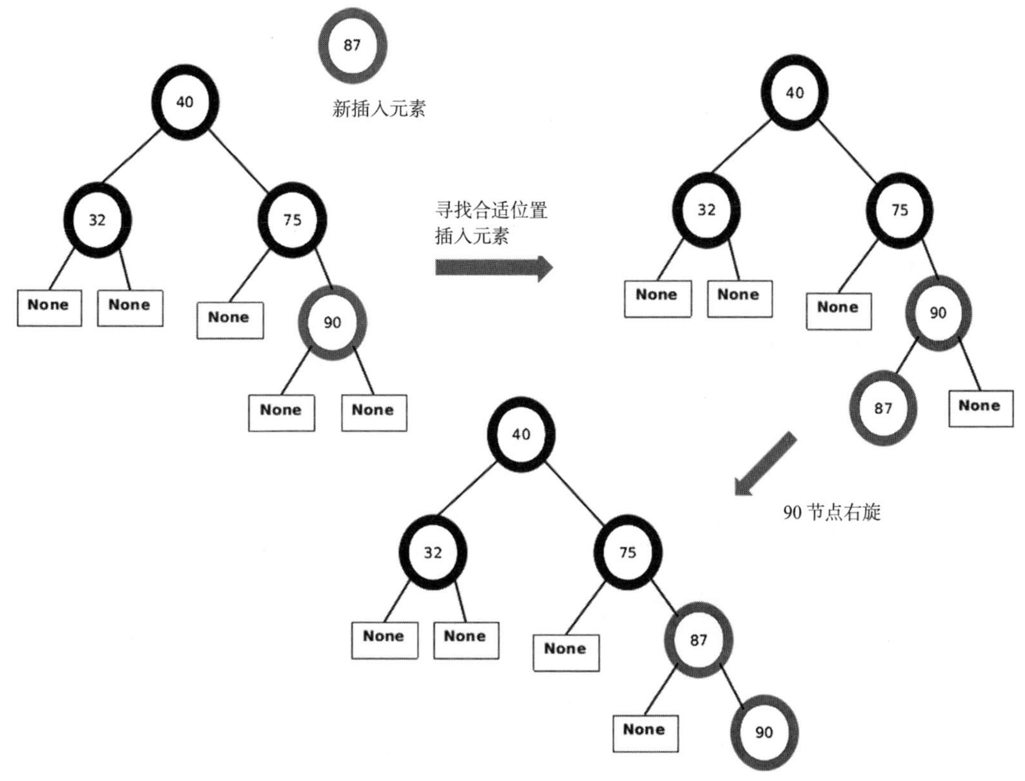

图 5-16　条件④为真

根据上面的分析，用以下代码来表示红黑树。

```
class Node():
    """ 定义红黑树节点类 """
    def __init__(self, data):
        self.data = data     # 元素值
        self.parent = None   # 父亲节点
        self.left = None     # 左子节点
        self.right = None    # 右子节点
        self.color = 1       # 颜色 1 是红色 , 0 是黑色 ( 在判断语句中 0 可以作为假 )
    def __repr__(self):
        from pprint import pformat # 格式化打印
        if self.left is None and self.right is None:
            # 如果没有孩子节点，就输出本节点的元素值和颜色
            return "'%s %s'" % (self.data, (self.color and " 红色 ") or " 黑色 ")
        # 有孩子节点，先输出本节点的元素值和颜色，再用 () 包含孩子节点的输出
        return pformat(
            {
                "%s %s"
                % (self.data, (self.color and " 红色 ") or " 黑色 "): (self.left, self.
```

```
right)
            },
            indent=1,
        )
class RedBlackTree():
    """ 红黑树类 """
    def __init__(self):
        # 定义叶子节点 NONE
        self.NONE = Node(None)
        self.NONE.color = 0          # 根据定义，叶子节点一定是黑色
        self.root = self.NONE
    def __search_help(self, node, key):
        if node == self.NONE or key == node.data:
            return node
        if key < node.data:
            return self.__search_help(node.left, key)
        return self.__search_help(node.right, key)
    def search(self, k):
        """ 寻找元素 """
        return self.__search_help(self.root, k)
    def __fix_insert(self, k):
        """ 插入新元素后的调整 """
        while k.parent.color == 1: # 第三种情况，插入节点的父节点是红色
            if k.parent == k.parent.parent.right: # 父节点是祖父节点的右节点
                uncle = k.parent.parent.left      # 获取叔叔节点
                if uncle.color == 1:
                    # 案例 1，父节点和叔叔节点为红色
                    uncle.color = 0               # 叔叔节点变为黑色
                    k.parent.color = 0            # 父节点变为黑色
                    k.parent.parent.color = 1     # 祖父节点变为红色
                    k = k.parent.parent           # 插入节点变为祖父节点
                else:
                    if k == k.parent.left:
                        # 案例 3：插入节点的父节点是祖父节点的右子节点
                        # 并且插入节点是其父节点的左子节点
                        k = k.parent # 插入节点改为父节点
                        self.right_rotate(k) # 右旋
                    # 案例 2：插入节点的父节点是祖父节点的右子节点
                    # 并且插入节点是其父节点的右子节点
                    k.parent.color = 0 # 父节点变为黑色
                    k.parent.parent.color = 1     # 祖父节点为红色
                    self.left_rotate(k.parent.parent) # 左旋祖父节点
            else:
                uncle = k.parent.parent.right     # 获取叔叔节点
                if uncle.color == 1:
```

```
                # 与案例 1 一样
                uncle.color = 0
                k.parent.color = 0
                k.parent.parent.color = 1
                k = k.parent.parent
            else:
                if k == k.parent.right:
                    # 案例 3 镜像处理
                    k = k.parent
                    self.left_rotate(k)
                # 案例 2 镜像处理
                k.parent.color = 0
                k.parent.parent.color = 1
                self.right_rotate(k.parent.parent)
        if k == self.root:      # 插入节点是根节点，不需要继续处理
            break
    self.root.color = 0         # 最后确保根节点是黑色
def left_rotate(self, x):
    """ 左旋 """
    y = x.right
    x.right = y.left
    if y.left != self.NONE:
        y.left.parent = x
    y.parent = x.parent
    if x.parent == None:
        self.root = y
    elif x == x.parent.left:
        x.parent.left = y
    else:
        x.parent.right = y
    y.left = x
    x.parent = y
def right_rotate(self, x):
    """ 右旋 """
    y = x.left
    x.left = y.right
    if y.right != self.NONE:
        y.right.parent = x
    y.parent = x.parent
    if x.parent == None:
        self.root = y
    elif x == x.parent.right:
        x.parent.right = y
    else:
        x.parent.left = y
```

```
        y.right = x
        x.parent = y
    def insert(self, key):
        """ 插入新元素，先插入合适的位置
        算法如二叉查找树，然后调整节点，实现平衡 """
        node = Node(key)                # 定义新元素节点
        node.parent = None
        node.data = key
        node.left = self.NONE
        node.right = self.NONE
        node.color = 1                  # 新节点一定是红色
        y = None
        x = self.root
        while x != self.NONE:
            y = x                       # 记录 x 当前节点
            if node.data < x.data:
                x = x.left
            else:
                x = x.right
        # 找到合适的空位置
        node.parent = y                 # y 节点就是 x 的上一个节点，即父节点
        if y == None:
            self.root = node            # 如果是根节点，直接赋值
        elif node.data < y.data:
            # 比父节点小，在左子节点
            y.left = node
        else:
            # 比父节点小，在右子节点
            y.right = node
        if node.parent == None:
            # 如果父节点是空，说明它是根节点。根据定义，把其颜色改为黑色即可
            node.color = 0
            return
        if node.parent.parent == None:
            # 如果祖父节点是空，说明是根节点的子节点
            # 根据定义，父节点是黑色，可以直接插入，不处理
            return
        self.__fix_insert(node)         # 其他情况都需要调整节点
    def get_root(self):
        return self.root                # 返回根节点
```

以图 5-14 的例子为输入，测试程序的结果是否一致。

```
rbt = RedBlackTree()
rbt.insert(40)
rbt.insert(32)
```

```
rbt.insert(75)
rbt.insert(50)
rbt.insert(90)
print(" 插入新元素前 :",  rbt.get_root())
rbt.insert(98)
print(" 插入新元素后: ", rbt.get_root())
#---------------- 结果 ---------------------------
插入新元素前 : {'40 黑色 ': ({'32 黑色 ': ('None 黑色 ', 'None 黑色 ')},
           {'75 黑色 ': ({'50 红色 ': ('None 黑色 ', 'None 黑色 ')},
           {'90 红色 ': ('None 黑色 ', 'None 黑色 ')})})}
插入新元素后:  {'40 黑色 ': ({'32 黑色 ': ('None 黑色 ', 'None 黑色 ')},
           {'75 红色 ': ({'50 黑色 ': ('None 黑色 ', 'None 黑色 ')},
           {'90 黑色 ': ('None 黑色 ', {'98 红色 ': ('None 黑色 ', 'None 黑色 ')})})})}
```

从结果中可以看到根节点是黑色节点 40，黑色节点 75 的两个子节点是红色 50 和红色 90，插入前的红黑树与图 5-14 一致。插入新元素 98 后，原来的红色节点 90 变成黑色，黑色节点 75 变成红色，同样符合预期。读者可以每次插入一个元素后输出一次结果，以便观察红黑树的变化，检验程序是否正确，同时加深对红黑树平衡调整过程的理解。

5.4.4 挑战：二叉树园丁

园丁是护理植物的专业人员，日常工作是浇水、施肥、修剪树叶等。现在你被委任为二叉树园丁，专门负责修剪二叉树。这些二叉树很特别，树上只有节点 0 和节点 1，你的任务就是把二叉树上的 0 都剪掉，但不能失去任何一个 1。二叉树用数组来表示，如 1,0,1,1,0,None,0,1,1,0,1，剪枝后得到 1,0,1,1,0,1,1,1，如图 5-17 所示。

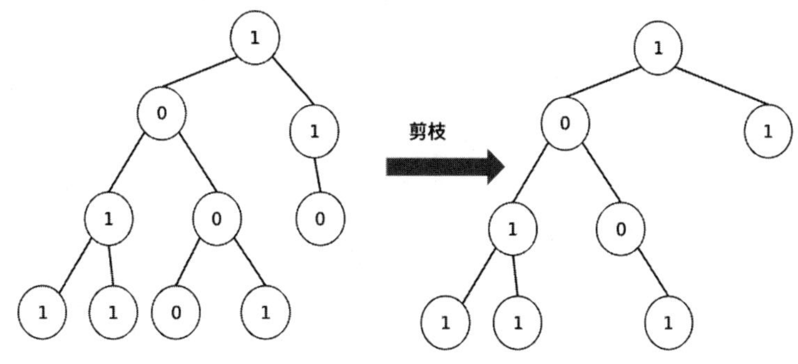

图 5-17 二叉树剪枝

这份工作需要长时间的锻炼才能做到眼疾手快又准确无误。如果觉得这样的工作太乏味了，不如让机器来做。设计一个算法，让机器自动处理。

1. 把背景剥离，找出问题核心，简化问题

题目已明确这是一个二叉树，因此范围缩小了。题目的要求只有两个，剪掉0，但又不能失去1。从例子中看到，二叉树的节点是0也不一定会被剪掉，只要以它的左右孩子节点为根的子树上包含1，就不会被剪掉，也可以说子树元素和大于0就不会被剪掉。因此，算法是用一个函数计算以该节点为根的二叉树元素总和是否大于0，如果是则该节点不用被剪掉，如果不是则被剪掉。如果该节点有孩子节点，则递归调用函数判断它的孩子节点是否要被剪掉。

2. 估算数据规模和算法复杂度

此算法通过深度优先遍历二叉树的每一个节点，因此时间复杂度为 $O(N)$，其中 N 是二叉树中节点的个数；深度优先遍历所需空间复杂度为树的深度，若二叉树的深度为 D，则空间复杂度为 $O(D)$。

注意：深度优先遍历也适用于树结构。

3. 动手写代码

```
from tools import TreeNode as Node, print_tree  # 引用 tools.py 上的节点类和函数
def insert_node(root, arr, i):
    """ 根据题目要求，用列表构建二叉树 """
    if i < len(arr):                    # 如果没有超出列表范围，开始插入新节点
        if arr[i] is None:              # 如果是空节点，返回 None 作为空节点
            return None
        else:
            root = Node(arr[i])         # 有值，创建新的节点
            root.left = insert_node(root.left, arr, 2*i+1)
                                        # 然后尝试寻找它的左节点
            root.right = insert_node(root.right, arr, 2*i+2) # 寻找它的右节点
            return root                 # 返回新节点
    return root
def cut_tree(root):
    """ 裁剪二叉树，把不含 1 的分支都剪掉 """
    def sum_value(node):
        """ 求树的总和，包括其自身元素值和它的左右子树的元素值总和 """
        if not node:                    # 如果是空叶子也返回 0
            return 0
        total_left = sum_value(node.left) # 递归计算左子树的元素值总和
        total_right = sum_value(node.right) # 递归计算右子树的元素值总和
        if total_left == 0:                    # 如果总和为 0，则说明该子树没有包含 1
            node.left = None
        if total_right == 0:
            node.right = None
        # 返回该节点包含的元素
        return total_left + total_right + node.value
    if sum_value(root) > 0: # 如果根节点元素总和大于 0
```

```
        return root            # 返回根节点
    return None                # 否则返回空，整棵树都剪掉
```

为了简化代码，继续复用之前的节点类 TreeNode 和输出函数 print_tree()。根据题意，列表元素是按层级顺序录入的，因此设计了列表生成二叉树函数 insert_node()。首先测试这个函数是否能生成预期形态的二叉树。下面用图 5-17 的例子作为输入。

```
arr = [1,0,1,1,0,None,0,1,1,0,1]
print_tree(root)
# ---------- 结果 ---------------
       1
     /   \
   0       1
  / \       \
 1   0       0
/\  /\
1 1 0 1
```

对比图 5-17 中的左图，显然结果是符合预期的。调用 cut_tree() 剪枝函数把不符合要求的枝叶剪掉，然后再一次输出裁剪后的二叉树。

```
cut_tree(root)
print_tree(root)
# ---------- 结果 ---------------
       1
     /   \
   0       1
  / \
 1   0
/\   \
1 1   1
```

结果符合预期，例程中的两个函数都用递归方式来解决问题，因此这类函数也称为递归函数。对于这类函数，主要理解清楚三个地方：递归终止条件、递归目的、返回结果。例如 sum_value() 函数，它的终止条件是空节点，递归目的是求元素值的总和，返回是一个数值，类型是整型（int）。

5.5 Python 的内置查找函数

在 Python 中对列表 list 进行查找操作非常方便，在之前数据结构的例程中已经认识了列表的一些常见操作。下面对前面的内容进行回顾，加深印象和理解。

首先查找一个元素是否在列表中，可以用 in 来进行判断，如下。

```
citys = ["广州", "北京", "深圳", "上海", "肇庆"]
# 深圳和武汉是否在列表中?
"深圳" in citys          # 输出 True
"武汉" in citys          # 输出 False
```

除了可以知道元素是否在列表中，还可以调用 index() 函数知道它的位置，调用 count() 函数统计有多少相同的元素，调用 insert() 函数指定位置插入新元素等。

```
citys.index("上海")     # 输出 3
citys.count("北京")     # 输出 1
citys.insert(1, "佛山")
# 新列表：['广州', '佛山', '北京', '深圳', '上海', '肇庆']
```

字符串在 Pyhon 中也有类似列表的操作：

```
name = "Louis David"
"D" in name              # 输出 True
"c" in name              # 输出 False
name.index('s')          # 输出 3
name.count('i')          # 输出 2
```

字符串在查找上还有一个更好用的函数 find()，它能指定字符串的搜索范围。

```
name.find('i')           # 输出 3
name.find('i', 4)        # 输出 9
name.find('i', 1, 3)     # 输出 -1，代表没有找到
name.find('David')       # 输出 6
```

注意：字符串没有插入函数，因此要在字符串的某个位置插入新元素，首先要调用 list() 函数把字符串转化为列表，然后调用 insert() 函数完成插入，再调用 join() 函数把列表变回字符串。

```
a = "string to list" # list() 函数把字符串变为列表
a = list(a) # ['s', 't', 'r', 'i', 'n', 'g', ' ', 't', 'o', ' ', 'l', 'i', 's', 't']
a.insert(10,"new ")      # 插入新元素
Print("".join(a))        # 列表变为字符串，输出：string to new list
```

Python 的字典类型是一种哈希结构，这是一种非常高效的查找算法，通过将关键字与元素值一一匹配，从而实现时间复杂度为 $O(1)$ 的算法。例如下面的例子，要获取小明的成绩，只需要输入学号，即可马上得到结果。

```
data = {
    "20190106":{"name":"小明", "score":90},
    "20190107":{"name":"小闲", "score":70},
    "20190108":{"name":"小丘", "score":80},
```

```
    "20190108":{"name":"小可", "score":85},
}
data['20190106']  # 输出：{'name': '小明', 'score': 90}
```

5.6 挑战：不可攻破的密码

一份网络调查报告显示，互联网上最容易被破解的密码 TOP 10 如表 5-2 所示。

表 5-2　互联网上最容易被破解的密码

排名	密码
1	12345
2	123456
3	123456789
4	test1
5	password
6	12345678
7	zinch
8	g_czechout
9	asdf
10	111111

观察表 5-2 所示的密码，可以发现以下几个共同特点。

（1）纯数字。

（2）密码比较短。

（3）连续相同的字符。

（4）纯英文。

（5）英文都是小写。

假设有一个新系统非常注重安全，需要加强操作人员的使用安全。设计一个程序，当遇到简单的密码时，强制用户将其改为强密码。首先定义强密码的条件。

（1）至少由八个字符组成。

（2）至少包含一个小写字母、一个大写字母和一个数字。

（3）同一字符不能连续出现三次。

如果发现用户输入的密码不符合强密码，应根据情况进行修改。

（1）字符不够，自动补充随机特殊字符，直到满足最少字符个数。

（2）小写字母、大写字母、数字三种类别的字符，若没有其中哪种，自动在字符串随机位置上添加一个该类别字符。

（3）如果出现连续的同一字符，在第三个相同字符前面插入一个随机特殊字符。例如 111111，便改为 11$11#11。

（4）特殊字符按照 Python 字符类中的 string.punctuation 确定范围。另外，string 类还能归类小写字母、大写字母、数字字符等。

```
import string
string.punctuation      # 包含所有标点的字符串
# '!"#$%&\'()*+,-./:;<=>?@[\\]^_`{|}~'
string.ascii_uppercase # 包含所有大写字母的字符串
# 'ABCDEFGHIJKLMNOPQRSTUVWXYZ'
string.ascii_lowercase # 包含所有小写字母的字符串
# 'abcdefghijklmnopqrstuvwxyz'
string.digits           # 输出包含数字 0~9 的字符串
# '0123456789'
```

根据这些规则，当用户设置密码时，系统调用程序检查密码，若不符合要求，就为用户改造密码，然后直接返回新密码；若符合要求，则返回用户设置的密码。

1. 把背景剥离，找出问题核心，简化问题

核心问题是遍历密码字符串，发现字符串的组合特征，如有多少个大写字母、多少个小写字母、多少个数字，是否有连续的字符、总字符有多少个。当获取这些特征后，根据定义去修改密码字符串。这里为了尽量减少对用户密码的修改，判断条件和修改密码的步骤需要有一定顺序。应该先判断是否缺少一类字符，再判断是否出现连续的同一字符，最后检查是否满足最小字符数量。因为第一项和第二项修改都会增加字符，如果先判断字符数量是否足够，就可能导致修改后的密码字符过多；或者后面修改步骤增加的字符即可让密码符合数量要求。同样，第一项的修改，即随机插入元素到字符串，有可能刚好断开了连续相同的字符串。

2. 估算数据规模和算法复杂度

遍历第一次字符串可以修正是否包含三种字符类型，遍历第二次字符串可以拆开连续的相同字符，因此时间复杂度为 $O(2N)$；在修改连续字符串时，一般不会在循环中插入新的元素，所以用一个新的列表记录修改后的新密码，因此空间复杂度为 $O(N)$。

3. 动手写代码

```
from random import randint, sample # 随机函数
import string # 字符类
special_characters = list(string.punctuation)     # 特殊字符列表
def strong_password(password):
    password = list(password)       # 把字符串转化为列表，因为字符串插入元素不好处理
    # 先看是否有三种类型的字符
    has_uppercase = False           # 是否有大写字母
```

```
has_lowercase = False           # 是否有小写字母
has_digits = False              # 是否有数字
for letter in password:
    if letter in string.ascii_uppercase:      # 判断是否有大写字母
        has_uppercase = True
        continue
    if letter in string.ascii_lowercase:      # 判断是否有小写字母
        has_lowercase = True
        continue
    if letter in string.digits:               # 判断是否有数字
        has_digits = True
        continue
    if has_uppercase and has_lowercase and has_digits:
        break                   # 如果已经符合要求，就不需要继续查找
# 是否需要补充字符
if not has_uppercase:
    position = randint(0, len(password)-1)             # 生成随机位置
    letter = string.ascii_uppercase[randint(0, 25)] # 生成随机大写字符
    password.insert(position, letter) # 插入密码当中
if not has_lowercase:
    position = randint(0, len(password)-1)
    letter = string.ascii_lowercase[randint(0, 25)]
    password.insert(position, letter)
if not has_digits:
    position = randint(0, len(password)-1)
    letter = str(randint(0, 9))
    password.insert(position, letter)
# 检查是否有连续相同字符
new_password = password.copy()                # 新密码
same_letter_count = 1                         # 统计字符连续出现次数
add_count = 0                                 # 插入新元素数量
for i in range(0, len(password)):
    if i > 0:
        if password[i] == password[i-1]:      # 和前一个元素比较
            same_letter_count += 1            # 若相同，记录加1
        else:
            same_letter_count = 1             # 若不同，回到数量1
    if same_letter_count > 2:                 # 如果连续出现次数超过两次
        letter = special_characters[randint(0, len(special_characters)-1)]
        new_password.insert(i + add_count, letter)
                                              # 在该元素前插入新元素，截断连续
        add_count += 1 # 为了调整插入位置偏移，记录添加的新元素数量
        same_letter_count = 1                 # 截断连续字符后，回到数量1
# 字符数量是否不少于八个
```

```
    while len(new_password) < 8:
        letters = sample(special_characters, 8-len(new_password))
                                                    # 一次随机抽样 n 个特殊字符
        new_password += "".join(letters)            # 若不够八个字符，补足
    return "".join(new_password)                    # 输出结果转化为字符串
```

随机挑选表 5-2 中的几个密码进行测试，观察程序会返回什么。

```
print(strong_password("test1"))
print(strong_password("123456"))
print(strong_password("111111"))
print(strong_password("password"))
# ------------- 结果 ----------------------
tMest1)}
P123z456
1k1M11!11
passwQ2ord
```

从输出结果可以看出，第一个密码缺少大写字母且不够 8 个字符，所以补充了 M，并在末尾补充了)}。第二个密码缺少大小写字母，所以补充了 P 和 z。第三个密码缺少大小写字母且包含连续相同字符，因此首先插入字母 k 和 M，然后再插入 ! 截断连续。第四个密码缺少大写字母和数字，所以补充了字母 Q 和数字 2。

5.7 总结

本章学习了查找算法，其中二分查找、斐波那契查找、插值查找和跳跃查找只适用于有序序列，线性查找和树表查找可以用在任何序列上。树表查找的效率比线性查找高，但需要付出空间上的代价，数据结构更复杂，并且在插入新元素的过程需要进行复杂的动态空间调整。树表查找中的二叉树查找相对简单，但会有极端情况出现。然后继续深入学习了平衡二叉树结构，2-3 树查找和红黑树查找都能通过调整结构达到平衡状态。Python 中已经有比较好用的查找函数，因此最后学习了内置函数查找。本章的例子展示了很多新的语法知识，例如，如何引用其他 Python 文档的对象和函数、对象继承、pprint 标准库模块实现递归格式化输出、srring 类中的字符集合常量等。

排序和插入是算法的基础，很多算法中都有它们的身影。第 6 章开始介绍一些特定类型的算法，实用性会更强。想知道导航是怎样寻找附近的餐厅、扫地机器人是怎样工作的吗？它们的程序背后有什么算法做支持？请看第 6 章 —— 图的算法。

第 6 章

图的算法

第 4 章和第 5 章介绍了排序和查找两种基本算法，读者应该已经可以熟练地应用线性表、队列、栈和树结构了。本章将要研究图的算法，加深读者对图的数据结构的理解。图的算法提供了一系列处理和分析图结构数据的方法，可以利用节点之间的关系推理整个图系统的结构关系，发现其隐藏的信息和规律。图的算法有非常广泛的应用场合，如 GPS 服务、管道线路优化、网络通信、网站排名、社交关系分析、舆情传播分析等。

本章主要涉及的知识点如下。

- 熟悉图的结构：熟练运用图的结构，熟悉图的属性和表示方式。
- 构建数据模型：学习怎样把实际问题转化为数学模型来表示。
- 算法的应用：学会在实际问题中运用算法。

> 注意：本章只对图的算法做了初步介绍，它的知识体系非常庞大，有关它的研究非常多。读者要想了解更多关于图的算法的内容，可以查阅其他专业资料。

6.1 图的遍历

2.7 节已经介绍了图的结构，也学习了两种对图结构遍历的算法：深度优先搜索法和广度优先搜索法。它们是图的算法基础，例如，2.7 节的“一笔画完”游戏就是一个寻路问题，把地图抽象为一个图结构，然后用深度优先搜索法探索一条符合规则的道路。这就是基于深度优先搜索法的路线探索算法。如果读者对两种算法还不是很了解，可以回顾 2.7 节的内容，结合例程，通过画图把计算机算法的解题步骤可视化来加强理解。本章的算法都是以这两种遍历算法为基础延伸出来的，打好基础，后面的内容会更容易理解。

6.2 图的连通

深度优先搜索法的一个直接应用就是找出图的所有连通分量。本节首先介绍几个概念，然后通过学习相关算法来分析图的连通。此类算法常应用于集群分析、推荐引擎、行为分析等。

6.2.1 连通图

如果一个图中的任何一个节点都可以到达其他节点，那么它就是连通的。如图 6-1 所示，这是一个简单的连通图，其路径没有方向，符合从任意一个节点出发都可以到达其他剩余节点这一条件。

而图 6-2 看起来是三个图放在一起，但根据定义这就是一个图，这三部分可以称为子图（Subgraph）。

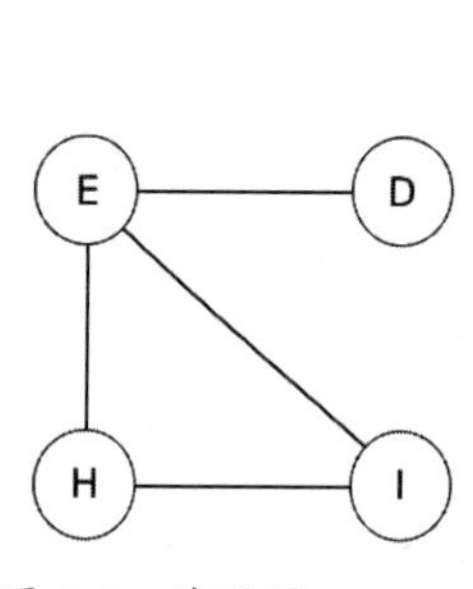

图 6-1 连通图

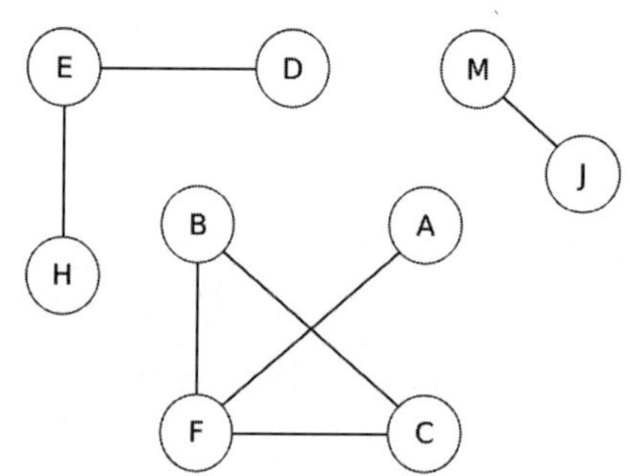

图 6-2 图的连通分量

这三个子图称为这个图的连通分量（Connected Component），它们自身也是连通图。因此，任何连通图的连通分量只有一个，就是其自身。

以上是无向图中的连通图，有向图中的连通图也称为循环图（Cyclic Graphs）；相反，若有向图没有连通图，则是无环路的有向图，通常称为有向无环图（Directed Acyclic Graph，DAG），如图 6-3 所示。

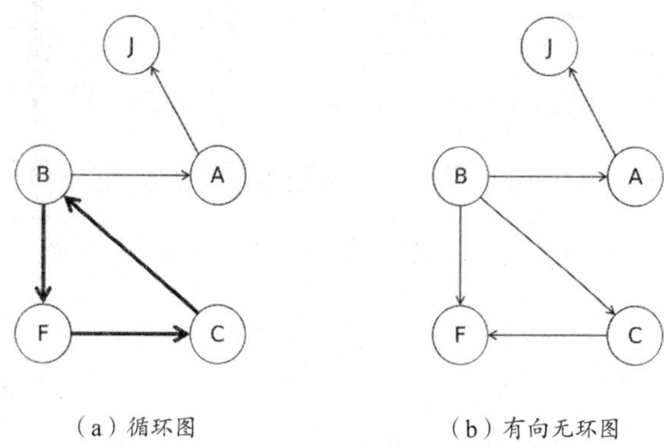

（a）循环图　　（b）有向无环图

图 6-3　有向图中的连通图

图 6-3（a）所示的循环图有一个连通图 B-F-C-B，这是一个有向图中节点能够彼此到达的子图，这个循环称为强连通分量（Strongly Connected Components，SCCs）。对比树结构和有向无环图，会发现树也属于一种特殊的图，是一种受限的有向无环图，树的节点只能拥有一个父节点，而有向无环图则没有该限制。

6.2.2　循环图

观察图 6-3（a）所示的循环图，可以非常快速地循环 B-F-C-B，但如果要告诉计算机怎样找出循环，则会显得很困难。因此，需要一个算法来告诉计算机应按照什么步骤去处理。

首先解决图的表达问题，2.7 节曾介绍过两种方式表达图，分别是邻接矩阵和邻接列表。这里选择邻接列表，用邻接列表表示图 6-3（a）所示的循环图。

```
graph = {
    'A':['J'],
    'B':['A','F'],
    'C':['B'],
    'F':['C'],
    'J':[]
}
```

这里为了简化定义字典的过程，导入 collections 标准库中的 defaultdict 模块，它可以自定义字典的初始化值。先定义一个 Graph 类，然后定义输入节点数据的 add_edge() 方法。

```
from collections import defaultdict          # 导入 defaultdict
class Graph():
    """ 图类 """
```

```
    def __init__(self):
        self.graph = defaultdict(list)
#   初始化图的邻接列表，自定义字典，默认值是列表
    def add_edge(self,u,v):
        if v:
            self.graph[u].append(v)         # 在 u 的关键字列表上添加 v 的值
        else:
            self.graph[u] = list()          # 如果 v 没有值，添加一个空列表
```

若不用 defaultdict 也可以，但代码没有这么简洁，下面的代码是等价的。

```
class Graph():
    """ 图类 """
    def __init__(self):
        self.graph = {}  # 初始化图的邻接列表
    def add_edge(self,u,v):
        if v:
            point = self.graph.get(u) # 尝试获取节点 u
            if point:
                point.append(v)       # 若存在，直接添加 u-v 的边
            else:
                self.graph[u] = [v]   # 若不存在，则先初始化 u 节点，然后添加 u-v 的边
        else:
            self.graph[u] = list()    # 如果 v 没有值，添加一个空列表
```

现在按上面的例子输入数据，测试是否能正确表示。

```
g = Graph()
g.add_edge('A', 'J')
g.add_edge('B', 'A')
g.add_edge('B', 'F')
g.add_edge('C', 'B')
g.add_edge('F', 'C')
g.add_edge('J', None)
print(g.graph)
# ------------结构-----------------
defaultdict(<class 'list'>, {'A': ['J'], 'B': ['A', 'F'], 'C': ['B'], 'F': ['C']})
```

注意： 这是输出信息，graph 变量和字典的使用方式一样，主要看内容是否正确即可。

选用深度优先搜索来检测循环，设置两个字典 visited 和 recur_stack，分别保存该节点是否已经访问和是否在递归栈中。然后设置一个规则，如果在遍历图的过程中发现一个节点已经访问过并且也在递归栈中，那么就能判定图中存在循环。模拟以上分析过程，首先初始化两个字典，然后从 A 节点出发，同时把 A 节点放进递归栈中，得到表 6-1。

表 6-1　检测循环图（一）

节点	A	B	C	F	J
visited	True	False	False	False	False
recur_stack	True	False	False	False	False

根据输入，找到 J 节点，此时的两个字典状态如表 6-2 所示。

表 6-2　检测循环图（二）

节点	A	B	C	F	J
visited	True	False	False	False	True
recur_stack	True	False	False	False	True

因为 J 节点没有连接的节点，所以搜索回到 A 节点，J 节点退出递归栈。然后发现 A 节点也没有其他新节点，同样退出递归栈。接着访问 B 节点，如表 6-3 所示。

表 6-3　检测循环图（三）

节点	A	B	C	F	J
visited	True	True	False	False	True
recur_stack	False	True	False	False	False

根据输入找到 A 节点，但因为它已经访问过，并且也不在递归栈中，因此继续访问下一个节点 F。因为 F 节点没有访问过，所以进一步访问它的值，然后把它变为已访问并且放到递归栈中，如表 6-4 所示。

表 6-4　检测循环图（四）

节点	A	B	C	F	J
visited	True	True	False	True	True
recur_stack	False	True	False	True	False

同理，通过 F 节点，找到未访问的 C 节点。然后通过同样的操作进入 C 节点，此时在 C 节点中发现了 B 节点，它已经被访问并且还在递归栈中，如表 6-5 所示。

表 6-5　检测循环图（五）

节点	A	B	C	F	J
visited	True	True	True	True	True
recur_stack	False	True	True	True	False

这时可以递归返回结果，表示已经找到了图中的循环。该算法是基于深度优先搜索算法设计

的，因此时间复杂度与深度优先搜索算法相同。如果图中有 N 个节点、E 条边，那么在搜索过程中，由于用邻接列表表示图，因此查找所有节点的邻接节点所需时间为 $O(E)$，访问节点的邻接点所花时间为 $O(N)$，总的时间复杂度为 $O(N+E)$。空间复杂度主要取决于递归深度，因此它的复杂度为 $O(N)$。

下面用代码来描述此算法，GraphCycle 类继承 Graph 类，包含导入数据的过程，is_cyclic() 函数是算法主程序，检验每条路径是否存在循环。

```
class GraphCycle(Graph):
    def is_cyclic_tool(self, v, visited, recur_statck):
        visited[v] = True             # 当前节点已访问
        recur_statck[v] = True        # 当前节点放进递归栈中
        # 深度优先遍历每一个邻接节点
        for neighbour in self.graph[v]:
            if visited[neighbour] == False: # 如果节点没有访问，进入该节点
                if self.is_cyclic_tool(neighbour, visited, recur_statck) == True:
                    return True       # 该节点上发现循环
            elif recur_statck[neighbour] == True:
                return True           # 该节点已访问，并且也在递归栈中，说明找到循环
        recur_statck[v] = False       # 该节点深度遍历完成，移出递归栈
        return False
    def is_cyclic(self):
        # 如果有循环，回复 True，否则回复 False
        visited = {}                  # 初始化参数是否已经访问
        recur_statck = {}             # 初始化参数是否在递归栈中
        for key in self.graph.keys():
            visited[key] = False              # 值为未访问状态
            recur_statck[key] = False         # 不在递归栈中
        for node in self.graph.keys():        # 遍历所有节点
            if visited[node] == False:        # 如果节点没有访问，进入该节点
                if self.is_cyclic_tool(node, visited, recur_statck) == True:
                    return True               # 如果发现有循环，则可以马上返回 True
        return False                          # 遍历结束后，没有找到循环，则返回 False
```

以图 6-3（a）所示的循环图为例来验证程序。

```
g = GraphCycle()
g.add_edge('A', 'J')
g.add_edge('B', 'A')
g.add_edge('B', 'F')
g.add_edge('C', 'B')
g.add_edge('F', 'C')
g.add_edge('J', None)
g.is_cyclic()  # 输出 True
```

再使用图 6-3（b）所示的有向无环图观察结果是否为 False。

```
g = GraphCycle()
g.add_edge('A', 'J')
g.add_edge('B', 'A')
g.add_edge('B', 'F')
g.add_edge('C', 'B')
g.add_edge('F', None)
g.add_edge('J', None)
g.is_cyclic()  # 输出 False
```

6.3 最小生成树问题

一个有 N 个节点的连通图的生成树（Spanning Tree）是原图的极小连通子图，包含原图中的所有 N 个节点，并且有保持图连通的最少的边，如图 6-4 所示。

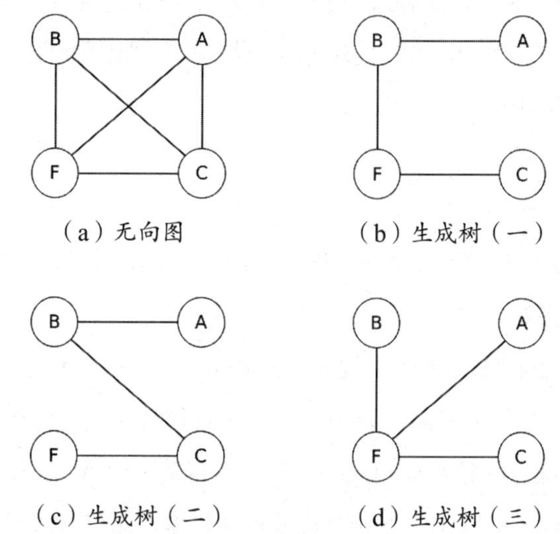

图 6-4　生成树

最小生成树（Minimum Spanning Tree，MST）问题是指，给定连接图 G 具有正的边权重，找到连接所有节点的边的最小权重集。MST 的应用场景多为网络设计，如光纤网络、燃气管道网络、电缆、道路交通等路线设计，其问题可以用克鲁斯卡尔（Kruskal）算法或普里姆（Prim）算法求解。

6.3.1 克鲁斯卡尔算法

这里有一个案例，一家公司在六个城市有分公司，他们之间需要用专用电话线路连接起来。电信公司给出了每个城市之间铺设线路的费用，如图 6-5 所示。现在需要设计一个方案，用最少的费用完成电话线路的铺设。

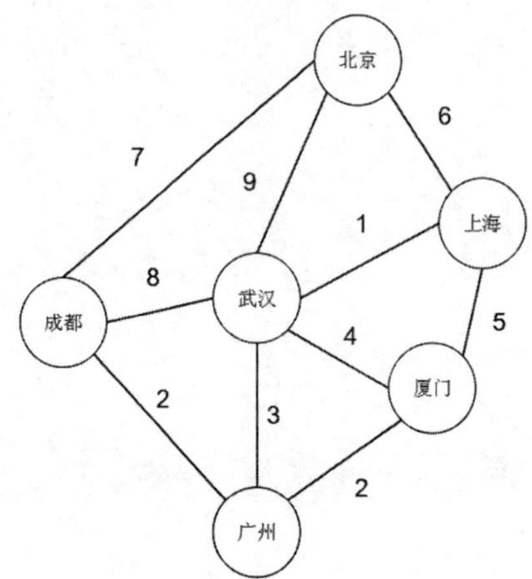

图 6-5 每个城市之间铺设线路的费用

面对这个问题，首先要想到尽量选择最小权重的边，结果必然最小，这在算法中称为贪心算法。其基本思想是通过获得局部的最优解，得到最终的最优解。下面使用的克鲁斯卡尔算法的核心思想就是贪心算法，其目标非常明确，步骤如下。

（1）初始化一个 MST 集合。

（2）按边的权重由大到小进行排序。

（3）选择最小权重的边，检查它是否与 MST 形成了一个循环图。如果没有形成循环图，则把该边放进 MST，否则将其丢弃。

（4）重复步骤（3），直到生成树中有（N-1）个边（N 为节点数）。

分析步骤，克鲁斯卡尔算法最多遍历 E 条边，每次选择最小代价的边仅需要 $O(\log E)$ 的时间，因此克鲁斯卡尔算法的时间复杂度为 $O(E\log E)$；空间上需要一个 N-1 空间记录 MST，所以空间复杂度为 $O(N)$。下面尝试手动计算求解，首先是边权重的排序，结果如表 6-6 所示。

表 6-6 边权重排序

序号	边	权重
1	武汉—北京	9
2	武汉—成都	8
3	北京—成都	7
4	北京—上海	6
5	厦门—上海	5
6	厦门—武汉	4
7	广州—武汉	3

续表

序号	边	权重
8	广州—厦门	2
9	广州—成都	2
10	上海—武汉	1

然后选择权重最小的边“上海—武汉”，因此 MST 初始值为空，不存在循环图，把这条边放进 MST 中；接着挑选边“广州—成都”，同样也不存在循环图，如图 6-6 所示。

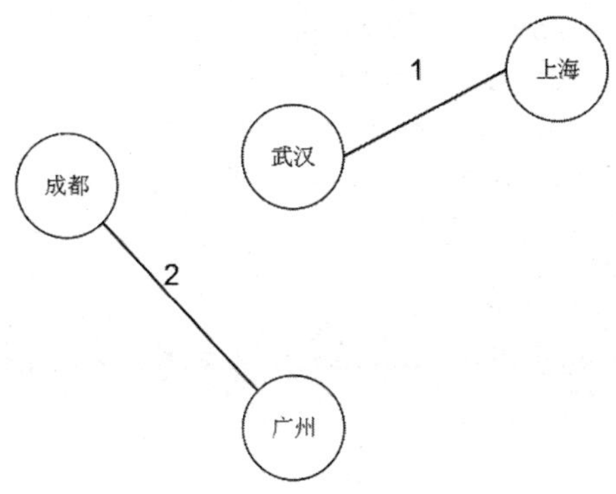

图 6-6　MST（一）

用同样的方式，选择“广州—厦门”“广州—武汉”，并将其放入 MST。然后挑选“厦门—武汉”，这时就形成了一个循环，因此丢弃此边，当前 MST 的状态如图 6-7 所示。

紧接着选择“厦门—上海”，也形成了循环，因此不能将其放到 MST 中。继续选择“北京—上海”，这条边可成功放入 MST 中。此时 MST 的边数量已经达到五个，满足结束条件，最终结果如图 6-8 所示。此图也是电话路线的铺设方案，总费用是 MST 上所有边的权重和，为 14。

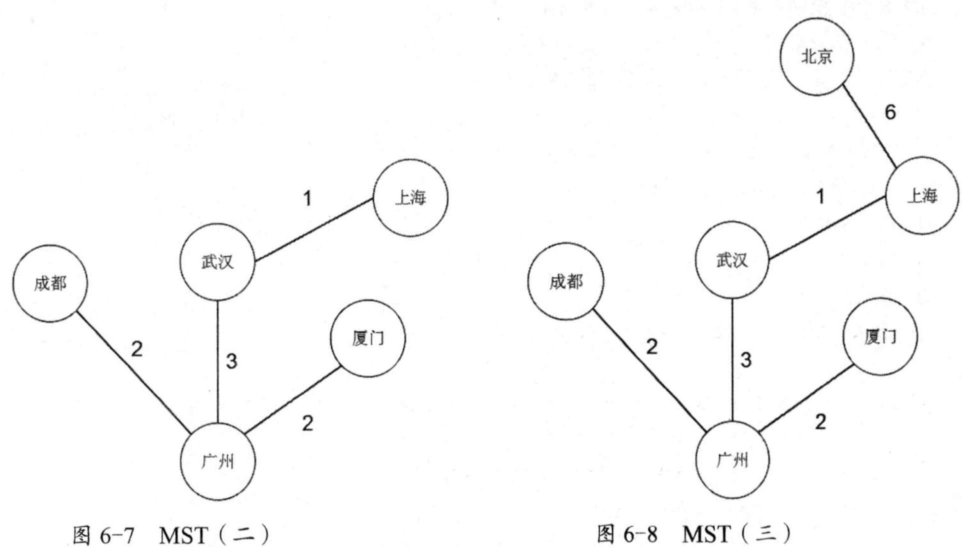

图 6-7　MST（二）　　图 6-8　MST（三）

下面用代码来描述此算法。首先这是一个有权无向图，因此使用邻接列表并且带有权重，Graph 类的输入并不适用，需要创建新的类 GraphPower。

```
class GraphPower():
    """ 有权图类 """
    def __init__(self, points):
        self.amount = len(points) # 记录节点的总数
        self.points = points      # 记录节点位置和值的关系
        self.graph = []           # 初始化图的邻接列表
    def add_edge(self, u, v, w):
        if u in self.points and v in self.points:
            index_u = self.points.index(u)
            index_v = self.points.index(v)
            self.graph.append([index_u, index_v, w]) # 录入数据
        else:
            print(" 录入数据有误 ")
```

创建 GraphKruskal 类，kruskalMST() 函数是克鲁斯卡尔算法的主体，然后用不相交集来检验是否有循环出现。

```
class GraphKruskal(GraphPower):
    """ 克鲁斯卡尔算法输入的是有权无向图，求解 MST"""
    def find(self, parent, i):
        # 寻找其父节点
        if parent[i] == i:
            return i
        return self.find(parent, parent[i])
    def kruskalMST(self):
        # 基于不相交集实现克鲁斯卡尔算法的主程序
        # 第一步初始化
        MST =[] # 初始化 MST，也是最终结果
        parent = [] # 初始化列表记录节点的相交连接节点下标，用于检测是否有循环
        for node in range(self.amount):    # 每一个节点创建一个子集合
            parent.append(node)
        index_sorted_edge = 0              # 根据权重已排序的边的下标
        index_reslut = 0                   # MST 列表中的下标
        # 第二步，根据权重排序
        self.graph = sorted(self.graph,key=lambda item: item[2])
                                           # 权重 w 在 item 中的三个位置
        while len(MST) < self.amount -1 :  # 结束条件：直到生成树中有（N-1）个边
            # 第三步，选择最小权重的边
            u,v,w = self.graph[index_sorted_edge]
            index_sorted_edge = index_sorted_edge + 1
            # 检查它是否与 MST 形成了一个循环图。如果没有形成循环图，则把该边放进 MST，
```

```
            # 否则将其丢弃
            parent1 = self.find(parent, u)
            parent2 = self.find(parent ,v)
            if parent1 != parent2:
                MST.append([u,v,w])          # 结果中添加新的边
                parent[parent2] = parent1  # 更新不相交集
        self.print_result(MST)
    def print_result(self, result):
        print(" 输出 MST 结果 ")
        total = 0
        for u,v,weight in result:
            total += weight
            print ("{} -- {} == {}".format(self.points[u], self.points[v],weight))
        else:
            print(" 权重总和为：%d" % total)
```

用图 6-5 所示的例子作为输入来验证结果，运行结果如下。

```
g = GraphKruskal([" 广州 "," 厦门 "," 成都 "," 武汉 "," 上海 "," 北京 "])
g.add_edge(" 广州 "," 厦门 ", 2)
g.add_edge(" 广州 "," 武汉 ", 3)
g.add_edge(" 广州 "," 成都 ", 2)
g.add_edge(" 武汉 "," 厦门 ", 4)
g.add_edge(" 武汉 "," 成都 ", 8)
g.add_edge(" 武汉 "," 上海 ", 1)
g.add_edge(" 武汉 "," 北京 ", 9)
g.add_edge(" 厦门 "," 上海 ", 5)
g.add_edge(" 成都 "," 北京 ", 7)
g.add_edge(" 上海 "," 北京 ", 6)
g.kruskalMST()
# ------------ 结果 ------------------
输出 MST 结果
武汉 -- 上海 == 1
广州 -- 厦门 == 2
广州 -- 成都 == 2
广州 -- 武汉 == 3
上海 -- 北京 == 6
权重总和为：14
```

将该结果和图 6-8 比较，结果一致。

6.3.2 普里姆算法

普里姆算法也属于贪心算法，它是通过寻找邻近节点最小键值来构成 MST。普里姆算法步骤

如下。

（1）创建一个 MST 集合，包含跟踪记录在内的节点值。

（2）为图中的所有节点分配一个键值。将所有键值初始化为无穷大。将第一个节点的键值指定为 0，以便首先选择它。

（3）当 MST 中包含所有节点时，程序结束，否则到步骤（4）。

（4）选择一个在 MST 中不存在且具有最小键值的节点 u，并包含在 MST 中。

（5）更新 u 所有相邻节点的键值，对于每个相邻节点 v，如果边 $u-v$ 的权重小于 v 的先前键值，则将键值更新为 $u-v$ 的权重。

（6）重复步骤（3）。

分析上述步骤，可发现普里姆算法有两个循环，每个循环的节点数量为 N，所以时间复杂度为 $O(N^2)$；空间上同样需要保存 MST 的结果，所以空间复杂度为 $O(N)$。继续以图 6-5 为例，通过手动计算来熟悉此算法。首先挑选“广州”作为出发点，初始化每个节点的键值，如表 6-7 所示。

表 6-7　节点键值表

广州	厦门	武汉	成都	上海	北京
0	∞	∞	∞	∞	∞

接着遍历“广州”邻近的节点（灰色表示在 MST 集合中），更新邻近节点的键值，如图 6-9 所示。这时下一个最小键值的节点便可以选择“厦门”（或者“成都”），同理更新“厦门”邻近节点的键值，结果如图 6-10 所示。

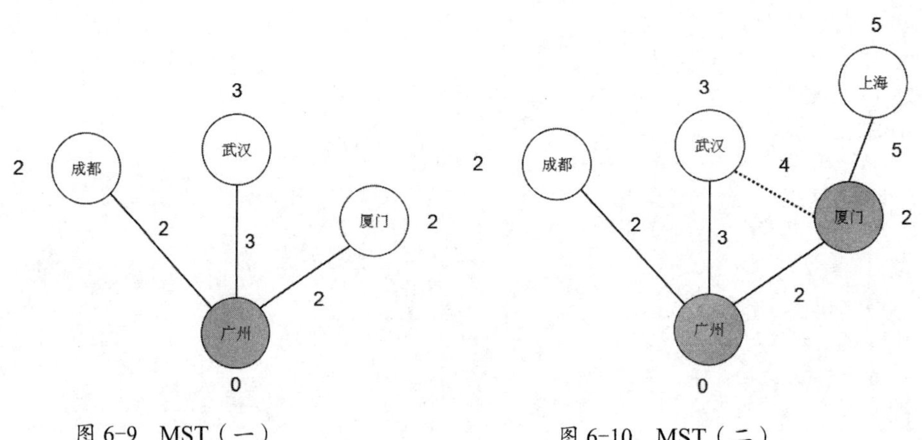

图 6-9　MST（一）　　图 6-10　MST（二）

“武汉”的键值没有改变，这是因为 4>3，不需要更新（图 6-10 中的虚线代表连接无效）。同样的方式，挑选“成都”，再次更新邻近节点的键值，如图 6-11 所示。

此时 MST 包含了“广州”“厦门”“成都”，下一个最小键值节点便是“武汉”，同理更新邻近的节点，如图 6-12 所示。

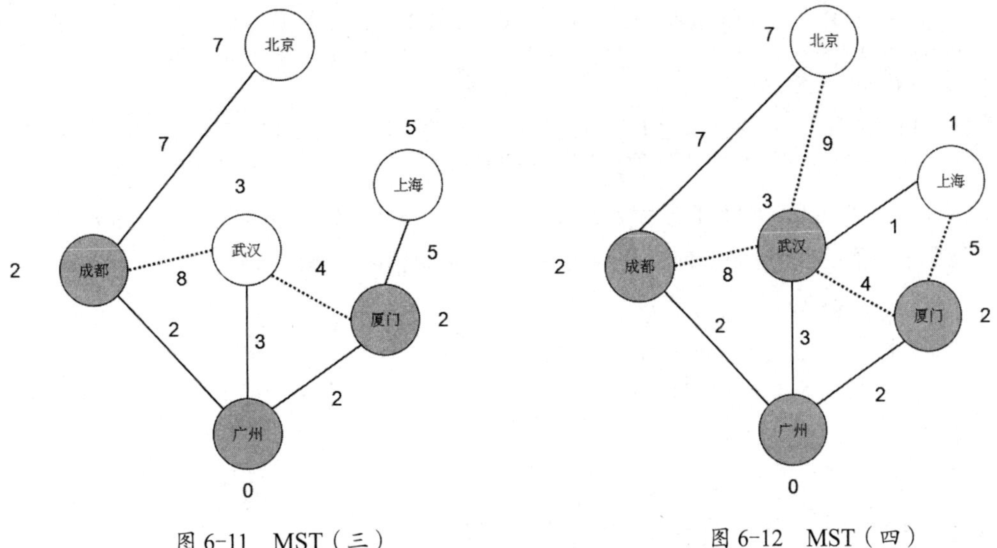

图 6-11　MST（三）　　　　图 6-12　MST（四）

这时“上海”的键值发生变化，由原来的 5 变成了 1。继续挑选下一个节点“上海”，最后是“北京”，最终结果如图 6-13 所示。

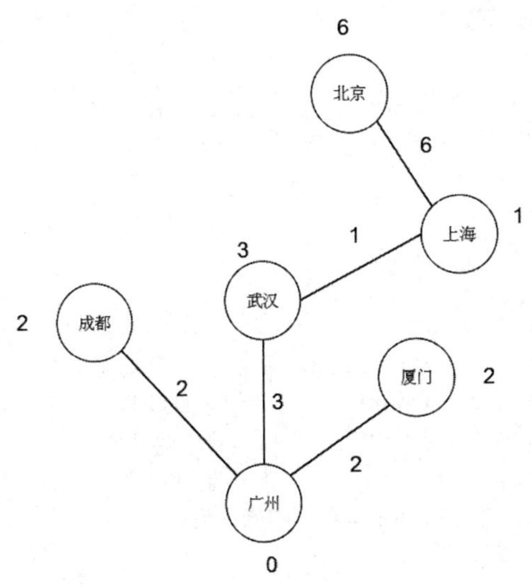

图 6-13　MST（五）

从图 6-11 可知，最后结果与克鲁斯卡尔算法求得的结果是一致的，MST 上的所有边的权重和同样是 14。

下面用代码来描述算法。首先使用邻接矩阵定义图结构创建一个 GraphArray 类，接收二维矩阵输入。

```
class GraphArray():
    """ 用邻接矩阵表示图 """
    def __init__(self, points):
```

```
        self.amount = len(points)   # 记录节点的总数
        self.points = points        # 记录节点位置和值的关系
        # 初始化图的邻接矩阵
        self.graph = [[0 for _ in range(self.amount)]
                      for _ in range(self.amount)]
```

然后创建一个 GraphPrimMST 类代表此算法，primMST() 函数是算法主程序，min_key() 函数是为了寻找最小键值的节点，printMST() 函数是为了在屏幕清晰地输出结果。

```
class GraphPrimMST(GraphArray):
    """ 普里姆算法输入的是有权无向图，求解 MST"""
    def printMST(self, result):
        print(" 边 \t\t 权重 ")       # 结果输出
        total = 0
        for i in range(1, self.amount):
            total +=  self.graph[i][ result[i]]
            print(self.points[result[i]], "-", self.points[i], "\t", self.graph[i][
result[i]])
        print(" 总权重和：", total)
    def min_key(self, key, mst):
        # 寻找最小键值的节点下标
        min = float("Inf")                  # 默认是无穷大
        for v in range(self.amount):
            if key[v] < min and mst[v] == False:
                min = key[v]
                min_index = v
        return min_index
    def primMST(self):
        # 普里姆算法主程序
        key = [float("Inf")] * self.amount  # 默认节点键值是无穷大
        parent = [None] * self.amount       # 记录 MST 集合的边，即答案
        key[0] = 0  # 把第一个节点作为第一个选择的节点，键值设置为 0
        MST = [False] * self.amount         # 记录 MST 集合已访问节点
        parent[0] = -1 # 根节点没有父节点，初始化为 -1
        for _ in range(self.amount):
            u = self.min_key(key, MST)
            # 选择一个在 MST 中不存在且具有最小键值的节点 u
            MST[u] = True # 记录为已访问节点
            for v in range(self.amount):
                # 当边的权重为正且没有被访问时，若键值比原来小，则更新节点的键值
                if self.graph[u][v] > 0 and MST[v] == False and key[v] > self.
                 graph[u][v]:
                    key[v] = self.graph[u][v]    # 更新节点键值
                    parent[v] = u                # 更新所选择的边
        self.printMST(parent)
```

同样以图 6-5 为例，验证程序是否正确。

```
g = GraphPrimMST(["广州","厦门","成都","武汉","上海","北京"])
g.graph = [ [0, 2, 2, 3, 0, 0],
            [2, 0, 0, 4, 5, 0],
            [2, 0, 0, 8, 0, 7],
            [3, 4, 8, 0, 1, 9],
            [0, 5, 0, 1, 0, 6],
            [0, 0, 7, 9, 6, 0]]
g.primMST()
# ------------结果------------------
边                  权重
广州 - 厦门            2
广州 - 成都            2
广州 - 武汉            3
武汉 - 上海            1
上海 - 北京            6
总权重和:  14
```

显然结果是符合预期的，也和克鲁斯卡尔算法得到的结果一致。

6.4 拓扑排序

前面几个例子都是无向图的应用，本节介绍有向无环图的应用。有向无环图的一个重要应用是，描述一项工程或系统的进行过程。除最简单的情况之外，绝大多数的工程都可分为若干个称为活动的子工程，而这些子工程之间通常受一定条件的约束，如其中某些子工程的开始必须在另一些子工程完成之后。对于整个工程和系统，人们关心的是两个方面的问题：一是工程能否顺利进行；二是估算整个工程完成所必需的最短时间。这两个问题都可以通过对有向图进行拓扑排序和关键路径操作来解决。这里说的工程泛指一切项目工程，如指令调度、数据序列化、代码编译任务顺序等。

拓扑排序是对项目工程进行排序。首先构建一个项目，如制作番茄炒蛋，如图 6-14 所示。

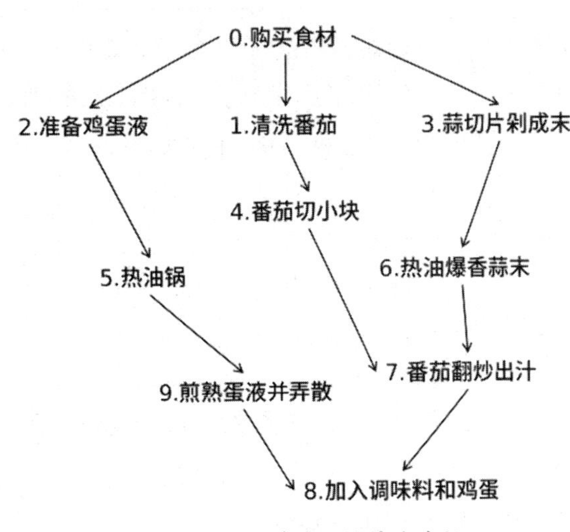

图 6-14 制作番茄炒蛋的过程

对一个有向无环图 G 进行拓扑排序，是将 G 中的所有节点排成一个线性序列，使图中任意一对节点 u 和 v，u 在线性序列中总是出现在 v 之前。例如，做菜顺序可以为 0—1—2—3—4—5—9—6—7—8，也可以为 0—3—2—1—4—5—9—6—7—8，其都满足拓扑次序 (Topological Order)，简称拓扑序列。简单地说，由某个集合上的一个偏序得到该集合上的一个全序，这个操作称为拓扑排序。

注意：偏序是指集合中仅有部分元素可比较大小（或先后），全序是指集合中所有元素都可比较大小（或先后）。

拓扑排序算法是在深度优先搜索（以下简称 DFS）的基础上进行调整的。以图 6-14 为例，从节点 1 开始搜索，结果是 0—1—4—7—8—2—5—9—3—6。这显然不是拓扑排序的结果，因此要略微修改 DFS。从一个节点出发，DFS 是马上输出再递归进入相邻节点，这不适合拓扑排序。这里应该先访问相邻节点，若还有相邻节点，则继续深入下一个节点，当所有相邻节点都进入栈后，才把该节点推入栈。以下手动模拟此运算过程。

（1）首先初始化列表 visited 全部为 False，所有节点刚开始都是未访问，且临时栈 stack 为空。然后从节点 0 开始，发现其有三个节点，继续访问节点 1，一直深入访问节点 4、节点 7 和节点 8，到这里没有发现相邻节点，因此把节点 8 入栈。回退到节点 7，它也没有其他相邻节点，同样入栈；同理，节点 4 和节点 1 也一起入栈，如表 6-8 所示。

表 6-8　拓扑排序（一）

节点	0	1	2	3	4	5	6	7	8	9
visited	T	T	F	F	T	F	F	T	T	F
stack	8	7	4	1						

（2）回到节点 0，发现还有相邻节点 2 和 3，访问节点 2，同样一层层深入节点，直到节点 8。由于节点 8 已经访问过了，因此不需要再次放到栈中。回退到上一个节点 9，将节点 9 放到栈中；同理，节点 5 和节点 2 也一起入栈，如表 6-9 所示。

表 6-9　拓扑排序（二）

节点	0	1	2	3	4	5	6	7	8	9
visited	T	T	T	F	T	T	F	T	T	T
stack	8	7	4	1	9	5	2			

（3）继续访问未访问节点 3，进入节点 6，进一步访问节点 7，发现节点 7 也在栈中，所以可以停止递归，把节点 6 推入栈，再把节点 3 入栈。这时节点 0 所有相邻节点已访问完，也可以把节点 0 入栈，如表 6-10 所示。

表 6-10　拓扑排序（三）

节点	0	1	2	3	4	5	6	7	8	9
visited	T	T	T	T	T	T	T	T	T	T
stack	8	7	4	1	9	5	2	6	3	0

（4）从栈中输出结果，从顶部节点开始，结构为 0—3—6—2—5—9—1—4—7—8，符合拓扑排序要求。

在编写代码前，首先来分析算法的复杂度。如果图中有 N 个节点、E 条边，在拓扑排序的过程中，因为复用 Graph 类，则使用邻接列表来表示图，所以查找所有节点的邻接节点所需时间为 $O(N)$，访问节点的邻接节点所花时间为 $O(E)$，总的时间复杂度为 $O(N+E)$；空间复杂度为递归深度，极限情况就是节点总数，为 $O(N)$。

```
class GraphTopological(Graph):
    """ 解决拓扑排序问题 """
    def topological_sort_util(self, v, visited, stack):
        visited[v] = True                  # 该节点变为已访问
        for i in self.graph[v]:
            if visited[i] == False:        # 节点未访问递归调用函数
                self.topological_sort_util(i, visited, stack)
        # 相邻节点都访问结束后，把该节点放到栈中
        stack.insert(0,v)                  # 把新入栈元素放在表头
    def topological_sort(self):
        # 拓扑排序主程序
        visited = {}                       # 初始化参数是否已经访问
        stack = [] # 初始化参数，用列表表示临时栈为空
        for key in self.graph.keys():
            visited[key] = False           # 值为未访问状态
        for node in self.graph.keys():     # 遍历所有节点
            if visited[node] == False:     # 节点是否已经访问
                self.topological_sort_util(node, visited, stack)
                                           # 递归进入节点
        print(stack)                       # 输出栈保存结果
```

创建 TopologicalGraph 类，继承上面的 Graph 类，复用构成邻接列表的过程；然后用列表构成栈，把递归结果保存在列表中；最后从栈表头开始输出结果，即为拓扑排序结果。下面用例子来测试结果是否符合预期。

```
g = GraphTopological()
g.add_edge(0, 1) # 录入图的边
g.add_edge(0, 2)
g.add_edge(0, 3)
```

```
g.add_edge(1, 4)
g.add_edge(2, 5)
g.add_edge(3, 6)
g.add_edge(4, 7)
g.add_edge(5, 9)
g.add_edge(6, 7)
g.add_edge(7, 8)
g.add_edge(8, None)
g.add_edge(9, 8)
g.topological_sort() # 输出 :[0, 3, 6, 2, 5, 9, 1, 4, 7, 8]
```

上述结果和手动计算结果一样。如果要调换输入顺序，可把第二行放到第四行，拓扑排序的结果如下。

```
[0, 1, 4, 3, 6, 7, 2, 5, 9, 8]
```

结果只是改变了遍历节点 1、2 和 3 的顺序，仍满足拓扑次序。

6.5 最短路径算法

应用最短路径算法可以快速给出两点之间的最短距离，计算两点间成本最低的路线。解决最短路径问题有多种算法，如戴克斯特拉（Dijkstra）算法、贝尔曼 - 福特（Bellman-Ford）算法、插点算法（Floyd）等，本节只介绍前两种算法，其他算法读者可以查阅相关专业资料。

6.5.1 戴克斯特拉算法

戴克斯特拉算法用于求解从单源节点到图中所有其他节点的最短路径。下面分析该算法的运行过程。首先构建一个有权无向图，如图 6-15 所示。

（1）设定节点 A 为源节点。

（2）创建一个集合 short_path_set（初始为空），记录已计算的最小距离节点，其也称为最短路径树集合。

（3）创建一个字典 distance，记录源节点与每个节点的最小距离值，初始化为源节点的距离 0，其余节点为无穷大 (Max)，即“"A":0, Max, Max, Max, Max, Max, Max, Max, Max”。把源节点放到 short_path_set 集合中，它相邻的节点是 D 和 E，这时可以更新 distance 为“"A":0, "D":4, "E":6, Max, Max, Max, Max, Max, Max”，如图 6-16 所示。

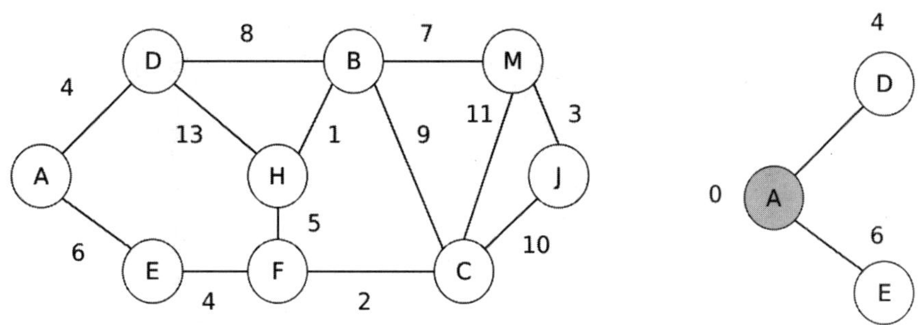

图 6-15　有权无向图　　　　图 6-16　戴克斯特拉算法（一）

注意：圆圈内是节点值，上面的数值代表节点到源节点的距离，灰色圆圈代表已经在 short_path_set 集合中。

（4）选取 distance 中的最小距离值，并且不在 short_path_set 集合中的节点。因此，选择节点 D，并放进集合中。更新节点 D 相邻节点的距离，如图 6-17 所示。

（5）按同样的方式寻找下一个节点，此时为节点 E，更新该节点邻接节点的距离，如图 6-18 所示。

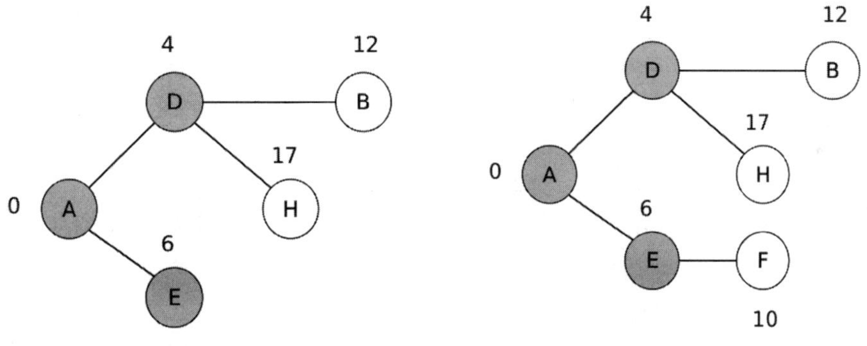

图 6-17　戴克斯特拉算法（二）　　　　图 6-18　戴克斯特拉算法（三）

（6）此时 distance 的值为“"A":0, "D":4, "E":6, "B":12, "H":17, "F":10, Max, Max, Max”，short_path_set 的值为（“A”，“D”，“E”）。按同样的方式挑选节点 F，更新邻接节点，可以发现节点 H 的距离发生改变，如图 6-19 所示。

（7）挑选节点 B，更新邻接节点，此时节点 H 的距离又缩短为 13，如图 6-20 所示。

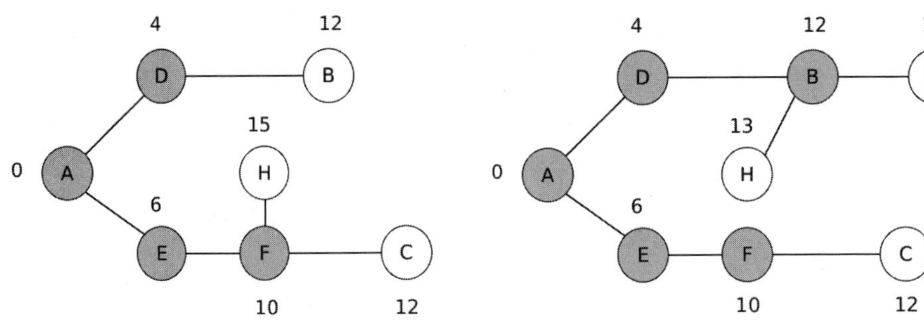

图 6-19　戴克斯特拉算法（四）　　图 6-20　戴克斯特拉算法（五）

（8）同理，挑选节点 C，然后更新邻接节点，如图 6-21 所示。

（9）后面按同样的方式挑选节点 H，再到节点 M，最后是节点 J，直到所有节点都包含到 short_path_set 集合中。最后结果如图 6-22 所示。

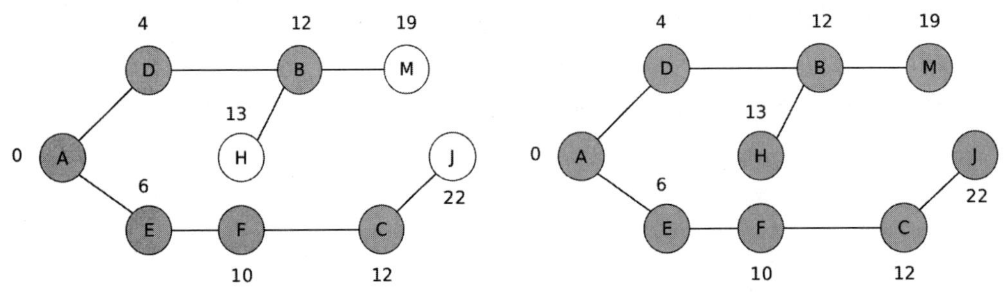

图 6-21　戴克斯特拉算法（六）　　图 6-22　戴克斯特拉算法（七）

最终 distance 的值为“"A":0, "D":4, "E":6, "B":12, "H":13, "F":10, "C":12, "M":19, "J":22”。此算法需要遍历所有节点，而且要对每个节点遍历所有邻接节点，因此极端情况下所有节点都互相邻接，那么它的时间复杂度为 $O(N^2)$，N 为节点数量。空间上主要用一个大小为 N 的 distance 列表来保存每个节点到源节点的最小距离，因此空间复杂度为 $O(N)$。

注意：该算法和 MST 中的普里姆算法非常相似，普里姆算法中的节点键值不是累加起来，而是一条边上的权重与相邻节点的键值和。

下面用代码描述上面的运算过程。首先创建 GraphDijkstra 类，继承 GraphArray 类，带有邻接矩阵录入功能，dijkstra() 函数是算法主程序，最后结果通过 print_result() 函数输出每个节点到源节点的最短距离。

```
import sys  # 引入系统参数，获取系统支持的最大值
class GraphDijkstra(GraphArray):
    """ 这是寻找单源节点到其余节点的最短路径 """
    def print_result(self, dist):
        print(" 节点 \t 距离源节点的距离 ")
```

```
        for v in range(self.amount):
            print(self.points[v], "\t", dist[v])
    def min_distance(self, dist, short_path_set):
        # 寻找节点到源节点的最短距离
        min_dist = sys.maxsize     # 初始化最短距离为系统最大值
        for v in range(self.amount):
            # 寻找最短距离的节点，并且不在最短路径树集合中
            if dist[v] <= min_dist and v not in short_path_set:
                min_dist = dist[v]
                min_index = v
        return min_index
    def dijkstra(self, source):
        # dijkstra 算法主程序，遍历所有节点，放进 short_path_set 集合中，求得所有节
        # 点到源节点的最短距离
        distance = [sys.maxsize] * self.amount
        distance[source] = 0
        short_path_set = set()     # 初始化集合为空
        for _ in range(self.amount):
            # 寻找最短距离的节点，并且不包含在最短路径树集合中
            # 源节点总是作为第一个节点进入集合
            u = self.min_distance(distance, short_path_set)
            short_path_set.add(u)  # 把节点添加到集合中
            # 重新遍历邻接节点，更新节点间最短距离的值
            for v in range(self.amount):
                if self.graph[u][v] > 0 and v not in short_path_set and distance[v]
> distance[u] + self.graph[u][v]:
                        distance[v] = distance[u] + self.graph[u][v]
            # 符合条件，更新最短路径值
        self.print_result(distance) # 输出结果
```

以图 6-15 为例，构建一个邻接矩阵作为输入，验证程序。

```
g = GraphDijkstra(['A','B','C','D','E','F','H','M','J'])
g.graph = [[0, 0, 0, 4, 6, 0, 0, 0, 0],
        [0, 0, 9, 8, 0, 0, 1, 7, 0],
        [0, 9, 0, 0, 0, 2, 0, 11, 10],
        [4, 8, 0, 0, 0, 0, 13, 0, 0],
        [6, 0, 0, 0, 0, 4, 0, 0, 0],
        [0, 0, 2, 0, 4, 0, 5, 0, 0],
        [0, 1, 0, 13, 0, 5, 0, 0, 0],
        [0, 7, 11, 0, 0, 0, 0, 0, 3],
        [0, 0, 10, 0, 0, 0, 0, 3, 0]
        ];
g.dijkstra(0)  # A 作为源节点
# ------------ 结果 -------------------
节点        距离源节点的距离
```

```
A          0
B          12
C          12
D          4
E          6
F          10
H          13
M          19
J          22
```

对照图 6-22 所示的结果，两者是一致的。大家可以尝试换一个源节点，如把节点 B 作为源节点，重新计算结果，如下所示。

```
g.dijkstra(1)  # B 作为源节点
```

这样将会得到完全不一样的结果。大家可以多运行几次，熟悉算法运算过程。

6.5.2 贝尔曼 - 福特算法

本小节介绍求解最短路径的第二种算法 —— 贝尔曼 - 福特算法。首先回想戴克斯特拉算法的例子，其每个边的权重都是正整数，若出现负权重，算法能否正常运行呢？看以下例子，如图 6-23 所示。

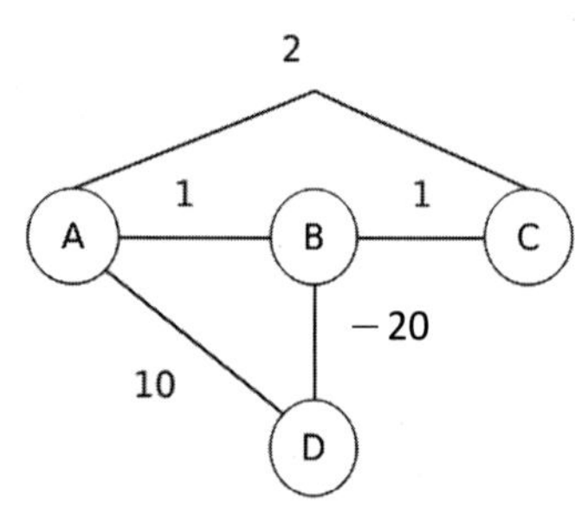

图 6-23 带有负权重

```
# 运行戴克斯特拉算法
g = DijkstraGraph(['A','B','C','D'])
g.graph = [[0, 1, 2, 10],
        [1, 0, 1, -20],
        [2, 1, 0, 0],
        [10, -20, 0, 0],
        ];
g.dijkstra(0)# A 作为源节点
#------------- 结果 ----------------
节点         距离源节点的距离
A           0
B           1
C           2
D           10
```

上述结果明显是错误的，因此节点 B 到节点 A 的最短距离不是 1，节点 B 可以通过节点 D 到节点 A，此时最短距离为 -10。而且如果能够循环，每次循环距离还能不断缩短，最终变成一个死循环。既然戴克斯特拉算法无法计算负权重问题，那有什么算法可以呢？贝尔曼 - 福特算法正好能够处理此类问题。

贝尔曼 - 福特算法的最大特点是支持负权重的情况，它每次都会从源节点重新出发，对每一个节点进行距离计算并更新最短距离；而戴克斯特拉算法是从源节点出发，向外逐个处理相邻的节点，不会重复处理节点。由此可见，戴克斯特拉算法相对更高效。下面通过一个简单的例子来观察贝尔曼 - 福特算法的处理过程，如图 6-24 所示。

（1）这次要处理的是有权有向图，因此图的表示方式使用邻接列表。首先初始化 distance 列表，节点 A 为源节点，它和自身的距离为 0，其余节点到源节点的距离为无穷大（∞），那么 distance 的值为“0, ∞ , ∞ , ∞ , ∞”，如图 6-25 所示。

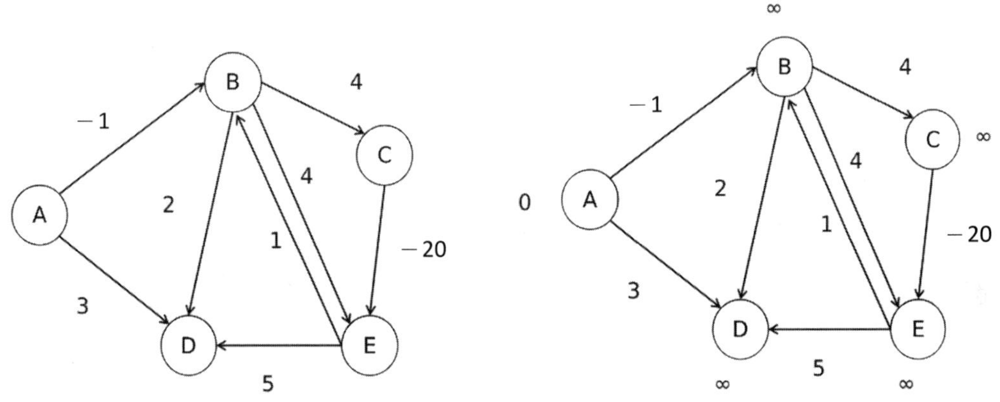

图 6-24　贝尔曼 - 福特算法（一）　　图 6-25　贝尔曼 - 福特算法（二）

（2）每一轮要计算每一个节点到源节点的距离，一共要经过 *N*-1 轮边距离松弛（*N* 为节点数），因为节点到源节点若连通，最多经过 *N*-1 条边就可以到达。第一轮计算节点 A 一条边能到达的节点，计算过程如表 6-11 所示。

表 6-11　第一轮计算过程

节点	A	B	C	D	E
计算 A—B	0	0+(−1)=−1	∞	∞	∞
计算 A—D	0	−1	∞	0+3=3	∞

（3）根据表 6-11 得知，现在 distance 值为“0,−1, ∞ ,3, ∞”。然后到第二轮，计算节点 A 的两条边能到达的节点，计算过程如表 6-12 所示。

表 6-12　第二轮计算过程

节点	A	B	C	D	E
计算 B—E	0	−1	∞	3	(−1)+4=3
计算 B—C	0	−1	(−1)+4=3	3	3
计算 B—D	0	−1	3	(−1)+2=1 < 3	3

（4）根据表 6-12 得知，现在 distance 值为“0,−1,3,1,3”。然后到第三轮，计算节点 A 的三条边

能到达的节点，计算过程如表 6-13 所示。

表 6-13　第三轮计算过程

节点	A	B	C	D	E
计算 E—B	0	3+1=4>−1	3	1	3
计算 E—D	0	−1	3	3+5=8>1	3
计算 C—E	0	−1	3	1	3+(−2)=1<3

（5）根据表 6-13 得知，现在 distance 值为“0,−1,3,1,1”。然后到第四轮，由于节点数为 5，因此这是最后一轮（5−1=4），计算节点 A 的四条边能到达的节点，计算过程如表 6-14 所示。

表 6-14　第四轮计算过程

节点	A	B	C	D	E
计算 B—C	0	−1	−1+4=3	1	1
计算 B—E	0	−1	3	1	−1+4=3>1
计算 B—D	0	−1	3	−1+2=1	1
计算 E—D	0	−1	3	1+5=6>1	1
计算 E—B	0	1+1=2>−1	3	1	1

（6）根据表 6-14 得知，现在 distance 值为“0,−1,3,1,1”，最终结果如图 6-26 所示。

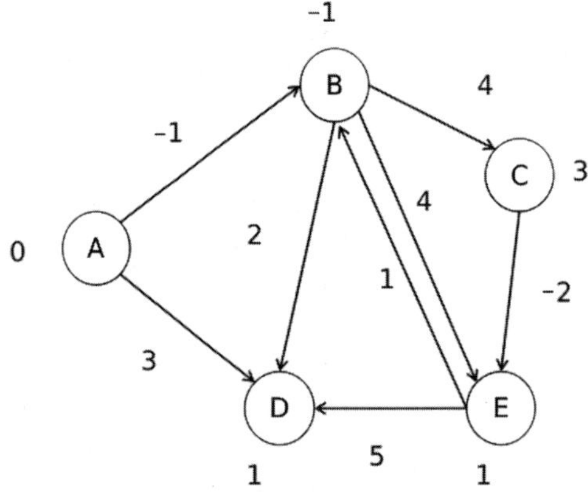

图 6-26　最终结果

从上述运算过程可知，贝尔曼 - 福特算法要遍历每一个节点，每次要对所有边进行松弛操作，所以时间复杂度为 $O(NE)$，N 为节点数，E 为边数；在空间上只需要 distance 来记录结果，因此空间复杂度为 $O(N)$。

下面用代码来描述上述过程。首先这是一个有权有向图，可以复用克鲁斯卡尔算法中的 GraphPower 类来表示。因此创建 GraphBellmanFord 继承 GraphPower 类，可以录入邻接列表，bellman_ford() 函数是算法的主程序，其中用一个列表 distance 记录每个节点到源节点的距离，用

print_result() 函数格式化输出结果。

```
class GraphBellmanFord(GraphPower):
    """ 贝尔曼 - 福特算法 """
    def print_result(self, dist):
        print(" 节点到源节点的距离：")
        for i in range(self.amount):
            print("{} \t {}".format(self.points[i], dist[i]))
    def bellman_ford(self, source):
        """ 主程序贝尔曼 - 福特算法求每个节点到源节点的最短路径，并且检查是否有负循环 """
        # 第一步：初始化参数，所有节点到源节点的距离为正无穷大
        distance= [float("Inf")]*self.amount        # float("Inf") 为正无穷大
        distance[source] = 0                        # 源节点本身距离为 0
        # 第二步 ： 进行 N-1 次的边松弛，找到节点到源节点的最短距离
        for i in range(self.amount - 1):
            for u, v, w in self.graph:
                # distance(a) +weight(ab)) < distance(b)，说明从 a 到 b 存在更短路径
                if distance[u] != float("Inf") and distance[u] + w < distance[v]:
                        distance[v] = distance[u] + w # 更新最短路径
        # 第三步 ： 检查是否存在负循环。在完成 3N-1 次松弛后，如果还可以松弛（找到更短
        # 路径），说明存在负循环
        for u, v, w in self.graph:
            if distance[u] != float("Inf") and distance[u] + w < distance[v]:
                    print(" 图包含负循环 ")
                    return
        self.print_result(distance) # 输出结果
```

以图 6-24 为例，进行程序测试。

```
g = GraphBellmanFord(['A','B','C','D','E']) # 初始化图，记录节点值
g.add_edge('A','B', -1)      # 添加边
g.add_edge('A','D', 3)
g.add_edge('B','D', 2)
g.add_edge('B','C', 4)
g.add_edge('B','E', 4)
g.add_edge('C','E', -2)
g.add_edge('E','B', 1)
g.add_edge('E','D', 5)
g.bellman_ford(0)            # 以节点 A 为源节点，计算节点的最短距离
#------------------ 结果 -----------------------
节点到源节点的距离：
A        0
B        -1
C        3
D        1
E        1
```

上述结果与手动计算出来的结果一致。如果修改节点 C 到节点 E 的值为 -8，即把第 7 行改为“g.add_edge(2, 4, -8)”，再运行一次，程序便能检查出负循环。大家可以多尝试其他例子，加深对算法的认识。

6.6 网络流的最大流问题

6.6.1 网络流

网络流 (Network-Flows) 是一种类比水流的解决问题方法，与线性规划密切相关。网络流的应用已遍及通信、运输、电力、工程规划、任务分派、设备更新及计算机辅助设计等众多领域。

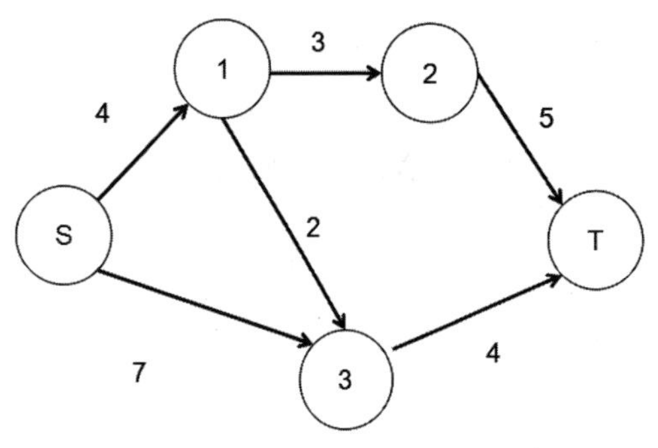

图 6-27　标准网络流图

标准网络流图如图 6-27 所示，其有以下特征。

（1）它是一个有向图。

（2）图中有唯一的一个源点（起点）S（入度为 0 的节点）。

（3）图中有唯一的一个汇聚点（终点）T（出度为 0 的节点）。

（4）图中每一条边的值都是非负数，其值为边可以通过的最大容量。

满足以上 4 个特征的图便可以称为网络流图。

注意：入度是指有向图的某个节点作为终点的次数和，出度是指有向图的某个节点作为起点的次数和。

6.6.2 最大流问题

最大流问题 (Maximum Flow Problem) 是网络流图中一种常见的问题，它是一种组合最优化问题，主要讨论如何充分利用装置的能力，使运输的流量最大，以取得最好的效果。结合图 6-27，最大流问题就是求从起点 S 到终点 T 的最大流量。

面对这个问题，大家可能想到了贪心算法，每一条边都尽量使用最大流量，那么结果会不会是最大流量呢？请看下面的例子，如图 6-28 所示。

首先要知道两个基本规定。

（1）每一条的流量 $f(e)$ 不超过其容量 $c(e)$。

（2）除了起点 S 和终点 T 外，流入量一定等于流出量。

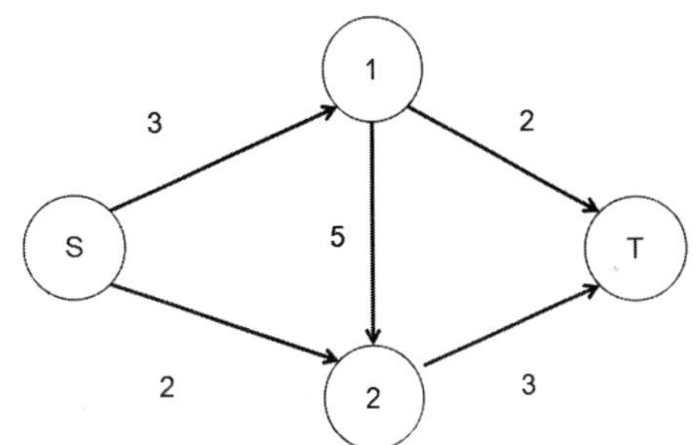

图 6-28　网络流

下面通过深度优先或者广度优先寻找一条从起点到终点的路径，如 S-1-2-T，每一条边的容量分别为“3,5,3”，所以此路径的最大流量为 3，如图 6-29 所示。

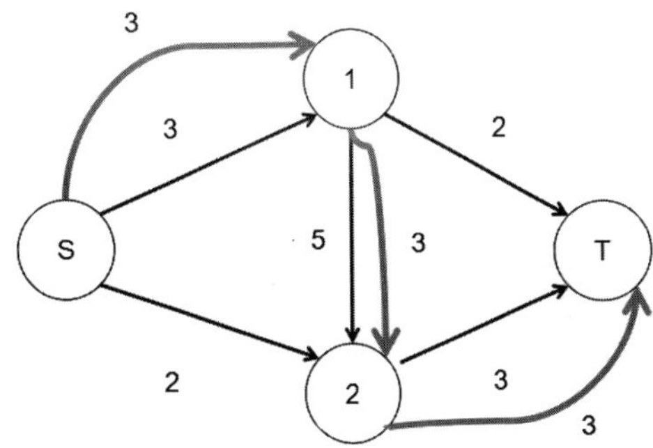

图 6-29　贪心算法求解

从图 6-29 得知，路径 S-1 和 2-T 都满负载了，而路径 S-2 和 1-T 没有路可以流通，那么此网络的最大流量就是 3 吗？会不会觉得浪费了两条零流量的路径？下面引入两个概念——残余容量（Residual Capacity）和残差图（Residual Graphs），定义如下。

```
R(e) = c(e) - f(e)
```

$R(e)$ 表示残余容量，为流过的路径建立反向边，此网络流图也可以称为残留网络，如图 6-30 所示。

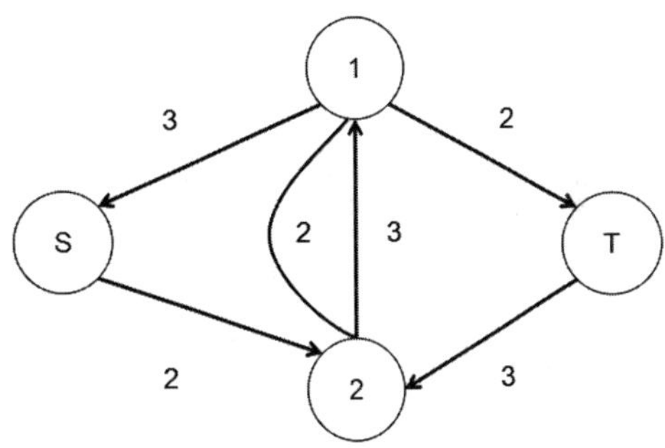

图 6-30　残留网络

网络流图还有一个规律，如图 6-29 所示，从 1 到 2 已经用了 3 个单位流量（f=3），那么正方向上残余容量为 2（$r=c-f=5-3=2$）；从反方向上看，残余容量为 3。可以这样理解，有多少流量就有多少残余容量。有了残留网络，便可发现一条新路径 S—2—1—T，此路径上每一条边的残余容量分别为“2,3,2”，因此最大流量为 2。此时再计算每条边上的流量 f，S—1、S—2、1—T、2—T 都比较简单，即它们的最大流量。1—2 方向上的正向流量是 3，反向流量是 2，因此 1—2 边上流量为 3-2=1，如图 6-31 所示。

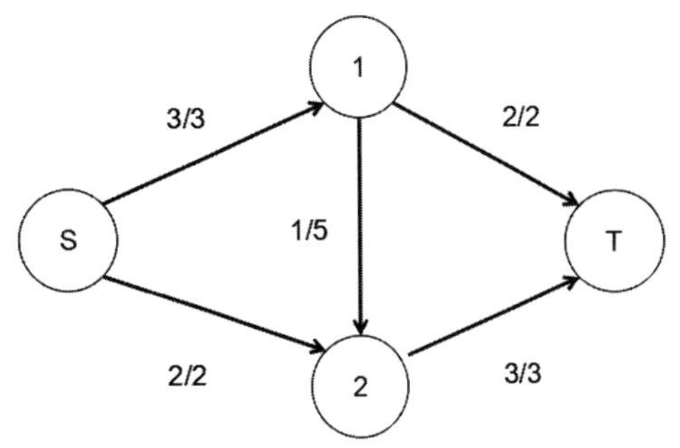

图 6-31　网络流的最大流结果

此网络流图的最大流量为 5，一共两条路径，这两条路径可以称为增广路径。例如，路径 S—2—1—T 中，S—1 和 1—T 是正向边，2—1 是反向边。从刚才的计算得知，正向边是增加流量，因此增加量不能让其流量大于其容量；反向边的流量则是减少流量，所以流量不能少于 0，否则方向就会改变。

在贪心算法中增加残差图概念便是福德 - 富克逊（Ford-Fulkerson）算法，其算法步骤如下。

（1）初始化最大流量 max_flow=0。

（2）从图中找一条增广路径 P，若存在则执行步骤（3）；若不存在则返回 max_flow，结束程序。

（3）在路径 P 上找到最小流量值的边，以此流量值为 P 路径流量 path_flow。

（4）max_flow=max_flow+path_flow。

（5）P 上的所有正向边残余容量减去 path_flow，反向边增加 path_flow。

（6）回到步骤（2）。

用此算法手动计算图 6-27 所示的例子，以此来熟悉算法的计算过程。首先初始化最大流量 max_flow 为 0，找到第一条增广路径 S—1—3—T，每条边的残余容量为“4,2,4”，那么此路径最大流量为 2，因此 max_flow=2，此时网络流图状态如图 6-32 所示。

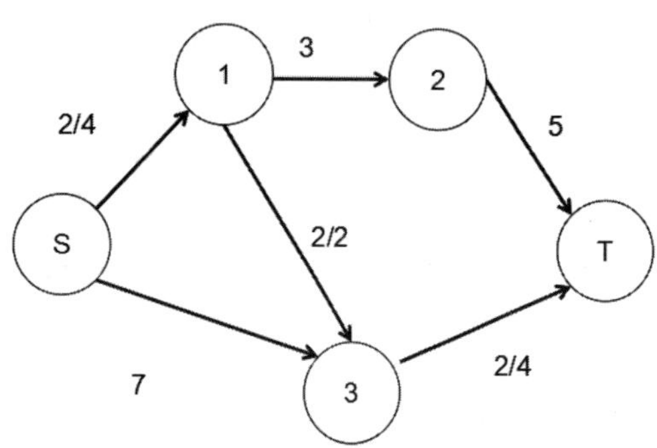

图 6-32　最大流问题（一）

同理，找到第二条增广路径 S—1—2—T，每条边的残余容量为“2,3,5”，此路径最大流量为 2，因此 max_flow=2+2=4，此时网络流图状态如图 6-33 所示。

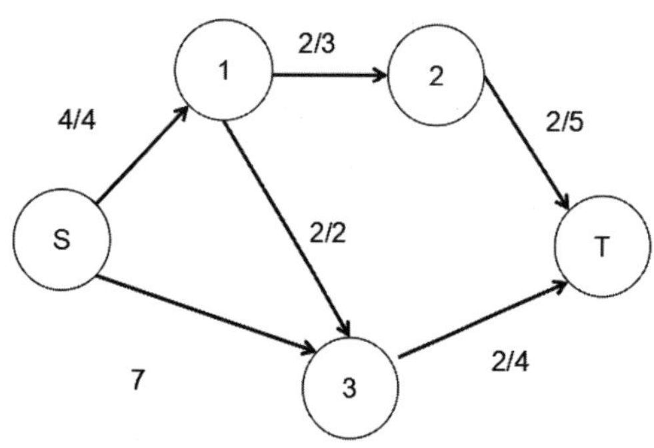

图 6-33　最大流问题（二）

继续寻找增广路径，为 S—3—T，每条边上的残余容量为“7,2”，那么此路径最大流量为 2，因此 max_flow=4+2=6。下一条增广路径为 S—3—1—2—T，每条边上的残余容量为“5,2,1,3”，那么此路径最大流量为 1，因此 max_flow=6+1=7，此时网络流图状态如图 6-34 所示。

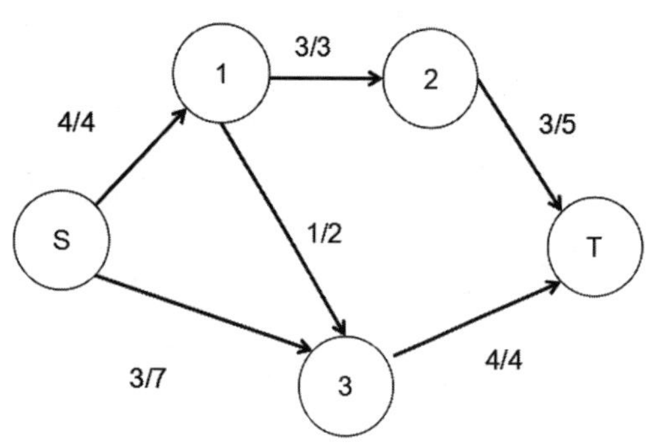

图 6-34　最大流问题（三）

注意：反向路径与正向路径计算残余流量的区别：如增广路径 S—3—1—2—T 中，边 3—1 是反向路径，因此残余容量为此时最大流量 2，而不是容量与最大流量差 0。

下面用代码描述此算法。首先需要用邻接矩阵表示网络流图，所以 GraphFordFulkerson 类将会复用 GraphArray 类进行图的输入。BFS() 函数是广度优先搜索，略有变化，返回路径规定了起点和终点。FordFulkerson() 函数则为算法主程序，通过计算每条增广路径的最大流量求得总的最大流量。程序如下。

```
class GraphFordFulkerson(GraphArray):
    def BFS(self, s, t, parent):
        """ 广度优先搜索 """
        visited =[False]*(self.amount)    # 初始化，所有节点都没有访问过
        queue=[] # 用队列结构来记录访问历史
        queue.append(s) # 首先访问起点 s
        visited[s] = True
        while len(queue) > 0:             # 当队列为空时，说明全部节点已经遍历完成
            current_point = queue.pop(0)  # 获取访问历史的队头为当前节点
            for ind, val in enumerate(self.graph[current_point]):
                # 逐一访问当前节点的所有关联点
                if visited[ind] == False and val > 0:
                    queue.append(ind)     # 如果没有访问，则添加到已访问队列中
                    visited[ind] = True   # 标记节点为已访问
                    parent[ind] = current_point # 记录遍历的路径链接
        return True if visited[t] else False    # 如果有路径能到终点 t，则返回 True
    def FordFulkerson(self, source, sink):
        # 福德 - 富克逊算法，计算从起点到终点的最大流问题
        parent = [-1]*(self.amount)       # 这个列表记录路径链接
        max_flow = 0 # 初始化最大总流量为 0
        while self.BFS(source, sink, parent):  # 通过 BFS 来寻找增广路径
            path_flow = float("Inf")      # 路径上的流量，初始化为无穷大
            s = sink
            while(s != source):
                # 寻找此增广路径上的最小流量
                path_flow = min(path_flow, self.graph[parent[s]][s])
                s = parent[s]
            max_flow += path_flow # 把此增广路径上的流量加到总流量上
            # 更新此增广路径上的残余容量
            v = sink
            while(v != source):
                u = parent[v]
                self.graph[u][v] -= path_flow  # 正向边减去路径流量
                self.graph[v][u] += path_flow  # 反向边加上路径流量
                v = parent[v]
        print(" 总的最大流量为：",max_flow)
        return max_flow
```

以图 6-28 为例进行输入，验证程序结果。

```
g = GraphFordFulkerson(['s','1','2','3','t'])
g.graph = [[0, 4, 0, 7, 0],
          [0, 0, 3, 2, 0],
```

```
        [0, 0, 0, 0, 5],
        [0, 0, 0, 0, 4],
        [0, 0, 0, 0, 0]]
source = 0 # 起点下标
sink = 4 # 终点下标
g.FordFulkerson(source, sink)
#------------------- 结果 ------------------------
总的最大流量为:  7
```

上述结果与手动计算的值一致。程序挑选的增广路径不一定都一样，有兴趣的读者可以把程序选择路径输出到屏幕上，这样能更清晰地展现算法的运算过程。

6.7 挑战：朋友圈扩列

“扩列”是网络流行语，在“00 后”中非常流行，意思是请求扩充好友列表，即想多交新朋友。扩列的一般方式是在 QQ 部落、百度贴吧、微博等网络平台上发“求扩列”帖子，但这样求加好友的方式太过简单，而且不能保证添加的好友质量。如果你是 QQ 技术人员，你能做什么改变，来满足大家扩列的需求呢？

或许大家都听过“六度分离”理论，这个理论是说，世界上任何两人之间最多通过六个人就能联系起来。根据该理论，我们可以产生一个大胆的想法，即分析所有 QQ 用户，看他们是不是可以连接在一起，如果不能连在一起，那么一共有多少个互相独立的圈子呢？有需要扩列的朋友，是不是可以考虑把他所在圈子的人都加为好友？或者提供一个方式，让大家查一下，他和某个人是否在同一个圈子中，能通过什么朋友帮忙介绍认识一下？添加这些便捷的查询工具，或许可以让扩列更加方便，也更加有趣。

1. 把背景剥离，找出问题核心，简化问题

这是一个综合问题，和实际工作比较接近。一般情况下，程序都不会只用到一个算法，因为要解决的问题中往往会包含许多小问题。因此，首要工作是把大问题分解成一个个小问题。题目中的第一个问题是，全部用户能分成多少个独立的圈子，换成图的术语就是有多少个连通子图；第二个问题是如何寻找两个人之间的人脉度。何为人脉度？如果 A 和 B 互为好友，那么 A 和 B 的人脉度就是 1；A 和 C 不认识，但 B 和 C 是好友，那么 A 和 C 的人脉度就是 2。转化为图的术语，求人脉度就是探索两个节点的连接，这时可以用深度优先搜索或者广度优先搜索来获取路径，并保存所有路径信息。

首先定义输入格式，如输入一个列表。

```
[[B, C], [A, C], [A, B], []]  # 位置对应为 [A,B,C,D]，第一个元素值 [B,C] 表示 A 与
                              # BC 两个点相连接，[] 代表没有连接的节点
```

如图 6-35 所示，列表中的每一个值代表此节点和列表中的节点是相连的（互为好友）。通过程序能够告诉大家此图有多少个连通子图，如果只有一个节点，也可以算是一个独立的圈子，因此本例中就有两个朋友圈子。如果想知道节点 A 和节点 C 的人脉关系，那么程序应该要输出节点 A 和节点 C 的人脉度为 1，并且给出两人的人脉连接信息 A—C。

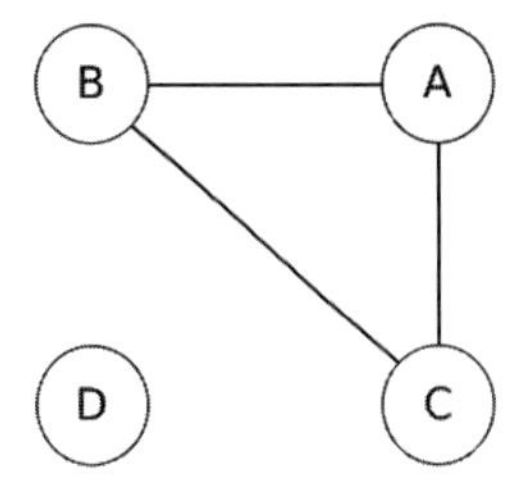

图 6-35　朋友圈扩列

2. 估算数据规模和算法复杂度

对于第一个问题，即探索图的连通子图，查找所有节点的邻接节点所需时间为 $O(E)$，访问所有节点的时间为 $O(N)$，总的时间复杂度为 $O(N+E)$；空间复杂度主要取决于递归深度，所以为 $O(N)$。

对于第二个问题，选用深度优先搜索，把所有人脉连接都找出来。在最坏情况下（每个人都互为好友），路径的数目是指数级上升的，路径总数量为 $N(N-1)$ 条，深度优先搜索一条路径需要的时间复杂度为 $O(N)$，因此总时间复杂度为 $O(N^3)$；对于空间复杂度，此算法在最坏情况下存储所有答案所需空间为 $O(N^2)$。

3. 动手写代码

首先定义图的输入，这里选择使用邻接矩阵，可以参照 GraphPower 类。由于这次是无权无向图，因此需要重新创建一个 GraphFriend 类；add_relation() 函数用于添加人脉关系，即节点间的连接情况。

```
class GraphFriend():
    def __init__(self, points):
        self.amount = len(points)  # 记录节点的总数
        self.points = points       # 记录节点位置和值的关系
        self.group = [[] for i in range(self.amount)]
                                   # 无向图，保存所有人的人脉关系
        self.groups = [] # 记录全部朋友圈子的情况
    def add_relation(self, u, v):
        # 添加朋友关系
        if u in self.points and v in self.points:
            index_u = self.points.index(u)
            index_v = self.points.index(v)
            self.group[index_u].append(index_v) # 无向图，两边互加
            self.group[index_v].append(index_u) # 无向图，两边互加
        else:
            print(" 录入数据有误 ")
```

首先处理第一个问题，用户群中存在多少个圈子，即寻找图中有多少个连通子图。这里不只寻找一个连通子图，而是把所有连通子图都找出来，并且保存起来。self.groups 用于记录所有连通子图的节点，它对第二个问题也有作用，它可以快速判断两个人是否在同一个圈子中。count_groups()

函数统计有多少个圈子的主程序，count_util() 函数则是用深度搜索递归寻找连通子图，这两个函数也放在 GraphFriend 类中。

```
def _count_util(self, v, visited):
    # 深度优先搜索发现朋友圈子
    visited[v] = True # 记录节点已经访问
    i = 0
    while i != len(self.group[v]): # 遍历所有的边
        if (not visited[self.group[v][i]]): # 访问所有能访问的节点
            self._count_util(self.group[v][i], visited)
        i += 1
    return
def count_groups(self):
    # 统计朋友圈子主程序
    visited = [0] * self.amount   # 初始化，所有节点未被访问
    has_group = [] # 保存已经归类的人
    for i in range(self.amount):
        if (visited[i] == False): # 如果一个节点没有被访问过，就开始一个朋友圈子
            self._count_util(i, visited)
            g = [] # 记录当前圈子的所有人
            for vi,val in enumerate(visited):
                if val: # 如果是 True，说明节点已经访问了
                    if vi in has_group:          # 如果此人已经归类了，跳过不处理
                        continue
                    else:
                        g.append(vi)             # 添加此人到这个圈子
                        has_group.append(vi)     # 保存为已归类的人
            self.groups.append(g)                # 保存圈子结果
    # 输出结果
    print(" 存在 %d 个朋友圈子 " % len(self.groups))
    print(" 每个圈子情况：")
    for i, group in enumerate(self.groups):
        print(" 第 %d 个圈子 :" % (i+1), "-".join([self.points[p] for p in group]))
```

第二个问题是求解两人之间的人脉度，并且给出他们的完整人脉连接。relation_degree() 函数是解决这个问题的主程序，这里可以用深度优先搜索来探索两人之间的所有路径；_count_degree() 函数用于来探索路径，并且用一个列表 result 来记录所有可行路径。

```
def _count_degree(self, person, person2, visited):
        visited[person2] = True            # 记录节点已经访问
        # 深度优先探索人脉度
        if person in self.group[person2]: # 如果在好友中，则返回人脉度
            return [[person2]]
        result = [] # 保存所有人脉路径
        for p in self.group[person2]:
```

```
            if not visited[p]:
                for path in self._count_degree(person, p, visited):
                    result.append([person2] + path)
        return result
def relation_degree(self, person1, person2):
    # 求出两人之间的人脉度。如果互相为好友，则为 1。多间隔一个朋友，则人脉度多加 1
    visited = [0] * self.amount # 初始化，所有节点未被访问
    if person1 not in self.points or person2 not in self.points:
        print(" 数据输入有误 ")    # 查看输入的节点是否存在，若不存在，结束程序
        return
    p1_index = self.points.index(person1)
    p2_index = self.points.index(person2)
    if p1_index == p2_index:     # 若是相同的一个人，也不参与运算，马上结束程序
        print(" 这是同一个人，请输入不同的两个人 ")
        return
    for group in self.groups:
        # 先查看两人是否在一个圈子中
        if p1_index in group and p2_index in group: # 在同一个圈子才有人脉路径
            visited[p1_index] = True       # 不需要寻找自己本身
            visited[p2_index] = True       # 不需要寻找自己本身
            for path in self._count_degree(p1_index, p2_index, visited):
                path.append(p1_index)      # 补充开始节点到结果中
                links = path[::-1]         # 翻转列表，让结果更容易理解
                print("{} 和 {} 的人脉为 {} 度 ".format(person1, person2, len(links)))
                print("-".join([self.points[p] for p in links]))
            break
    else:
        print("{} 和 {} 不在一个朋友圈子 ".format(person1, person2))
```

下面简单模拟用户数据，测试程序是否正常运行，如图 6-36 所示。

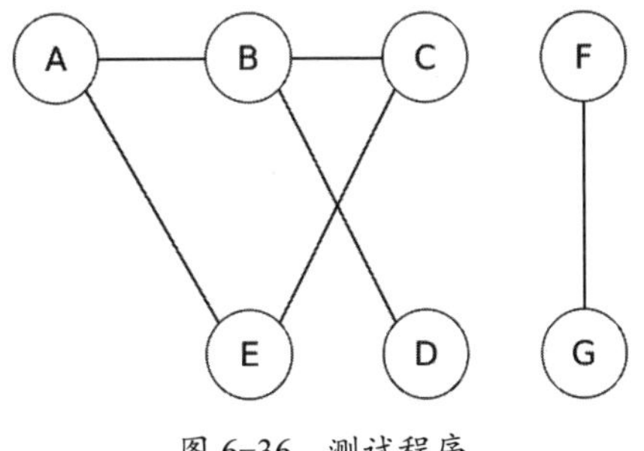

图 6-36　测试程序

```
g = GraphFriend(['A','B','C','D','E','F','G'])      #  初始化图
g.add_relation('A', 'B')                            # A 和 B 是朋友
g.add_relation('A', 'E')                            # A 和 E 是朋友
g.add_relation('B', 'C')
```

```
g.add_relation('B', 'D')
g.add_relation('C', 'E')
g.add_relation('F', 'G')
g.count_groups()                                    # 这群用户中有多少个群?
print('--------- 人脉探索 ---------------')
g.relation_degree('A', 'C')
print('---------E-D 人脉探索 ------------')
g.relation_degree('E', 'D')
print('---------G-E 人脉探索 ------------')
g.relation_degree('G', 'E')
# ------------------- 结果 --------------------
存在 2 个朋友圈子
每个圈子情况:
第 1 圈子 : A-B-C-D-E
第 2 圈子 : F-G
--------- 人脉探索 ---------------
A 和 C 的人脉为 3 度
A-B-C
A 和 C 的人脉为 3 度
A-E-C
---------E-D 人脉探索 ------------
E 和 D 的人脉为 4 度
E-A-B-D
E 和 D 的人脉为 4 度
E-C-B-D
---------G-E 人脉探索 ------------
G 和 E 不在一个朋友圈子
```

上述结果与图 6-36 一致，一共有两个连通子图，节点 A 和节点 C 有两条连接路径，节点 E 和节点 D 也有两条连接路径，路径上没有出现绕圈的情况。对于不在同一个圈子的节点，也能得到正确的提示，这些都符合预期。

6.8 挑战：最长人脉路径

继续 6.7 节的挑战，你开发的朋友圈扩列应用得到了非常好的反馈，但其在求解人脉路径上非常耗费计算机资源。于是，经过商议，决定不再开放计算两者人脉关系的功能，而是告诉用户其所在的圈子中最长的人脉度是多少，即告诉用户其所在圈子最多隔了多少个朋友就能认识所有人。

1. 把背景剥离，找出问题核心，简化问题

6.7 节的问题是求解任意两个人的人脉关系，即节点的所有路径。现在问题变成了求解圈子中的最大人脉度，即计算图里的最长路径。因此，可以遍历每个人，使用深度优先搜索来查找圈子里

其他人与这个人的最大人脉度，如果有好友没有访问，则递归调用深度优先搜索，然后记录其最大人脉度 max_length，后面若有更大的值就继续更新其值。

2. 估算数据规模和算法复杂度

总时间复杂度与 6.7 节中的算法相同，为 $O(N^3)$; 空间上不需要记录路径具体情况，因此空间复杂度取决于递归深度，最大深度为 N，故为 $O(N)$。

3. 动手写代码

因为这是 6.7 节问题的延续，所以创建 GraphDegree 类继承 GraphFriend 类; longest_degree() 函数是求解最长人脉度的主程序，仍然使用深度优先搜索; DFS() 函数结构和 _count_degree() 函数非常类似，只是递归返回的参数不同，_count_degree() 函数返回所有路径节点，而 DFS() 函数只需返回人脉度这一个数值，在程序中用 max_len 来记录结果。

```
class GraphDegree(GraphFriend):
    # 继承上面的类，添加计算最长人脉度的函数
    def DFS(self, src_person, prev_degree, max_len, visited):
        visited[src_person] = 1     # 标记为已访问
        curr_degree = 0             # 记录当前人脉度长短
        friend = None               # 好友，即邻接节点
        for p in self.group[src_person]:
                                    # 遍历所有好友
            if not visited[p]:      # 好友未被访问
                curr_degree = prev_degree + 1
                # 用深度优先搜索探索人脉度
                self.DFS(p, curr_degree, max_len, visited)
            # 对比，保存当前最长的人脉度
            if (max_len[0] < curr_degree):
                max_len[0] = curr_degree
            curr_degree = 0         # 重新初始化人脉度
    def longest_degree(self):
        # 求解最长人脉度主程序
        max_len = [- # 初始化结果
        for i in range(0, self.amount):
            visited = [False] * (self.amount)  # 初始化，所有好友未被访问
            self.DFS(i, 0, max_len, visited)   # 探索人脉路径
        return max_len[0]
```

注意：有读者可能会有疑问，结果只是一个数值，为什么要把 max_len 变成一个列表呢？这是 Python 传递参数的规则所致，列表属于可变变量，传递参数时相当于传入地址，所以在函数中改变其值，在函数外同样有效，因此 DFS() 函数没有返回值。若换成整型（int），DFS() 函数就需要添加 return 返回结果，否则在递归函数外就不能获得正确的结果。

以图 6-36 为例测试程序，输入是一样的。

```
g = GraphDegree(['A','B','C','D','E','F','G']) #  初始化图
g.add_relation('A', 'B') # A 和 B 是朋友
g.add_relation('A', 'E') # A 和 E 是朋友
g.add_relation('B', 'C')
g.add_relation('B', 'D')
g.add_relation('C', 'E')
g.add_relation('F', 'G')
print(g.longest_degree()) # 输出 4
```

通过观察图 6-36，也能发现最长路径为 D-B-C-E，所以最大人脉度为 4，结果是正确的。

6.9 总结

本章复习了图的数据类型，同时学习了图的一些常见算法。只要将原始问题转换为由图表示的内容，就可以用本章介绍的算法来解决。观察本章的例子，可以发现图擅长解决以下一般领域中的问题。

（1）广度优先搜索可以找到未加权的最短路径。

（2）深度优先搜索可以进行图探索。

（3）项目计划、任务排序可以用拓扑排序来解决。

（4）旅游、出差等路线规划可以用最短路径算法。

（5）路线管道规划可以用最小生成树来设计。

（6）公路设计、网络路由可以用最大流问题解决。

本章的例子综合运用了之前学过的算法知识，因此稍微难理解一些，读者可多阅读几次代码，尝试修改代码，输出代码运行过程中的状态，结合图表加深理解。

第 7 章是本书算法思想的总结，不专门讲解某一种类的算法，而是归纳本书中各种算法的共同特性，帮助大家发现总结算法中的规律。这些内容前面的章节已略有提及，如递归、贪心、分治等，第 7 章将会系统地为大家介绍。

第7章 算法思想归纳

前面已经介绍了很多算法，那么它们之间有没有什么共同的特点？当面对新问题时，该怎样选取合适的算法？本章将介绍一些常用算法的设计思路，希望大家能从中领悟出属于自己的一套解决问题的方法论。

本章主要涉及的知识点如下。

- 算法的概念：认识本书的几个基本算法概念，熟悉它们的特点。
- 递归和递推转换：懂得把递归算法和递推算法互相转换。
- 算法的适用场景：懂得结合实际情况选择合适的算法。
- 算法参数调优：懂得通过程序测试调优算法参数。

注意：本章内容不涉及算法证明，不对算法的正确性进行推理论证。

7.1 递推

3.7 节使用了递推算法来获得数列的第 n 项数值，当知道数列的规律后，递推算法就显得非常简单，本节即回顾和总结其思想。

7.1.1 定义

递推算法是一种简单的算法，即通过已知条件，利用特定关系得出中间推论，直至得到结果的算法。递推算法分为顺推法和逆推法两种。

7.1.2 顺推法

顺推法是指从已知条件出发，逐步推算出问题结果的方法。例如，前面讲述的斐波那契数列，可以通过顺推法根据前两项的数值递推出下一项的数值，因此只要知道 $F(0)=0$ 和 $F(1)=1$，以及数列的规律，当 n 不小于 2 时，$F(n)=F(n-1)+F(n-2)$，便能推导出数列中任意项的数值。

7.1.3 挑战：剑客的秘密

一名出色的剑客，其剑法必定又快又准，而其中的佼佼者就是江湖人称“剑圣”的他。剑圣的剑法独特，把快和准发挥到了极致，他总是能用极少次挥剑便把物品分成很多份。本小节一起观察他的挥剑训练，看能否找到他的剑法秘密。认真观察他的每一次挥剑并记录，如图 7-1 所示。

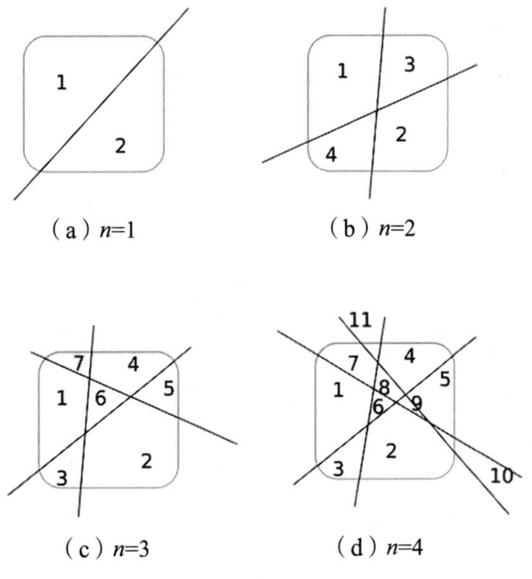

（a）n=1　（b）n=2　（c）n=3　（d）n=4

图 7-1　剑客的秘密

通过观察，剑法规律总结如下：任意两直线（剑轨迹）相交，任意三条直线不共点。请问能通过观察他的挥剑次数 n，推断出物体被分成了几份吗？

注意：这里把物体简化为平面来讨论，物体被分成几份，即平面被直线划分为多少个区间。

1. 把背景剥离，找出问题核心，简化问题。

首先把数据整理成表格，方便观察数据的变化，如表 7-1 所示。

表 7-1　分割平面记录

n	区域数量 $F(n)$	规律
0	1	
1	2	$F(0)+1$
2	4	$F(1)+2$
3	7	$F(2)+3$
4	11	$F(3)+4$

表 7-1 中，符合规定的 $n-1$ 条直线把这个平面分成了 $F(n-1)$ 个区域，再增加一条直线，就变成了 n 条直线，按照规定，这一条直线和 $n-1$ 条直线都有一个交点，并且与原来的交点不重合。这 $n-1$ 个交点把原来的每个区域一分为二，所以比原来增加了 n 个区域，因此递推公式便是 $F(n)=F(n-1)+n$。

2. 估算数据规模和算法复杂度

给出初始值 $F(0)=1$，求解任意项的值，只需要递推 $n-1$ 次便可，那么算法的时间复杂度为 $O(n)$；在求解过程中不需要额外的存储空间，因此空间复杂度为 $O(1)$。

3. 动手写代码

```
def secret(n):
    """ 剑客的秘密，输入挥剑次数 n，求解出分割平面的数量 """
    result = 1          # n=0，没有挥剑，平面为一整块
    step = 1
    while step <= n:
        result += step  # 每一次都在上一次的结果上累加
        step += 1       #  到下一步
    return result
# -------------- 测试 -------------------
for i in range(0, 10):
    print(secret(i), end=',')
# -------------- 结果 -------------------
1,2,4,7,11,16,22,29,37,46,
```

编写程序难度不大，关键是找到递推公式。通过递推公式，求解第 n 项数值只需要五行代码便可。下面测试程序是否符合要求，输出观察前 10 项的值，可以发现前 5 项都和表 7-1 一致。

7.1.4　逆推法

逆推法也称倒推法，指从已知结果出发，用迭代表达式逐步推算出问题开始的条件，即顺推法

的逆过程。本书的前面章节中没有例子用到这样的方法，但是在数学应用题中会常常用到逆推法来求解问题。例如，一个数扩大 2 倍后再增加 360，然后缩小 4 倍后再减去 10 得 58，求这个数。该问题便是在知道结果后，倒推这个数的初始值，因此逆向写出算式就能解答，结果如下：

```
((58+10)*4-360)/2=-44
```

7.1.5 挑战：骑士游历

在一个 $n \times m$ 的棋盘中（$2 \leqslant n \leqslant 50$，$2 \leqslant m \leqslant 50$），如图 7-2 所示，棋盘的左上角有一位骑士，他将在黑点（0,0）出发，到达棋盘上任意一点。

注意：坐标原点在左上方，这种情况下列表下标值与坐标位置一一对应。

骑士肯定会骑着马行走，象棋中马是走“日”字步，并且这个骑士只会一直向右走，绝不回头。因此他的行走模式只有 4 种，如图 7-3 所示。

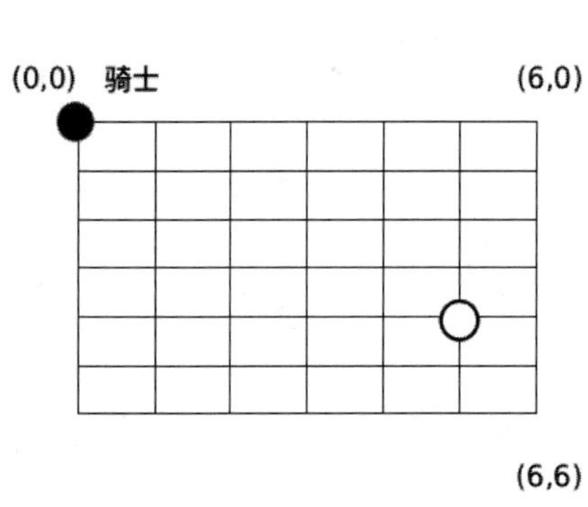

图 7-2 $n \times m$ 棋盘

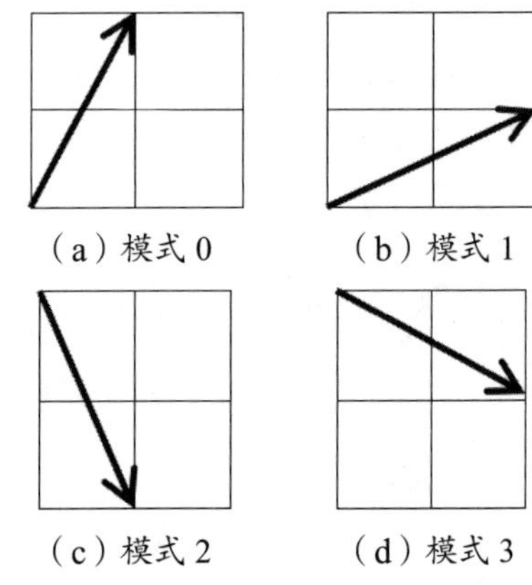

图 7-3 骑士的行走模式

若指定棋盘上的一个点，请问骑士是否能到达？若能到达该点，那么他的行走路线是什么？例如，输入 n=7，m=7，目的地为图 7-2 所示的白点（4,5）。

他的行走路径可以是多条，但这里只需输出一条即可，程序给出的答案如 (0,0) → (1,2) → (2,4) → (4,5)。

1. 把背景剥离，找出问题核心，简化问题

用列表表示棋盘，把坐标沿 y 轴镜像，骑士开始位置为坐标原点（0,0），向下是 x 轴的正方向，向右是 y 轴的正方向。用 model 记录每一种移动模式下坐标的 x 和 y 偏移量，得到表 7-2。

表 7-2 模式及偏移量

模式	偏移量 x	偏移量 y
0	1	−2
1	2	−1
2	1	2
3	2	1

现在知道了起点和终点，求行走路径。根据之前的经验，可以用深度优先搜索、广度优先搜索等算法探索路径，本小节换一个思路，用逆推法来解决问题。

从终点出发，逆推走来的路径。目的地坐标用 (dest_x,dest_y) 来表示，根据例子知道 dest_x=4，dest_y=5，对应坐标初始值为 (−1,−1)，其余坐标初始值为 (0,0)。那么哪些坐标位置能一步到达 (4,5) 呢？根据 model 的 4 种变化倒推上一步的坐标，如表 7-3 所示。

表 7-3 倒推坐标

模式	一步到达 (4,5) 的坐标	是否在棋盘上
0	(3,7)	否
1	(2,6)	是
2	(3,3)	是
3	(2,4)	是

通过表 7-3 可以知道，只要骑士能经过“(2,6), (2,4), (3,3)”这 3 个点，便能到达终点 (4,5)，因此把这三个坐标点的值改为（4,5），继续倒推这 3 个点的上一步，按照此方式一直到递推结束。这时检查骑士的开始位置是否还是（0,0），若不是，则必然存在可以到达终点的路径。只要获取坐标的值，它就会指引到下一个坐标，最后必然会到达终点坐标。

2. 估算数据规模和算法复杂度

根据递推算法的思路，需要遍历棋盘上的所有坐标，因此时间复杂度为 $O(n^2)$；在空间上需要一个 $n\times m$ 的数组储存下一步的坐标，所以空间复杂度同样为 $O(n^2)$。

3. 动手写代码

```
def knight_tour(n, m, dest_x, dest_y):
    map_arr = []                                # 记录坐标的值
    for i in range(m):                          # 初始化棋盘，所有点为 (0,0)
        map_arr.append([(0,0)]*n)
    model = [(2,1),(2,-1),(1,2),(1,-2)]         # 4 种模式的变化
    map_arr[dest_x][dest_y]=(-1,-1)             # 标记为终点
    print_tmp(map_arr) # 输出寻找路径的过程
    for i in range(n-1, 0 , -1):
        for j in range(m-1, 0, -1):
            if map_arr[i][j][0] != 0:
```

```
                for k in range(4):
                    if (n > i-model[k][0] >= 0 and m > j-model[k][1] >= 0):
                        # 判读坐标点是否在棋盘上，如果在，则记录其下一个位置
                        map_arr[i-model[k][0]][j-model[k][1]]= (i,j)
            print_tmp(map_arr)                   # 输出寻找路径的过程
        result = [] # 记录路径结果
        if map_arr[0][0] == (0,0):
            # 若骑士坐标上没有下一步坐标值，说明没有方法可以到达终点
            print(' 没有可行路径 ')
        else:
            x = 0
            y = 0
            result = [(0,0)]
            while map_arr[x][y] != (-1,-1):     # 没有到终点，继续寻找下一步坐标
                x, y = map_arr[x][y]             # 更新下一步坐标
                result.append((x,y))
        return result
    def print_tmp(arr):
        """ 输出棋盘当前情况 """
        for line in arr:
            for p in line:
                if p==(0,0): # 初始值
                    print('-', end=' ')
                elif p==(-1,-1): # 终点
                    print('O', end=' ')
                else: # 骑士可以走的点
                    print('x', end=' ')
            print()
        print('-----------------')
```

print_tmp() 函数只是辅助大家直观地看到程序寻找路径的过程，不使用也不会影响程序的结果。下面根据例子测试程序，参数为 n=7，m=7，dest_x=4，dest_y=5。

```
knight_tour(7,7,4,5)
```

结果输出比较长，故不全部展示，这里挑选几个关键的输出，查看程序运行的情况。

```
# --- 第一步找到的坐标 ----
- - - - - - -
- - - - - - -
- - - - x - x
- - - x - - -
- - - - - O -
- - - - - - -
- - - - - - -
# --- 第二步找到的坐标 ---
- - - - - - -
- - x - x - -
```

```
- x - - x x x
- - - x - - -
- - - - - 0 -
- - - - - - -
- - - - - - -
# --- 第三步找到的坐标 ---
x - x x x x x
- - x x x - x
- x - - x x x
- - - x - - -
- - - - - 0 -
- - - - - - -
- - - - - - -
# --- 最后结果输出 ----
[(0, 0), (1, 2), (2, 4), (4, 5)]
```

由上述结果可以看到，x 在终点处一步步扩散出去，最后把（0,0）也标记为 x，这说明骑士能够走到此终点，因为只需要返回一条路径。一个点或许能到达不同的地方，但只需要记录其中一个可行的方案即可。如果仔细观察输出，会发现程序即使找到了答案，仍然会继续遍历余下的坐标，感兴趣的读者可以优化此问题，提高算法的效率。

7.2 递归

本书很多地方都使用了递归思想，如 2.6 节树的遍历和 2.7 节图的遍历都含有递归思想。

7.2.1 定义

递归实际上属于函数调用的一种特殊情况（函数调用自身），它和递推都是归纳法中的应用。递归在计算机程序设计中非常重要，是许多高级算法实现的基础，如快速排序、深度优先搜索等都应用了递归思想来实现。

递归求解过程和递推类似，每一步结果都要用到前一步或前几步的结果来计算。但它的核心思想与递推完全不同，递归是将一个未知问题转换为一个已解决的问题来处理，将一个问题由难化易、由繁化简，然后递归调用函数或过程来解决问题。

以下程序是求解斐波那契数列，分别用递归和递推两种方式来表达，观察两者的区别。

```
def fibonacci_recu(n):
    """ 递归求解斐波那契数列 """
    if n <= 1:                    # 递归返回条件
```

```
        return n                # 递归返回值是一个正数
    else:
        # 目的是求解第 n 项的值
        return fibonacci_recu(n - 1) + fibonacci_recu(n - 2)
def fibonacci(n):
    """ 递推求解斐波那契数列 """
    if n <= 1:
        return n
    # 递推公式的初始值
    fn1 = 0
    fn2 = 1
    step = 2                    # 大于 1，递推公式才生效
    resutl = 0 # 记录结果
    while step <= n:            # 计算到第 n 项的值才退出循环
        result = fn1+fn2        # 从 n-1、n-2 两项推导出第 n 项的值
        fn1=fn2                 # 更新 n-2 项为 n-1 项
        fn2=result              # 更新 n-1 项为 n 项
        step += 1               # 下一项
    return result
```

比较两个函数，fibonacci_recu() 函数用递归思想来设计，fibonacci() 函数则用递推思想来设计。首先看到递归的标志性代码，即在函数最后一行调用自己；再对比两者的代码量，递归函数的代码更为简洁，整个函数只用了 4 行，而递推函数则用了 12 行。因此，递归算法的代码更简洁，而且结构清晰，符合人们的思维习惯；而在递推函数中需要处理变量的更新迭代，略显繁杂。在递归的过程中，系统用栈来存储每一层的返回点和局部量。如果递归次数过多，则容易造成栈溢出，从而使程序崩溃。例如，求解斐波那契数列时，需要重复计算多次相同的式子。如图 7-4 所示，其中 F(3) 计算了两次，F(2) 计算了三次。项数越大，需要重复计算的式子就越多，递归深度也会增加。

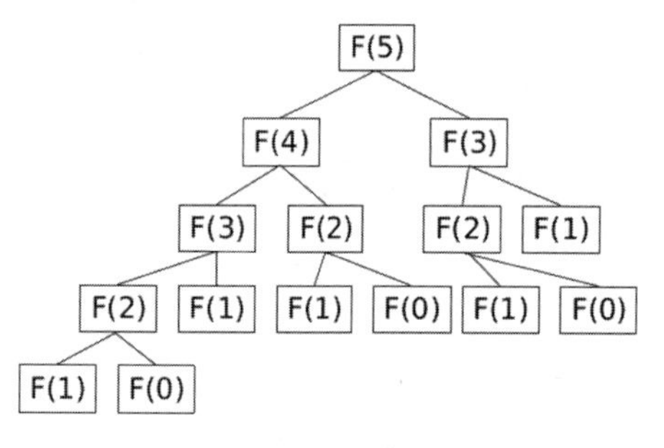

图 7-4　求解斐波那契数列

再看一个例子，在 7.1.3 小节“剑客的秘密”中可以提取出这样一个数学问题，即 *n* 条直线最多可以划分出多少个平面？前面已经归纳出了数列的规律，即 F(0)=1，F(1)=2，F(2)=4，F(3)=7，最后用递推方式来求解。下面用递归方式来解决该问题。

```
def secret_recu(n):
    """ 用递归方式求解剑客的秘密 """
    if n == 0: # 递归返回条件
        return(1) # 递归返回值是一个正整数
    # 目的是求解第 n 项的值
    return (secret_recu(n - 1) + n)
```

可以看到，使用递归函数后代码量明显缩减，从原来的六行变成了三行。整个函数如同数学公式一般，没有多余的处理。

7.2.2 挑战：八皇后问题

八皇后问题是一个算法经典题目，这里简单描述八皇后问题。国际象棋棋盘是 8×8 的方格，每个方格中放一个棋子。皇后是一种非常厉害的棋子，只有她可以攻击同一行、同一列或者斜线（左上、左下、右上、右下四个方向，后面用“/”和“\”符号表示斜线方向）上的棋子。如果在一个棋盘上放八个皇后，使她们互相之间不能攻击（即任意两两之间都不同行、不同列、不同斜线），求出所有布局方式。

1. 把背景剥离，找出问题核心，简化问题

首先找到递归的三个关键点。第一步查看递归返回条件，为八个皇后都放到棋盘上，并且没有冲突，这时可以返回八个皇后的位置坐标；第二步是明确递归的返回值，它是一个记录皇后坐标的列表；第三步确定递归目的，即帮助皇后们找到不能互相攻击的位置。

首先判断皇后之间不存在攻击的可能性，一个可行方案如图 7-5 所示。

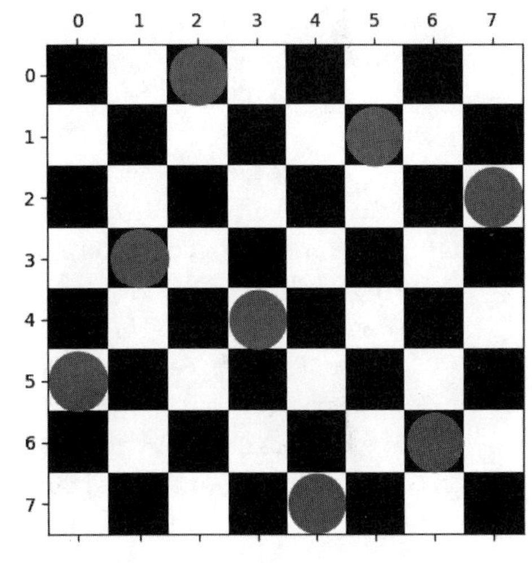

图 7-5 可行方案

用坐标 (x,y) 表示棋盘第 x 行、第 y 列的格子，观察它们的坐标数值特点，发现规律。使皇后不在同一列和同一行很简单，只要规定每一行只放一个皇后就可以避免同一行的情况，然后看皇后位置 y 是否相同就可以知道它们是否在同一列。选取皇后 (0,2)，她的“/”坐标为“(1,1),(2,0)”，坐标和都是 2；再看她的“\”坐标为“(1,3), (2,4), (3,5), (4,6), (5,7)”，坐标差都为 -2。由此可以知道，检验是否在同一“/”斜线上的位置，可以通过坐标之和是否相同来判断；同理，若在同一“\”，坐标之差也会相同。

递归算法就是在一行中的每一个位置都尝试放置皇后，每一次尝试都要检验是否与已放置的皇后有冲突，然后调用自身函数，带上这一轮结果继续放置下一行皇后，直到全部皇后放置完成，输出结果。

2. 估算数据规模和算法复杂度

从算法中知道每一行有一个皇后，她们都要遍历每一列才能把所有结果求出来，所以时间复杂度为 $O(n^2)$；因为已知每个皇后占据一行，所以只需要一个大小为 n 的一维数组来保存皇后的列位置，而且当程序找到可行解后马上输出结果，并没有将其保存，因此空间复杂度为 $O(n)$。

3. 动手写代码

```
class QueensQuestion(object):
    def __init__(self):
        self.result_count = 0
    def main_func(self, n):                    # 矩阵为 n 行 n 列
        """ 求解八皇后问题主函数 """
        self.result_count = 0                  # 初始化统计结果为 0
        self.position([-1] * n, 0, n)          # 皇后初始位置为 -1，代表未放置
    def is_valid(self, col, row):
        # 判断位置是否符合要求
        if len(set(col[:row + 1])) != len(col[:row + 1]):
            # 检查皇后的列是否有相同的，用 set() 函数寻找唯一值，若两者个数一样，说明
            # 没有相同数值在列表中
            return False
        for i in range(row):                # 检查对角线
            if i - col[i] == row - col[row]:
                # 检查“\”斜线，坐标差相同则表示在同一斜线上
                return False
            if i + col[i] == row + col[row]:
                # 检查 "/" 斜线，坐标和相同则表示在同一斜线上
                return False
        return True
    def position(self, col, row, n):
        # row 为当前行，col 为每一行皇后的位置，n 为总行数
        if row == n:  # 到最后一行，即所有皇后都安排好位置
            self.print_result(col, n)   # 输出结果
            return # 返回，不保留结果，结果已经输出到屏幕
        for row_position in range(n):
            col[row] = row_position      # 遍历皇后所在列的位置
            if self.is_valid(col, row): # 如果位置符合要求，设置下一个皇后位置
                self.position(col, row + 1, n)
    def print_result(self, col, n):
        """ 输出皇后在棋盘上的位置 """
        self.result_count += 1 # 统计可行结果
        print(col) # 输出每行皇后所在列
        # 输出棋盘上的皇后位置
        for row in range(n):
            for column in range(n):
                if col[row] == column: # 找到皇后所在列位置
                    print(" Q", end=' ')
                else:# 棋盘其他地方
                    print(" -", end=' ')
            print()
```

这里创建一个 QueensQuestion 类，main_func() 函数是主程序入口，用于定义皇后的初始位置；

然后调用 position() 递归函数求解所有皇后的合理位置，每设置一个皇后位置都需要调用 is_valid() 函数去判断位置是否满足要求，若满足要求则继续调用递归函数，直到所有皇后位置都确定；最后通过 print_result() 函数直观地在屏幕上输出她们在棋盘上的位置。下面看结果，由于结果太多，因此只挑选部分内容展示。

```
q = QueensQuestion() # 实例化对象
q.main_func(8) # 求解八个皇后的位置（ n可以是任意正整数）
q.result_count
# -------------结果-----------------
[0, 4, 7, 5, 2, 6, 1, 3]
 Q - - - - - - -
 - - - - Q - - -
 - - - - - - - Q
 - - - - - Q - -
 - - Q - - - - -
 - - - - - - Q -
 - Q - - - - - -
 - - - Q - - - -
[0, 5, 7, 2, 6, 3, 1, 4]
 Q - - - - - - -
 - - - - - Q - -
 - - - - - - - Q
 - - Q - - - - -
 - - - - - - Q -
 - - - Q - - - -
 - Q - - - - - -
 - - - - Q - - -
# 还有很多，不全部展示
[2, 5, 7, 1, 3, 0, 6, 4]
 - - Q - - - - -
 - - - - - Q - -
 - - - - - - - Q
 - Q - - - - - -
 - - - Q - - - -
 Q - - - - - - -
 - - - - - - Q -
 - - - - Q - - -
 # 还有很多，不全部展示
92
```

看最后答案数量，一共有 92 种情况可以让八个皇后互不攻击。从输出结果中也找到了图 7-5 所示的组合，完全符合预期。

递归思想非常符合人们日常处理事情的思维逻辑，通过一个有效的方法不断尝试，一步步逼近答案。设想，如果用递推方式来求解该问题，那会怎样呢？是不是放置一个皇后之后，就把同一列、同一行、同一斜线的格子状态改为不可用，然后继续放置，若发生冲突，就往回退一步，撤销刚才对上一个格子的操作，格子又变为可用？由此可知，使用递推方式时棋盘状态的转化非常麻烦。这并不是说使用递推方式不可以实现，只是相比之下递归更简洁，也更便于理解和实现。

7.3 分治算法

在生活中，当面临巨大的困难时，一些人总能静下心来，认真分析拆解困难，把一个大困难变成一个个小问题。这种解决问题的方法也适用于计算机算法，具体方法就是分治算法。在前面的章节中已经接触到了分治算法，例如 4.5 节的归并排序，4.6 节的快速排序，5.3.1 小节的二分查找等。本节来总结分治算法的特征和解题思路。

7.3.1 定义

分治算法的基本思想是，将一个规模为 N 的大问题分解为 K 个规模较小的子问题，这些子问题之间相互独立，也可以说子问题之间没有共同参数和问题。当子问题足够小时，就能直接求出解；将子问题的解合并在一起，就得到了原问题的解。

总而言之，分治算法一般有三个步骤。

（1）分解问题，将要解决的问题划分为规模较小的同类问题。

（2）求解问题，当子问题足够小时，解决的办法就会变得简单。

（3）合并结果，按原问题的要求，将子问题的解从下而上合并，构成原问题的解。

回顾 4.5 节的归并排序，找出其中的三个步骤。

（1）分解问题，将原始数列从中间分开，直到子序列中只有一个元素。

（2）求解问题，将只有一个元素的排序非常简单，就是它本身。

（3）合并结果，将相邻的子序列归并为一个有序序列，合并到只剩一个数列就是答案。

再来看 4.6 节的快速排序，分析此算法的三个步骤。

（1）分解问题，大问题是数列所有元素有序，分解为小问题就是使其中一部分序列有序，不断拆分数列，直到只有一个元素。

（2）求解问题，只有一个元素的序列必然有序；若多于一个元素，则比它大的元素在右边，比它小的元素在左边。

（3）合并结果，每次使一个元素有序，经过有限次交换，最终使整个序列有序。

回看上面两个算法的代码，会发现分治思想的算法也需要通过递归来实现，因为分治算法都是将大问题分解为小问题再求解，递归形式非常符合这样的算法设计。

7.3.2 挑战：小孩的作业真麻烦

小学数学作业中经常会有这样的题目：什么数相加等于 4？答案为 4=1+3、4=2+2、4=1+1+2、4=1+1+1+1。但小学生解题总是比较粗心，很容易就漏掉一些可能性。现在希望你能用程序来帮忙解决这个问题，让程序直接输出结果，再和作业对比，达到检查作业的目的。

1. 把背景剥离，找出问题核心，简化问题

这类问题称为整数划分问题，把正整数 n 分解为 m 个正整数的和，$n=n1+n2+\cdots+nk$，其中 $n1 \geqslant n2 \geqslant \cdots \geqslant nk>1$，$k>1$。用分治思想考虑问题，根据分治算法的三个步骤，分析如下。

（1）分解问题，假设 n 是要划分的数，m 是最大的加数，$n=4$，$m=3$ 分解成两类子问题，即有 m 的情况和没有 m 的情况；然后将有 m 的情况继续划分，分解成有 $m-1$ 的情况和没有 $m-1$ 的情况。以此类推，一直划分下去，直到 $m=1$。例如，题目中的例子 $n=4$，$m=3$，划分成的子问题包括有 3 和无 3、有 2 和无 2，无 2 情况就是只有 1（1 不可分解，0 不考虑）。

（2）求解问题：比如有 3 的情况有 1+3；没有 3 的情况分为有 2 和无 2，有 2 的情况有 1+1+2 和 2+2 两个解；无 2 则只有一种解，即 1+1+1+1，一共四种解决方案。每一次求解都把数拆分为两个数，然后继续把这两个数分解，直到无法分解。

（3）合并结果：合并结果看实际情况，若只需要知道有多少种分解情况，就统计一个数量；若需要知道分解结果，则用列表来保存组合情况。

2. 估算数据规模和算法复杂度

每一个数 n 的最大加数就是 $n-1$，因此每个数可以分解 $n-1$ 次；对于最大加数同样可以继续分解，所以总分解次数是 $n-1+n-2+\cdots+1$，即 $n(n-1)/2$，因此时间复杂度为 $O(n^2)$；如果要保存组合情况，那么空间复杂度同样为 $O(n^2)$。

3. 动手写代码

```
class HomeworkQuestion(object):
    """ 帮忙检查小孩作业 """
    def __init__(self, n, m=None):
        self.temp = []              # 作为栈记录一个结果
        self.result = []            # 把所有解存储起来
        self.n = n  # 需要拆解的数
        if m:
            self.m = m  # 也可以自定义最大加数
        else:
            self.m = n -1           # 最大加数值默认为 n-1
    def main_func(self):
        # 主函数入口
        self.formula_split(self.n, self.m)
    def formula_split(self, n, m):
```

```
        if m == 0:  # 不能再拆分，返回上一层
            return
        if n == 0:  # 分解结束，返回结果
            # 保存结果，直接保存会保持地址，后面 temp 的变化会引起结果的变化
            self.result.append(self.temp.copy())
            return
        if n < m: # n 比 m 小，使 m=n，等下一步递归结束
            m = n
        self.temp.append(m)             # 结果中加入 m，下面是包含 m 的情况
        self.formula_split(n-m, m)      # n-m 继续拆解
        self.temp.pop() # 从结果中移除 m，以下是不包含 m 的情况
        self.formula_split(n, m-1)      # 继续拆分 m-1
```

创建一个 HomeworkQuestion 类来处理这个问题，接收的第一个参数为 n，代表要分解的数，可选参数是 m，默认值是 $n-1$，result 保存所有组合。main_func() 函数是主函数，运行此函数便能得到结果。通过查看 result 的值，从而得知结果。下面测试程序。

```
q = HomeworkQuestion(4)
q.main_func()
print("一共有 %d 解" % len(q.result))
print(q.result)
# -------------- 结果 ------------------
一共有 4 解
[[3, 1], [2, 2], [2, 1, 1], [1, 1, 1, 1]]
```

首先查看分解的总数量，如果小学生的答案和计算机的答案数量一致，则没有问题；如果数量不对，再仔细看每一种分解情况，寻找哪个漏掉了。上述程序有一些不完善之处，即分解结果很抽象，和数学表达式不太一样。因此，可以在 HomeworkQuestion 类中添加一个 print_result() 函数，让它们以算术式形式输出。

```
def print_result(self):
        # 在屏幕上清晰地展示结果
        for r in self.result:
            print("{}={}".format(self.n, "+".join([str(i) for i in r])))
# --------- 测试 ---------------
q.print_result()
# ----------- 结果 --------------
4=3+1
4=2+2
4=2+1+1
4=1+1+1+1
```

7.4 动态规划

在递归算法和分治算法中，在拆分小问题递归求解的过程中会遇到很多重复求解的子问题，如图 7-4 所示的斐波那契数列递归求解，F(3) 计算了两次，F(2) 计算了三次。动态规划 (Dynamic Programming) 可以对这种情况进行优化，本节即介绍该算法的思想。

7.4.1 定义

动态规划是求解决策过程最优化的数学方法，在经济管理、生产调度、工程技术和最优控制等方面得到了广泛的应用，如 6.5 节的最短路径算法、6.6 节的网络流的最大流问题，都利用了动态规划思想。

动态规划的基本思想是将待求解问题分解成若干个子问题，先求解子问题，然后从这些子问题的解中得到原问题的解。动态规划与分治算法非常类似，但动态规划是保存已解决的子问题的答案，在需要时再找出已求得的答案，这样就可以避免大量的重复计算，节省时间。

7.4.2 重复子问题

当递归求解中出现大量重复子问题时，就可以考虑使用动态规划，把子问题的结果保存起来。保存子问题的解一般有两种方法，下面通过优化斐波那契数列递归问题来认识它们。

1. 查表法

查表法只需要对原来的代码稍做修改，即在求解问题之前，先查询列表是否已经计算过此问题。如果存在答案，直接返回该值；如果没有计算该问题，就把结果存放到列表中，以便以后重复使用。其具体代码如下：

```
class FibonacciDp(object):
    """ 用动态规划求解斐波那契数列 """
    def __init__(self, n):
        self.n = n # 返回数列长度
        self.result = [None] * (n+1)    # 初始化保存子问题解的列表
    def main_func(self):
        # 主函数，计算前 n 项的值并输出结果
        self.fibonacci(self.n)
        print(" 斐波那契数列前 %d 项的值是：" % self.n, self.result)
    def fibonacci(self, n):
        # 递归求解
        if n == 0 or n == 1:             # 第一项和第二项的值
            self.result[n] = n
        # 首先查表，若没有解再去求解，若有解直接返回
```

```
        if self.result[n] is None:
            self.result[n] = self.fibonacci(n-1) + self.fibonacci(n-2)
        return self.result[n]            # 存在解，直接返回
```

上述代码创建了一个 FibonacciDp 类来代表这个算法，实例化时，初始化 result 来保存已经计算过的项的值，调用 fibonacci() 递归函数求解每一项的值。在求解过程中首先查 result 列表，若没有解再去求解，若有解直接返回。main_funci() 函数只是一个程序入口，从该入口进入递归函数求解，最后把结果输出。下面验证程序是否符合要求。

```
f = FibonacciDp(8)
f.main_func()
# ----------- 结果 ---------------
斐波那契数列前 8 项的值是： [0, 1, 1, 2, 3, 5, 8, 13, 21]
```

结果符合预期。有兴趣的读者可以对比之前的程序，记录两者的运算时间，观察计算效率是否有明显提高。

2. 制表法

查表法基本沿用原来的递归函数，还是从上而下分解问题、求解问题的思路。现在换一种思路，把递归函数变成递推函数，先解决最底下的子问题，以从下到上的方式构建结果列表。仍以斐波那契数列为例，代码如下。

```
class FibonacciDp2(object):
    """ 用动态规划求解斐波那契数列 """
    def __init__(self, n):
        self.n = n # 返回数列长度
        self.fib = [0] * (n+1) # 初始化斐波那契数列
    def fibonacci(self):
        # 递推方式求解
        self.fib[1] = 1
        for i in range(2 , self.n+1):
            # 自下而上求解每一项的值
            self.fib[i] = self.fib[i-1] + self.fib[i-2]
        print(" 斐波那契数列前 %d 项的值是： " % self.n, self.fib)
```

同样创建一个 FibonacciDp2 类来代表这个算法，实例化时，初始化 fib 数列记录结果。主函数 fibonaccii() 是一个递推函数，自下而上求解每一项的值，最后输出前 *n* 项的每一个值。测试例子如下，输出结果与前面一致。

```
f = FibonacciDp2(8)
f.fibonacci()
# ----------- 结果 ---------------
斐波那契数列前 8 项的值是： [0, 1, 1, 2, 3, 5, 8, 13, 21]
```

当遇到需要重复计算子问题的情况时，就要想到用动态规划来解决。动态规划总是把子问题结

果保存起来，便于重复使用。下面介绍动态规划的第二个使用场景。

7.4.3 最优子结构性质

最优子结构性质也称为最优化原理，简而言之，如果可以通过使用子问题的最优解获得最终问题的最优解，那么这个问题就满足最优化原理，又称其具有最优子结构性质。其实在求解最短路径时已经接触到这个概念了，回顾 6.5.2 小节的贝尔曼 - 福特算法。

从图 6-24 中可以观察到，节点 B 位于从源节点 A 到目标节点 E 的最短路径中，则从 A 到 E 的最短路径是从 A 到 B 的最短路径和从 B 到 E 的最短路径的组合。

如果想求最长路径，也可以利用动态规划吗？如图 7-6 所示，从 1 到 4 的最长路径是 1—2—4 或者 1—3—4，那么这个最长路径是不是 1 到 3 的最长路径加上 3 到 4 的最长路径和呢？答案显然不是，从 1 到 3 的最长路径是 1—2—4—3，从 3 到 4 的最长路径是 3—1—2—4，因此不能用动态规划求解最长路径问题。

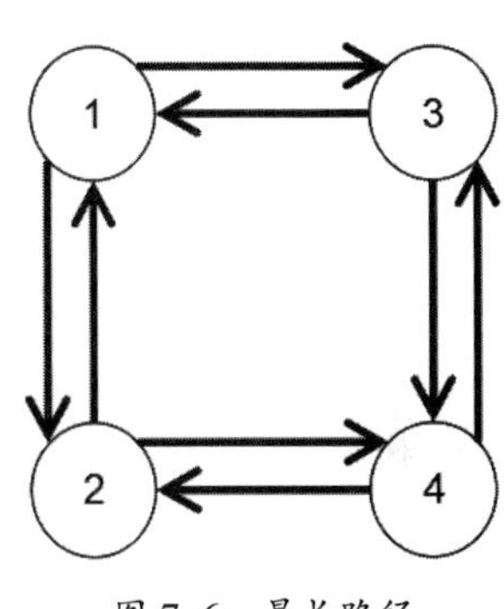

图 7-6 最长路径

7.4.4 挑战：荒野求生

你参加了一档真人秀节目，需要到一个荒岛上生活一周。出发前节目组给你一个大背包，最大承重量为 40kg；然后提供了一些物品让你挑选，有罐头食物、火柴、小刀等。节目组为了方便你做出选择，把物品的编号、质量、价值列了出来，如表 7-4 所示。

表 7-4 物品列表

物品编号	1	2	3	4	5
质量（kg）	5	8	10	15	20
价值（元）	10	30	60	85	100

你想在规定质量的情况下尽可能使装下的行李价值最大，并且每一件行李只能选择要或者不要，不能拆分。而你在短时间内很难做出正确的判断，因此你想借助程序来快速做出决策。

1. 把背景剥离，找出问题核心，简化问题

一个简单的解决方案是穷举法，考虑所有物品的组合情况，并计算它们的总质量和价值。仅考虑总质量小于 40kg 的情况，从中挑选最大价值的。如果物品数量不多，这未尝不是一个好方法，简单快捷，唯一不好的地方就是效率太低。既然在学习动态规划，那么就应该想一想该问题是否符合最优子结构性质，下面一起来推算。

每个物品只有两种情况，第一种是放进背包中，第二种是不放进背包中。因此，从 n 个物品中获取最大值只有两种情况。

（1）不放入第 n 个物品，通过 n−1 个物品和当前 W 总质量获得最大价值，用 dp(n,W)=dp(n−1,W) 表示。

（2）放入第 n 个物品，总价值分为两部分，第一部分是第 n 个物品的价值 v，第二部分是 n−1 个物品在总质量 W 减去第 n 个物品的质量 w 后的最大价值，表示为 dp(n,W)=dp(n−1,W−w)+v。若第 n 个物品的质量大于 W，则只能选择第一种情况。

注意：dp(n,W) 表示前 n 个物品，总质量不超过 W kg，且价值最大的情况。

子问题分解完成后，通过一个例子验证此算法。假设物品有 3 个，质量都是 1kg，价值分别为 10 元、20 元、30 元，背包可以承受的总质量是 2kg，递归分解过程如图 7−7 所示。

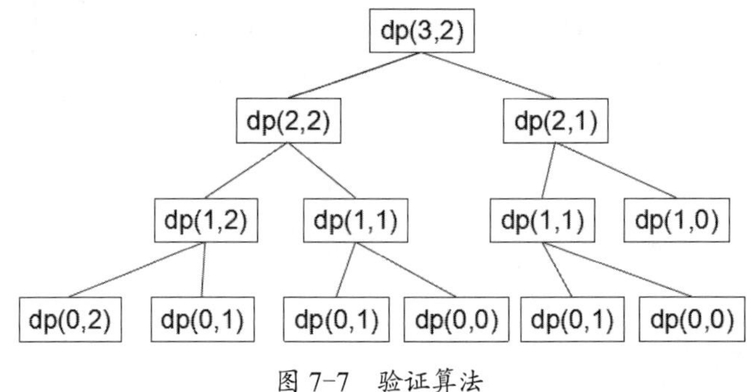

图 7−7　验证算法

注意：对于任意 n、W，dp(n,0)=dp(0,W)=0。没有物品在背包中，或者背包可以承受的质量为 0，当然没有任何价值。

同时，图 7−7 中也存在重复子问题，因此可以通过保存子问题的解来优化算法，最终求解过程如表 7−5 所示。

表 7−5　求解过程

价值（元）	质量（kg）	编号	最大承受质量 W（kg）		
			W=0	W=1	W=2
0	0	0	0	0	0
10	1	1	0	10	10
20	1	2	0	20	30
30	1	3	0	30	50

2. 估算数据规模和算法复杂度

如果只是用普通的递归算法，每一个物品有两种情况，那么时间复杂度为 $O(2^n)$。若使用动态规划，则可用列表保存子问题的解，避免重复计算。最优解如表 7−5 所示，那么时间复杂度可以降

为 $O(nW)$。对应空间来说，nW 数组保存子问题结果，因此空间复杂度为 $O(nW)$。

3. 动手写代码

首先用分治算法编写递归函数来求解，代码如下：

```
def backpack_recu(W , w , v , n):
    """ 用分治算法编写递归函数，求解背包最大价值 """
    if n == 0 or W == 0 : # 递归退出条件：没有物品，或者承重最大值 W 为 0
        return 0 # 都是返回 0
    # 分解问题
    if (w[n-1] > W):
        # 若第 n 件物品的质量大于 W，只能选择第一种情况，不放入第 n 个物品
        return backpack_recu(W , w , v , n-1)
    else:
        # 比较放入第 n 个物品和不放入第 n 个物品的价值
        v1 = v[n-1] + backpack_recu(W-w[n-1], w , v , n-1) # 放入第 n 个物品
        v2 = backpack_recu(W , w , v , n-1) # 不放入第 n 个物品
        return max(v1,v2) # 合并结果，取最大价值
```

通过代码可以看到，递归函数 backpack_recu() 的结构非常清晰，并且代码简洁。暂时不验证程序，下面用动态规划思路来求解问题，最后再一起进行测试验证。

```
def backpack_dp(W, w, v, n):
    """ 使用动态规划来解决问题 """
    # 初始化数组 dp，保存子问题的解
    dp = [[0 for wi in range(W + 1)]
          for i in range(n + 1)]
    for i in range(n + 1):
        for wi in range(W + 1):
            # 没有物品，或者承重最大值 W 为 0
            if i == 0 or wi == 0:
                dp[i][wi] = 0              # 最大价值为 0
            elif w[i - 1] <= wi:
                # 比较放入第 n 个物品和不放入第 n 个物品的价值
                v1 = v[i - 1] + dp[i - 1][wi - w[i - 1]] # 放入第 n 个物品
                v2 = dp[i - 1][wi]         # 不放入第 n 个物品
                dp[i][wi] = max(v1,v2)     # 取最大价值
            else:
                # 若第 n 件物品的质量大于 W，只能选择第一种情况，不放入第 n 个物品
                dp[i][wi] = dp[i - 1][wi]
    res = dp[n][W] # 最大值必然在这里
    print(" 动态规划求解结果，背包在最大负重 {}kg 的情况下，能装下的最大价值为 {}".format(W,
res))
    wt = W # 避免改变输入，用 wt 表示最大承受质量
    includ_pack = [] # 记录放进背包的物品
```

```
    for i in range(n, 0, -1):
        if res <= 0: # 如果最大价值为 0，则已经找到所有结果，可退出循环
            break
        # 根据分析，若结果来自 v[i - 1] + dp[i - 1][wi - w[i - 1]]，则必定包含此物品
        # 反之，来自 dp[i - 1][wi]，则不包含此物品
        if res == dp[i - 1][wt]:
            continue
        else:
            includ_pack.append(w[i - 1]) # 包含此物品
            # 求解的逆过程
            res = res - v[i - 1]  # 去掉该物品的价值
            wt = wt - w[i - 1] # 去掉该物品的质量
    # 输出解决方案
    for val in includ_pack:
        item_id = w.index(val)
        print(" 放入编号 {} 物品 ,\t 质量为 {}kg,\t 价值为 {}".format(item_id+1, val,
v[item_id]))
```

backpack_dp() 函数使用动态规划算法，利用从下而上的制表法记录子问题的解，然后通过逆过程找到放进背包的物品。首先验证两个函数是否正确，根据表 7-4 初始化物品信息。

```
val = [10,30,60,85,100] # 物品价值
wt = [5,8,10,15,20] # 物品质量
W = 40 # 背包最大负重
n = len(val) # 物品数量
print(" 分治算法求得最大价值为：",backpack_recu(W, wt, val, n)) # 分治算法求解
backpack_dp(W, wt, val, n) # 动态规划求解
# ----------- 结果 ---------------
分治算法求得最大价值为： 195
动态规划求解结果，背包在最大负重 40kg 的情况下 , 能装下的最大价值为 195
放入编号 5 物品 ,          质量为 20kg,          价值为 100
放入编号 4 物品 ,          质量为 15kg,          价值为 85
放入编号 1 物品 ,          质量为 5kg,           价值为 10
```

两者结果一致，backpack_dp() 函数还输出了放进背包的物品信息。

然后比较两个函数的效率，首先对 backpack_dp() 函数略做修改，程序只运行到第 19 行就已经求解出最大价值，等价于 backpack_recu() 函数的结果；第 19 行之后的代码是为了输出放进背包的物品信息，在比较时可以将其变成注释。以下是测试程序的部分代码。

```
import time
from random import randint
def backpack_recu(W , w , v , n):
   # 与前面所示一样，这里省略
def backpack_dp(W, w, v, n):
```

```
    # 与前面所示一样，只到第 19 行，这里省略
if __name__ == '__main__':
    for n in range(5, 24):  # 测试 n 从 5 到 23
        val = []
        wt = []
        W = n * 40 # 背包质量与物品数量成正比提升
        for i in range(n):
            val.append(randint(5, 300))    # 随机产生物品的价值
            wt.append(randint(1,80))       # 随机产生物品的质量
        start = time.clock()               # 记录程序开始时间
        r1 = backpack_dp(W, wt, val, n)
        t1 = time.clock() - start          # 求解程序运行时间
        start = time.clock()
        r2 = backpack_recu(W, wt, val, n)
        t2 = time.clock() - start
        print("n={},W={}".format(n, W))
        print(" 动态规划结果：{}，用时：{}".format(r1,t1))
        print(" 分治结果：{}，用时：{}".format(r2,t2))
```

测试程序通过比较不同情况下两种算法求解过程所需时间来反映其算法效率，结果输出如下：

```
n=5,W=200
动态规划结果：871，用时：0.002902373911968988
分治结果：871，用时：0.00012151381583349686
n=6,W=240
动态规划结果：1327，用时：0.0035448371612237925
分治结果：1327，用时：0.00013670304281268326
n=7,W=280
动态规划结果：988，用时：0.00414132220989295
分治结果：988，用时：0.00047168707565097175
n=8,W=320
动态规划结果：1072，用时：0.0067756267916616875
分治结果：1072，用时：0.0009507635049674917
n=9,W=360
动态规划结果：1374，用时：0.009818398423276135
分治结果：1374，用时：0.001887569341900059
n=10,W=400
动态规划结果：1150，用时：0.013311510108841074
分治结果：1150，用时：0.0036667614967053758
n=11,W=440
动态规划结果：1915，用时：0.013755692368070283
分治结果：1915，用时：0.006341707523634638
n=12,W=480
动态规划结果：1857，用时：0.019671691016639598
分治结果：1857，用时：0.014293062587415029
n=13,W=520
```

```
动态规划结果：1911，用时：0.019774320928661118
分治结果：1911，用时：0.02749126927338434
n=14,W=560
动态规划结果：1830，用时：0.021390536783176234
分治结果：1830，用时：0.06272986534545022
n=15,W=600
动态规划结果：2065，用时：0.03001103887333703
分治结果：2065，用时：0.1150649626817114
n=16,W=640
动态规划结果：1932，用时：0.030432642551921463
分治结果：1932，用时：0.2060644425533173
n=17,W=680
动态规划结果：2176，用时：0.025140223248794946
分治结果：2176，用时：0.34305813327684587
n=18,W=720
动态规划结果：2901，用时：0.02674289195492341
分治结果：2901，用时：0.6913257608879047
n=19,W=760
动态规划结果：2928，用时：0.034181918497892205
分治结果：2928，用时：1.3252555382179423
n=20,W=800
动态规划结果：2683，用时：0.035931142718387044
分治结果：2683，用时：2.8183512135166056
n=21,W=840
动态规划结果：3307，用时：0.035604369078511056
分治结果：3307，用时：4.28769299041806
n=22,W=880
动态规划结果：3074，用时：0.03460967997119724
分治结果：3074，用时：7.179915162009525
n=23,W=920
动态规划结果：3146，用时：0.02984026269973228
分治结果：3146，用时：14.266627995715815
```

从结果来看，两者总是一致的。从用时来看，当 n 比较小时，分治算法的用时比动态规划算法要少，原因是动态规划需要初始化一个数组来保存子问题结果；当 n 和 W 都比较小时，动态规划的优势没有体现出来，所以用时比分治算法要多；当 n 和 W 越来越大时，动态规划的优势慢慢体现出来了，用时的上升速度没有分治算法快。当 n 大于 12 时，动态规划用时开始比分治算法少，而且差距越来越大；当 n 大于 20 时，动态规划用时基本不变，而分治算法用时继续成倍增加。

7.4.5 总结

通过前面几个例子，大家应该已经对动态规划思想有了一定了解，本小节简单归纳用动态规划求解问题的步骤。

1. 识别问题，确认是否可以使用动态规划算法

通常情况下，求解最大值或最小值问题，或者在一定条件下的计数问题或概率问题，都可以通过动态编程来解决。所有动态规划问题都满足重复子问题属性，大部分情况下也满足最优子结构性质。只要在问题中观察到以上属性，便能使用动态规划来求解。

2. 定义状态

动态规划问题就是求解状态的变化，状态的变化取决于怎样定义状态。状态可以用一组参数来定义，它可以唯一地标识问题中的某个状态或位置。这组参数应尽可能小，以减少状态空间。例如，7.4.4 小节的挑战中，通过两个参数物品编号 *i* 和最大承重 *wi* 定义状态，即 dp[*i*][*wi*]。在程序中，dp[*i*][*wi*] 表示从 0 到背包最大承重为索引可以取得的最大价值，因此物品编号 *i* 和最大承重 *wi* 可以作为唯一标识子问题。

3. 状态转移关系

这是解决动态规划问题最难的部分，需要通过大量的训练来培养直觉，要善于观察，大胆假设，细心求证。正如某些数列递推公式一样，要找到它们的规律有时不是一件容易的事情。更何况在现实问题中，事物的关系更加复杂，要找到它们的联系和规律就更不容易了。

4. 记录子问题的解

这是最为简单的一步，唯一标识已经确定，只需要在求解子问题后直接保存，然后在有需要时通过标识将其找出来即可。

回顾 7.3.2 小节的挑战题目，能否用动态规划来解决呢？通过之前的分析，我们已经知道该问题的核心是求解整数分解，它满足重复子问题属性，并且具有最优子结构性质。一个整数 n 的分解问题，可以划分为包含分割数 m，用 $dp(n-m,m)$ 表示，以及不包含分割数 m，用 $dp(n,m-1)$ 表示。因此，可以用 n 和 m 来定义状态，dp[*n*][*m*] 代表唯一标识，那么也可以作为一个二维数组保存子问题的解。最后需要确定边界条件和状态转移关系，根据 formula_split() 递归函数结束条件和结果合并关系，重新整理，得到以下关系。

（1）当 $n=0$ 时，代表整数被分解结束，$dp(0,m)=1$，返回 1，代表有一个解。

（2）当 $m=0$ 时，不存在这样的解，$dp(m,0)=0$。

（3）当 $n>m>1$ 时，$dp(n,m)=dp(n-m,m)+dp(n,m-1)$，这是一般情况下的问题拆分。

（4）当 $n<m$ 时，$dp(n,m)=dp(n,n)$。因为大于 n 的 m 根本不能拆分此整数，所以 m 最大值只能等于 n。

（5）当 $n=m$ 时，$dp(n,m)=1+dp(n,m-1)$。因为根据第一种关系可推导出 $dp(n,m)=dp(n-m,m)+dp(n,m-1)=dp(0,m)+dp(n,m-1)=1+dp(n,m-1)$。

（6）当 $n=0$，$m=0$ 时，$dp(0,0)=1$，这是一种特殊情况，即 0 可以由 0 组成。

确定了最关键的状态转移关系后，即可编写代码。

```
def homework_dp(N, M=None):
    """ 用动态规划求整数 n 的分割形式有多少种 """
```

```
    if not M:                              # 默认最大分割数为 N-1
        M = N - 1
    elif M > N:                            # 最大分割数为 N
        M = N
    # 初始化二维数据，记录子问题解
    dp=[[0 for i in range(N + 1)] for j in range(N + 1)]
    for n in range(0, N + 1):
        for m in range(0, N + 1):
            if n==0 and m==0:              # 关系 6
                dp[n][m] = 1
                continue
            if n==0:                       # 关系 1
                dp[n][m] = 1
                continue
            if m==0:                       # 关系 2
                dp[n][m] = 0
                continue
            if n < m:                      # 关系 4
                dp[n][m] = dp[n][n]
            elif n == m:                   # 关系 5
                dp[n][m] = 1 + dp[n][m-1]
            else:                          # 关系 3
                dp[n][m] = dp[n-m][m] + dp[n][m-1]
    print(dp[N][M])                        # 输出最终结果
```

运行两个程序，观察结果是否一致。

```
n = 10
homework_dp(n) # 动态规划算法
q = HomeworkQuestion(n)                 # 分治算法
q.main_func()
print(len(q.result))
# ----------- 结果 ---------------
41
41
```

第一个结果是通过 homework_dp() 函数使用动态规划算法求解的，得到的结果是 41（第 7 行输出），此结果与 q.result 的结果数量（第 8 行输出）一样。

注意： 在分解包含 0 的情况下，动态规划的结果是数组最后一个值，那么上面的代码应该返回 dp[N][N]，这是最大分割数 $m=n$ 的情况。由于题目默认为不包含 $m=n$ 的情况，因此返回结果为 dp[N][M]，M 默认值是 $N-1$，与题目保持一致。

7.5 贪心算法

在计算机算法中，不考虑长远利益，只按照当前形势做出判断的算法，称为贪心算法。

7.5.1 定义

贪心算法也称贪婪算法（Greedy Algorithm），它在求解问题时只寻找当前看来是最好的结果。这种算法不会从整体上考虑最优解，仅仅进行某种意义上的局部最优求解。6.3 节的最小生成树中已经使用过贪心算法，其思路就是从最小权重的边开始尝试找到循环图，若能形成循环图就退出程序。

从上面的例子可以看出，贪心算法的思路是从问题的某一个初始解出发（最小权重的边），逐步靠近给定的目标（循环图），以便尽快找到最优解；当到达算法中的某一步不能再继续前进时 (或者已经达到目的)，就停止算法，给出一个近似解。从贪心算法的特点和思路可以看出，贪心算法存在一些缺陷，即它不能保证最后的解是最优的。因为贪心算法不从总体上考虑其他可能情况，每次只选取局部最优解，不进行回溯处理，所以很少情况下能得到最优解，只能求解满足某些约束条件的可行解。

7.5.2 挑战：埃及分数

在古埃及的文献中已经有了分数的概念，但是他们只使用分子为 1 的分数，也称单位分数。他们把所有分数都用单位分数来表示，如 2/3=1/2+1/6、6/14=1/3+1/11+1/231。

假如你有 11 个苹果，现在要分给 3 个小朋友，小轩拿 1/2，小倩拿 1/4，小花拿 1/6。若不能把苹果切开，请问应该怎样分配？ 1/2 的苹果是 5.5 个，若不能分开，则无法分配。这时，邻居送给你 1 个苹果，现在你手上有 12 个苹果，一切问题都迎刃而解了。小轩拿 6 个苹果，小倩拿 3 个苹果，小花拿 2 个苹果，最后还剩 1 个苹果在你手上。看到这里，读者可能会有疑惑，刚才是什么问题把自己难住了？

再看看上面的数字，如果用数学去表达刚才的故事，就是 11/12=1/2+1/4+1/6。可见，奇妙的埃及分数解决了这个问题。那么是不是所有分数都能用埃及分数表示呢？请写一个程序进行判断，输出一个分数的埃及分数表示形式。

1. 把背景剥离，找出问题核心，简化问题

题目为用埃及分数表示一个分数，这里选择使用贪心算法完成这个挑战。给定一个分数 n/d，并且 $d>n$，首先找到最大可能的单位分数，然后减去此单位分数后继续递归寻找其余部分的最大单位分数。例如 6/14，最大单位分数是 14/6 向下取整的值，故为 3，那么第一个单位分数是 1/3；然后递归寻找 6/14−1/3=4/42，结果如表 7-6 所示。

表 7-6　寻找最大单位分数的过程

分数	最大单位分数	剩余部分
6/14	1/3	4/42
4/42	1/11	1/231
1/231	1/231	0

从表 7-6 中可以看到，递归调用过程中剩余部分不断减少，分子为 0 即为递归结束条件。把每次递归过程求解出来的最大单位分数保存起来，就是想要的结果。

2. 估算数据规模和算法复杂度

回顾刚才的求解过程，发现最后剩余部分的分子越来越少，所以认为时间复杂度为 $O(n)$，与给定分数的分子 n 为线性关系；同样，需要空间保存答案，能分解的单位分数个数也和 n 为线性关系，因此空间复杂度也为 $O(n)$。

3. 动手写代码

```
import math
def egyptian_fraction(n, d):
    print("用埃及分数表示 {}/{} =".format(n, d), end = " ")
    result = []                         # 保存埃及分数的分母，分子都是 1，不用保存
    while n != 0:                       # 剩余部分为 0，表示已经得到全部答案
        x = math.ceil(d / n)            # 相除，向上取整，如 2.3 则取 3
        result.append(x)                # 保存埃及分数的分母
        # 求解剩余部分的分子和分母
        n = x * n - d
        d = d * x
    # 输出结果
    for i, di in enumerate(result):
        if i != len(result) - 1:
            print(" 1/{} +" .format(di), end = " ")
        else: # 最后一个
            print(" 1/{}".format(di))
```

只要确定了贪心算法策略，程序就会变得很简单，没有回溯比较过程，每一次计算都会向目标靠近一步。egyptian_fraction() 函数的核心部分只用 5 行代码（第 5~10 行）就完整地表达了算法的意图。下面来测试代码。

```
egyptian_fraction(6, 14)
# 用埃及分数表示 6/14 = 1/3 + 1/11 + 1/231
egyptian_fraction(11, 12)
# 用埃及分数表示 11/12 = 1/2 + 1/3 + 1/12
```

输出的结果 11/12 和故事中的结果 1/2+1/4+1/6 不一样，但也满足条件。因此，贪心算法只是求出一个可行解，不会考虑是否有其他解的情况。

7.5.3 挑战：超级收银员

续表

假如你是一个超市的收银员，顾客购买了57元的商品，然后给了你一张100元。你打开收银盒，里面有20元、10元、5元、1元，在打开收银盒的一瞬间你脑袋里面就要计算，顾客给100元，实收57元，应该找给顾客43元，43=20+20+1+1+1。然而收银盒里只有一张20元，这时候你的脑袋高速运转，得到另外的解，43=20+10+10+1+1+1。一天下来，计算量还是很大的。所以老板想减轻收银员的工作负担，提议在收银机上添加一个程序，在找零钱的时候给出方案，使找零钱的数量最少（也就是能给一张20元，就不要给2张10元），这样既能减轻收银员的工作负担，也能减少出错的概率。

1. 把背景剥离，找出问题核心，简化问题

程序的主要功能是用给定的数字表示一个整数，如设定零钱种类为20、10、5、1，暂时不考虑零钱的数量，默认数量都非常充足。找零数量为整数，如例子中是43，最后要求用最少的数量表示这个整数。根据以上规定，应怎样设计这个问题的贪心算法呢？要用最少的数量去表示这个整数，那么应该尽量选择数值大的，因此优先挑选20，然后剩余部分继续递归求解，计算过程如表7-7所示。

表7-7 找零钱的计算过程

找零数值	最大面值货币	剩余部分
43	20	23
23	20	3
3	1	2
2	1	1
1	1	0

从表7-7中可以看到，递归调用过程中剩余部分不断减少，直到剩余部分为0，即递归结束条件。把每次递归过程求解出来的最大面值货币保存起来，便是想要的结果。

2. 估算数据规模和算法复杂度

在极端情况下，找零数值为n，找零钱都用1，即循环n次，所以时间复杂度为$O(n)$；同样情况下，程序循环n次，代表递归深度为n，保存答案所需空间与n为线性关系，故空间复杂度也为$O(n)$。

3. 动手写代码

```
def super_cashier(n, money):
    print(" 找零钱 {} 元需要用到: ".format(n))
    # 初始化结果，找零使用每一种货币的数量，默认数量为 0
    result = dict(zip(money, [0]*len(money)))
    i_money = 0
```

```
    while n !=0:              # 剩余部分为 0，表示已经得到全部答案
        if n - money[i_money] >=0:
            n = n - money[i_money]
            # 记录此货币需要的数量增加 1
            result[money[i_money]] += 1
        else:
            i_money += 1     # 换下一种货币
    # 输出结果
    for key, val in result.items():
        if val > 0: # 只输出用的货币
            print("{} 元 {} 张 ".format(key, val))
```

这个贪心策略非常简单，从最大面值的货币开始，看是否能用来找零，若不可以再找下一种货币，因为有货币 1 元，所以在不考虑货币数量的情况下总能找到答案，程序非常简洁。这也是贪心算法的特点，即可以简单高效地解决问题。下面测试程序是否满足要求。

```
super_cashier(43, [20,10,5,1])
# ------------- 结果 ------------
找零钱 43 元需要用到：
20 元 2 张
1 元 3 张
super_cashier(36, [20,10,5,1])
# ------------- 结果 ------------
找零钱 36 元需要用到：
20 元 1 张
10 元 1 张
5 元 1 张
1 元 1 张
```

结果完全符合预期。

7.5.4 总结

通过前面两个挑战题目，大家应该已经熟悉了贪心算法的解题思路，其大致思路如下。

（1）从问题的某一初始解出发。例如找零钱，就从最大面值的货币去尝试。

（2）进入循环，确定总目标达成条件。在两个挑战题目中，目标达成条件都是剩余数值为零。

（3）根据当前条件，求出可行解的一个子问题解。例如，埃及分数题目中，每次求解都是当前剩余数值的最大单位分母。

（4）由所有子问题的解组合成问题的一个可行解。例如，埃及分数的可行解就是一个列表，记录了单位分数的分母；在找零钱的题目中，可行解是找零钱的每种货币使用的数量值。

能否用贪心算法重新设计 7.4.4 小节的程序呢？下面根据贪心算法的解题思路分析该问题。

（1）从问题的某一初始解出发，即应该挑选一些单位价值高的物品。

（2）退出循环的条件很明确，即背包放不下其他物品了。

（3）根据目前的条件，从单位价值高的物品开始，尝试将其放入背包，如果能放下就标记要这个物品，然后用背包负重减去该物品质量。

（4）通过数组标记已放进背包的物品，循环结束后，该数组便是可行解。

通过上述分析，代码实现如下：

```
def backpack_greedy(W , w , v , n):
    items = [] # 初始化物品信息
    for i in range(n):
        item = {
            "id": i+1,                  # 物品编号
            'weight': w[i],             # 质量
            'value': v[i],              # 价值
            'v/w': v[i]/w[i],           # 主要是求解单位质量的价值
        }
        # 按照单位质量的价值由大到小排序
        if len(items) == 0:             # 若列表为空，直接添加进去
            items.append(item)
        else:
            insert_i = 0                # 找到合适的位置插入
            while insert_i<len(items):
                if items[insert_i]['v/w'] <= item['v/w']:
                    break
                else:
                    insert_i += 1
            items.insert(insert_i, item)
    print(" 贪心算法求解结果 ")
    total_val = 0                       # 放进背包的物品总价值
    for item in items:                  # 遍历所有物品看是否能放下
        if W - item['weight'] >= 0: # 如果能放下
            W = W - item['weight'] # 背包的最大负重减去该物品质量
            total_val += item['value']    # 总价值添加此物品价值
            # 输出添加物品的信息
            print(" 放入编号 {} 物品，质量为 {}，价值为 {}".format(
                item["id"],
                item["weight"],
                item["value"]
            ))
    return total_val # 返回结果
```

程序主要有两部分，第一部分是把物品按照单位质量价值排序；第二部分是根据贪心算法，从单位质量价值最高的物品开始尝试，将其放入背包，最后统计放入背包的物品总价值。把 backpack_dp() 函数放在一起测试，比较它们的结果。

```
val = [10,20,30] # 物品价值
wt = [5,12,20]   # 物品质量
W = 20 # 背包最大负重
n = len(val) # 物品数量
backpack_dp(W, wt, val, n) # 动态规划求解
print(" 贪心算法求得最大价值为：", backpack_greedy(W, wt, val, n)) # 贪心算法求解
# ----------- 结果 -----------------
动态规划求解结果，背包在最大负重为 20kg 的情况下，能装下的最大价值为 30
放入编号 2 物品，          质量为 12kg,           价值为 20
放入编号 1 物品，          质量为 5kg, 价值为 10
贪心算法求解结果
放入编号 1 物品，质量为 5，价值为 10
放入编号 2 物品，质量为 12，价值为 20
贪心算法求得最大价值为： 30
```

观察上面这个例子，它们给出的结果是一致的。

```
val = [10,30,60,85,100]             # 物品价值
wt = [5,8,10,15,20]                 # 物品质量
W = 40 # 背包最大负重
n = len(val) # 物品数量
backpack_dp(W, wt, val, n)          # 动态规划求解
print(" 贪心算法求得最大价值为：", backpack_greedy(W, wt, val, n)) # 贪心算法求解
# ----------- 结果 -----------------
动态规划求解结果，背包在最大负重为 40kg 的情况下，能装下的最大价值为 195
放入编号 5 物品，          质量为 20kg,           价值为 100
放入编号 4 物品，          质量为 15kg,           价值为 85
放入编号 1 物品，          质量为 5kg, 价值为 10
贪心算法求解结果
放入编号 3 物品，质量为 10，价值为 60
放入编号 4 物品，质量为 15，价值为 85
放入编号 2 物品，质量为 8，价值为 30
放入编号 1 物品，质量为 5，价值为 10
贪心算法求得最大价值为： 185
```

贪心算法得到的最大价值比动态规划的最大价值要少，最重要的原因是其没有把背包的质量用完，贪心算法只装了 38kg 的物品，虽然物品 3 的单位质量价值很高，比物品 5 还高，但也未能弥补浪费空间的损失。由此可知，贪心算法不能用于求解最大值和最小值问题，它只是提供了满足一定条件的一个可行解而已。

7.6 穷举法

穷举法（Method of Exhaustion）是最笨的方法，但也是一种非常有效的方法。3.5 节的顽皮的管理员，以及 3.6 节的完全数、水仙花数等问题就使用了穷举法，即在有限范围内把每一个数都尝试一次。

7.6.1 定义

穷举法又称穷举搜索法，是面对一个问题时，对所有可能的解穷举搜索，并根据条件选择最优解的方法的总称，在数学上也把穷举法称为枚举法。

使用穷举法解决问题，就是利用计算机运算速度快和准确性高的特性，对要解决的问题的所有情况都逐个排查，从而找到合适的答案。此算法的基本步骤如下。

（1）确定何为问题的解、解的空间范围有多大，以及正确解的判定条件。

（2）枚举所有可能的解，检验是否是正确解。

例如，3.6.2 小节的找水仙花数问题就是用穷举法来解决的。根据算法思路，把所有条件都找出来。

（1）解是一个正整数。

（2）解的空间范围是所有三位数的正整数。

（3）判定条件是它的每一位上的数字的 3 次幂之和等于它本身。

有了这些条件后，就遍历所有三位数的正整数，即 100~999。由此可见，穷举法的解题步骤相对固定，一般情况下，如图 7-8 所示。

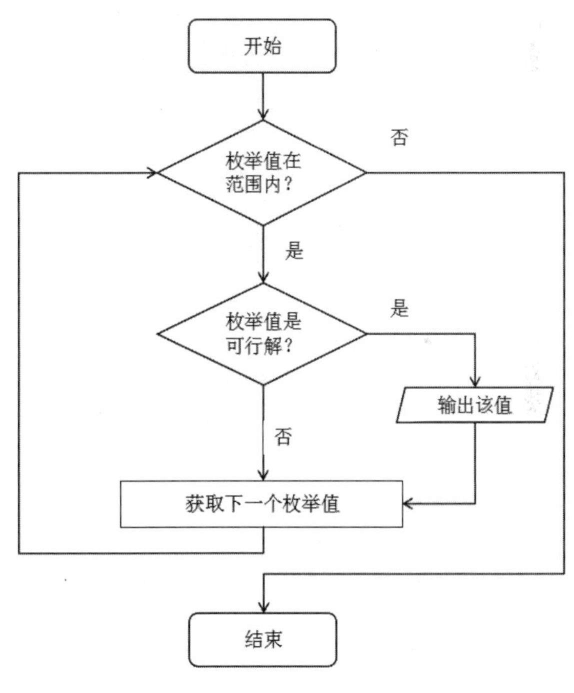

图 7-8　穷举法的解题步骤

7.6.2 挑战：韩信点兵

韩信是著名的军事家。相传他带 1500 名士兵打仗，虽胜利归来，但也损失了四五百人。他集合队伍，3 人站一排，多出 2 人；5 人站一排，多出 4 人；7 人站一排，多出 6 人。韩信马上就知道了现在还有多少士兵。那么，韩信麾下究竟还有多少士兵呢？

1. 把背景剥离，找出问题核心，简化问题

韩信一共带了 1500 名士兵，因此可以穷举每一个可能，看哪个人数符合上述描述的情况即可。该法尝试次数为 1500，对于计算机来说完全没有问题。

2. 估算数据规模和算法复杂度

穷举的时间复杂度就是枚举的范围，因此为 $O(n)$；遇到结果马上输出，不需要额外空间保存结果，所以空间复杂度为 $O(1)$。

3. 动手写代码

```
def count_soldier():
    """ 穷举法求解 """
    total = 0
    while total <=1500: # 枚举范围
        # 可行解条件：3 人一排，多 2 人；5 人一排，多 4 人；7 人一排，多 6 人
        if (total % 3 == 2) and (total % 5 == 4) and (total % 7 == 6):
            print(" 士兵人数 ",total)
        total += 1
# ----------- 运行程序 ---------
count_soldier()
# ----------- 结果 ---------
士兵人数 104
士兵人数 209
士兵人数 314
士兵人数 419
士兵人数 524
士兵人数 629
士兵人数 734
士兵人数 839
士兵人数 944
士兵人数 1049
士兵人数 1154
士兵人数 1259
士兵人数 1364
士兵人数 1469
```

输出了多个结果，那么怎样知道哪个结果正确呢？仔细阅读题目，可以发现题目中还有一个前提条件，即损失人数为四五百，所以进一步收窄穷举范围，人数应该在 1000~1100 人，因此可知结果为 1049 人。

7.6.3 剪枝策略

穷举法也称为盲目搜索算法，广度优先搜索和深度优先搜索都属于盲目搜索算法，这些算法思

想也可以称为朴素的穷举想法。面对枚举范围比较小的情况，这样的算法没有太大问题，但一旦范围变大，盲目搜索的低效率缺点就会凸显出来。这时可以选择剪枝策略。

在盲目搜索时，如果有一些状态节点可以根据问题提供的信息明确地被判定为不可能演化出最优解，那么从此节点开始遍历得到的子树可能会存在正确的解，但其肯定不是最优解，因此可以跳过此状态节点的遍历，这将极大地提高算法的执行效率，这就是剪枝策略。

回顾 7.2.2 小节的挑战题目八皇后问题，若用穷举法来求解八皇后问题，则八个皇后应该有 16777216（8^8）种摆放方式。但从结果来看，实际符合要求的放置方式只有 92 种。根据题目要求，可以不用尝试全部可能出现的方式，如第一行放了一个皇后之后，此行肯定不会再有皇后，所以可以跳过两个皇后同一行的状态。同理，第一列放了皇后，那么这一列也不能再放皇后，这样便可提前终止穷举，跳过此状态节点的遍历，由此可以减少尝试 262144（8^6）种情况。应用剪枝策略的难点在于如何找到一个评价方法（估值函数）对状态节点进行评估，如八皇后估值函数为 is_valid() 函数。不同的问题都有特定的评价方法，它们也依附在特定的搜索算法中，如游戏算法（博弈算法）中常用的极大极小值算法（Minimax）和 Alpha-beta 剪枝算法，都依附着相应的剪枝算法。

7.6.4　极大极小值算法

极大极小值算法是一种回溯算法，用于决策和博弈，前提是你和对手都是理智的人，都会在当前条件下找到最佳结果。

博弈游戏最自然的想法就是选择最有利于自己的选项，让自己的利益最大化，同时逼迫对手选择最糟糕的（利益最小化）选项。用博弈决策树来表示决策过程，如图 7-9 所示。

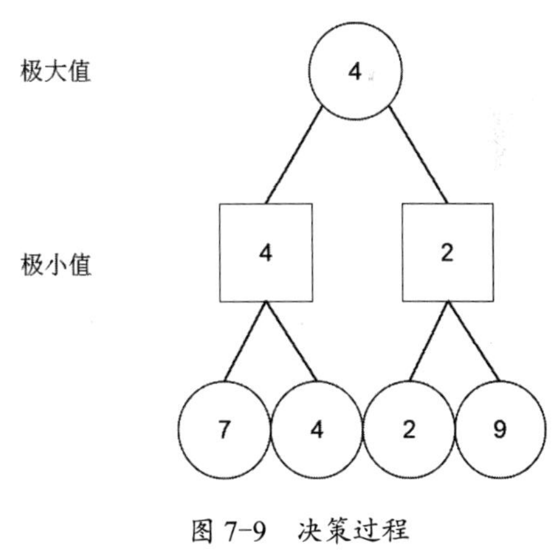

图 7-9　决策过程

假设圆圈是你的选择，你必然会挑选当前的最大值；正方形是对手的选择，必然会让你拿到当前的最小值。因此，图 7-9 中左子树的决策是从 7 和 4 之间挑选最小值，即为 4；同理，右子树挑选 2。然后到你选择，即从 4 和 2 中挑选最大值，故选择 4，决策向左子树方向进行。从图 7-9 中能直观地得到答案，下面用代码描述该决策过程。

```
import math
class MinMaxAlgo(object):
    def __init__(self, scores):
        self.scores = scores
        # 根据完全二叉树性质求决策树深度，也是算法的递归最大深度
        self.max_depth = math.log(len(scores), 2)
```

```
    def main_func(self):
        # 程序主函数
        print("最终决策：", self.minimax(0, 0, True))
    def minimax(self, current_depth, node_index, is_max_turn):
        # 递归结束条件：到达决策最大深度
        if current_depth == self.max_depth:
            return self.scores[node_index]
        if is_max_turn: # 我方行动，获取最大值
            # 从下层返回的值中挑选最大值
            return max(
               self.minimax(current_depth + 1, node_index * 2, False),     # 左节点
               self.minimax(current_depth + 1, node_index * 2 + 1, False) # 右节点
           )
       else: # 对方行动，从下层返回的值中挑选最小值
           return min(
               self.minimax(current_depth + 1, node_index * 2, True),
               self.minimax(current_depth + 1, node_index * 2 + 1, True)
           )
```

创建 MinMaxAlgo 类，模拟极大极小值算法求解过程，实例化时输入 scores 作为博弈最终获取的价值，它们是完全二叉树的叶子，所以通过求叶子数量的以 2 为底的对数，就可以知道完全二叉树的深度，也是回溯深度。main_func() 函数是主程序，用于进入递归函数 minimax()，即在二叉树根节点入口获取极大值，如图 7-9 中的第一层圆形结点 4，所以初始化参数为“0,0,True”，第一个 0 表示当前二叉树深度为 0，第二个 0 表示节点下标从 0 开始，第三个参数“True”表示需要求解极大值，若为“False”即为求解极小值。根据图 7-9 的数据来测试程序是否符合预期。

```
scores = [7,4,2,9]
algo = MinMaxAlgo(scores)
algo.main_func()
# ----------- 结果 ---------
最终决策：  4
```

上述结果与手动计算结果一致。再测试一个例子，这次稍微增加回溯深度。

```
scores = [7,4,2,9,12,6,25,10]
algo = MinMaxAlgo(scores)
algo.main_func()
# ----------- 结果 ---------
最终决策：  12
```

通过决策树验证答案是否正确，分析过程如图 7-10 所示。由图 7-10 可知，结果是 12，与程序给出的答案一致，根据上面的例子，可总结出极大极小值算法的步骤，如下。

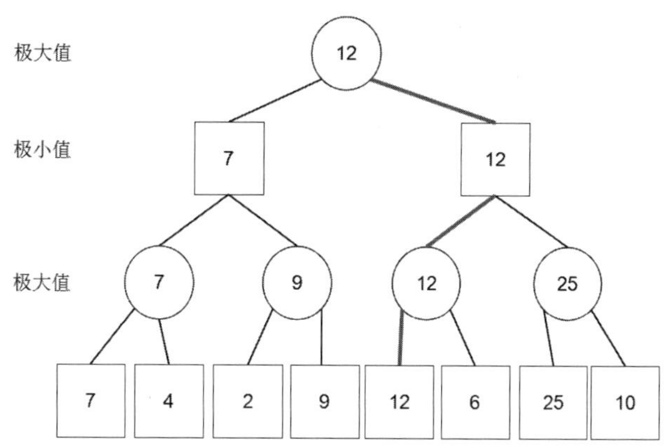

图 7-10　验证答案正误

（1）确定最大搜索深度 D，D 可能到达终局，也可能是一个中间格局。

（2）在最大深度为 D 的格局的树叶子节点上，使用预定义的价值评价函数对叶子节点价值进行评价。

（3）自底向上为非叶子节点赋值，其中 max 节点取子节点最大值，min 节点取子节点最小值。

（4）每次轮到我方时（此时必处在格局树的某个 max 节点），选择价值等于此 max 节点价值的那个子节点路径。

如图 7-10 所示，根节点的价值为 12，表示如果对方的每一步都是完全理智决策，则我方按照上述算法可以拿到的最大价值为 12。其决策路径如粗线条路径所示。

注意：真实问题一般无法构造出完整的博弈树，此算法一般是寻找一个局部最优解而不是全局最优解。搜索深度越大，越可能找到更好的解，但计算耗时会呈指数级增加（游戏难度越大，等待计算机行动的时间就越长）。

7.6.5　Alpha-beta 剪枝算法

极大极小值算法思路简洁，但其计算复杂度会随最大回溯深度呈指数级增加，而获取的结果好坏往往与回溯深度有关，因此时间效率是该算法的一个瓶颈。

Alpha-beta 剪枝算法是对极大极小值算法的优化。采用剪枝策略后，可不必构造和搜索最大回溯深度内的所有节点。在探索过程中，如果发现当前情况再往下不能找到更优的解，就在此节点深度停止，不再往下搜索，因此能极大地减少算法计算时间。若在相同时间内可以进行更深的回溯，则可得到更好的结果。

Alpha-beta 剪枝算法与极大极小值算法相比，多使用了两个参数，即 alpha 和 beta。首先介绍参数 alpha 和 beta 的相关概念。

（1）alpha 是挑选极大值时在该层或更高层级上的最优解下限，即最优解不会小于该值。

（2）beta 是挑选极小值时在该层或更高层级上的最优解上限，即最优解不会大于该值。

（3）在极大值节点处可以修改 alpha 值，在极小值节点处可以修改 beta 值。

（4）如果新的 alpha 值比原来的值大，则更新 alpha 值，保证 alpha 值是已知解中的最大值。

（5）如果新的 beta 值比原来的值小，则更新 beta 值，保证 beta 值是已知解中的最小值。

（6）如果出现了 beta ≤ alpha 的情况，则不用再搜索该节点以下的子树，该操作称为剪枝。

下面看一个例子，帮助大家理解这两个参数。回顾图 7-9，用 Alpha-beta 剪枝算法思路重新思考，初始化数据，如图 7-11 所示。

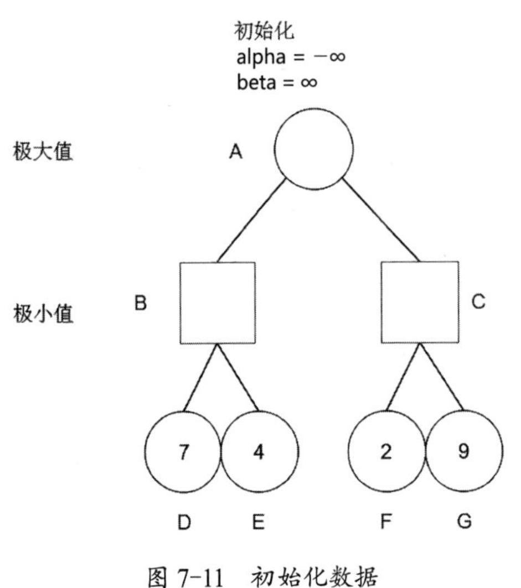

图 7-11　初始化数据

开始搜索前，首先初始化 alpha 和 beta 参数值，分别为负无穷和正无穷。运行程序，先看节点 B，B 是极小值节点，可以修改 beta 值，且需要在 D 和 E 中寻找较小值。首先访问 B 的左子节点，取（7，正无穷）的最小值 7，那么 beta 值设置为 7；然后访问 B 的右子节点，取（4，7）的最小值 4，故 beta 值设置为 4。假设 B 还有更多值大于 4 的子节点，但因为已经出现了 E 这个最小值，所以不会对 B 产生影响，即这里的 beta=4 确定了一个极小值的上限。

然后看节点 A，节点 A 是极大值节点，可以修改 alpha 值，且需要在 B 和 C 中找到较大值。现在左子树 B 已经搜索完毕，取（4，负无穷）的最大值 4，故 alpha 值设置为 4。当访问 C 时，A 的 alpha 值会传递给 C，因此 C 的 alpha 值也为 4。

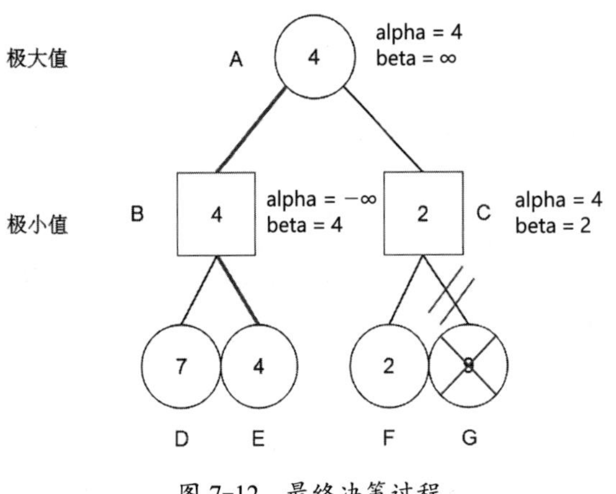

图 7-12　最终决策过程

再看节点 C，节点 C 是极小值节点，应从 F 和 G 中找出较小值。先看左节点 F，它的值为 2，那么 C 的 beta 值取为（2，正无穷）的最小值 2。此时 C 的 alpha=4，beta=2，满足剪枝条件 beta ≤ alpha，此时即使继续考虑 C 的其他子节点，也不可能让 C 的值大于 4，所以不必再考虑节点 G，节点 G 就是被剪枝的节点。最终决策过程如图 7-12 所示。

原来的 4 条路径，现在可以减少 1 条，即减少了 25% 的计算量。重复这样的过程，会有更多节点因为剪枝操作被忽略，从而提高算法运行效率。下面用代码来描述以上算法分析步骤。

```
import math
MAX, MIN = 1000, -1000 # 定义正负无穷值
class AlphaBetaAlgo(object):
    def __init__(self, scores):
        self.scores = scores
        self.max_depth = math.log(len(scores), 2)
    def main_func(self):
        # 程序主函数
        # alpha 极大值初始化为 MIN，只要小于所有决策的价值就可以
        # beta 极小值初始化为 MAX，只要大于所有决策的价值就可以
        print(" 最终决策 : ", self.minimax(0, 0, True, alpha=MIN, beta=MAX))
    def minimax(self, current_depth, node_index, is_max_turn, alpha, beta):
        if current_depth == self.max_depth:
            return self.scores[node_index]
        if is_max_turn:                          # 我方行动，获取最大值 , 可修改 alpha 值
            best = MIN                           # 初始化当前极大值
            # 依次访问左右子节点
            for i in range(0, 2):
                val = self.minimax(current_depth + 1, node_index * 2 + i,
                 False, alpha, beta)
                best = max(best, val)            # 取极大值
                alpha = max(alpha, best)         # 是否修改 alpha 值
                if beta <= alpha:                # 是否符合剪枝条件
                    print("beta={},alpha={}, 可以剪枝 ".format(beta, alpha))
                    break # 若符合，则忽略此节点以下的所有子节点
            return best
        else: # 对方行动，挑选最小值 , 可修改 beta 值
            best = MAX # 初始化当前极大值
            # 依次访问左右子节点
            for i in range(0, 2):
                val = self.minimax(current_depth + 1, node_index * 2 + i,
                 True, alpha, beta)
                best = min(best, val)            # 取极小值
                beta = min(beta, best)           # 是否修改 beta 值
                if beta <= alpha:                # 是否符合剪枝条件
                    print("beta={},alpha={}, 可以剪枝 ".format(beta, alpha))
                    break
            return best
```

同样创建 AlphaBetaAlgo 类，模拟 Alpha-beta 剪枝算法的求解过程，实例化时输入 scores 作为博弈最终获取的价值，回溯深度按 MinMaxAlgo 的方式计算叶子数量以 2 为底的对数。main_func()

函数是主程序，用于进入递归函数 minimax()，初始化参数增加了 alpha 和 beta 两个参数，其他参数和极大极小值算法一致。在求解过程中增加了更新 alpha 值、beta 值和判断剪枝的条件。下面验证程序。

```
algo = AlphaBetaAlgo([7,4,2,9])
algo.main_func()
# ----------- 结果 ---------
beta=2,alpha=4, 可以剪枝
最终决策： 4
```

输出结果与分析过程一致，剪枝状态也完全符合分析过程。再回看 7.6.4 小节的第二个测试输入。

```
algo = AlphaBetaAlgo([7,4,2,9,12,6,25,10])
algo.main_func()
# ----------- 结果 ---------
beta=7,alpha=9, 可以剪枝
beta=12,alpha=25, 可以剪枝
最终决策： 12
```

结果和极大极小值算法求解的结果一致，而且剪枝两次，减少了运算量，提升了运行效率。

7.6.6 挑战：教计算机玩“井”字游戏

“井”字游戏规则如下。

（1）游戏在 3×3 的格子上进行。

（2）分别用 O 和 X 代表两个游戏者，轮流在格子里留下标记（一般来说，先手者为 X）。

（3）最先在任意一条直线（横竖斜都可以）上成功连接三个标记的一方获胜。

本小节的挑战即为教计算机玩这个游戏。

1. 把背景剥离，找出问题核心，简化问题

战略游戏多种多样，但其算法的程序基础是一致的，都是基于高效的搜索算法。“井”字游戏是一个零和对称博弈游戏，与围棋、象棋类似，可以使用极大极小值算法来解决，也可以通过 Alpha-beta 剪枝算法来提高搜索算法的效率。

首先要让计算机知道游戏规则，即需要定义游戏的进行状态。例如，什么状态是游戏开始、什么状态是游戏结束。本小节把树和图结合起来，用树表示状态的合法移动（游戏规则），用图表示节点值，记录棋子的位置，如图 7-13 所示。

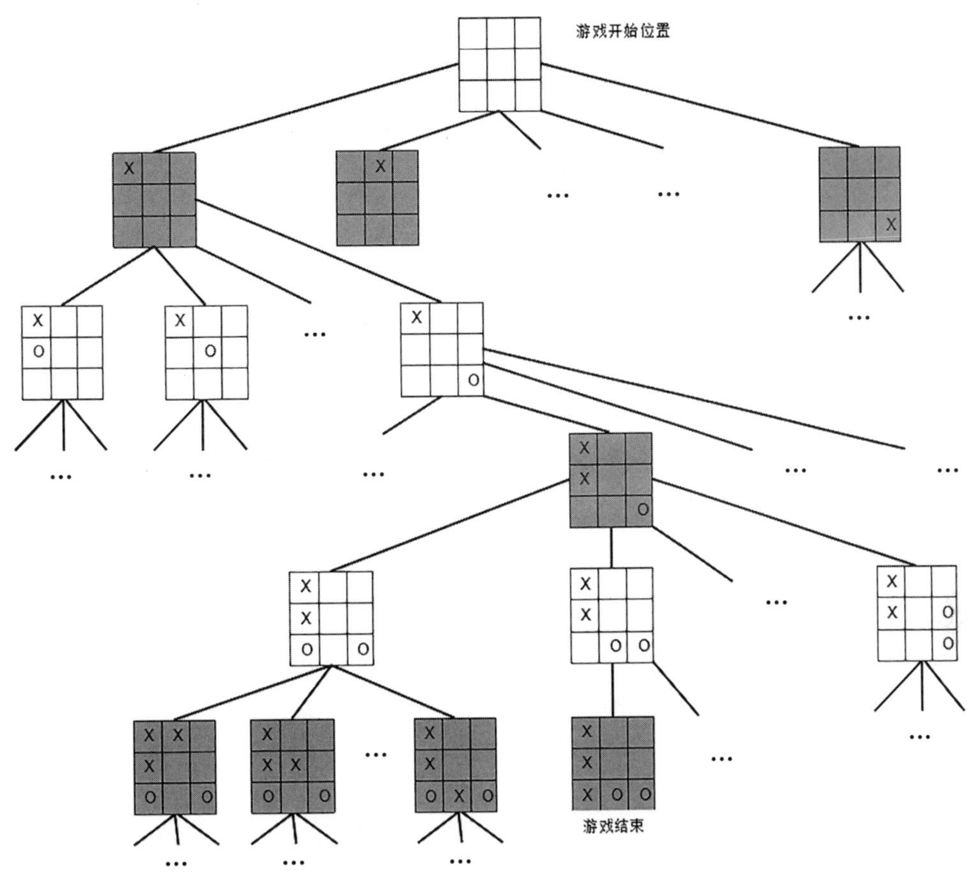

图 7-13 “井”字游戏

浅色的网格是玩家 X 在下棋（X 是游戏先手），深色的网格是玩家 O 在下棋。开始位置是根节点，一个空的棋盘；终点位置是其中一个玩家获胜，或者棋盘已经下满棋子但没有获胜者。完整的游戏树图是从根节点开始，一直到最后的叶子节点都是结束位置。一个完整的游戏树图包含非常多的节点，因为每一步都会产生很多种可能性，即使是这个简单的“井”字游戏，要建立完整的游戏树图，计算量也是非常巨大的。因此，一般游戏不会每次都把完整的游戏树图画出来。

下面教计算机怎样下棋才能获胜，这时需要一个评估函数，帮助计算机认识每一步棋的价值（价值越高，说明这一步棋越好，越能帮助玩家获胜）。在零和博弈游戏中，评估函数的值应该呈对称关系，对一个玩家越有利，则对另一个玩家越不利。所以，在寻求极大值时设置的评估函数有以下三个值。

（1）对手获胜，值为 -1。

（2）平局，值为 0。

（3）自己获胜，值为 1。

寻求极小值时把上面的结果翻转，如对手获胜，值变为 -1。至此，基本思路已经整理完成，先尝试只用极大极小值算法来完成挑战，然后再加上剪枝算法来优化程序。

2. 估算数据规模和算法复杂度

粗略估算数据规模，第一个下棋的人可以在 9 个格子中随意摆放，第二个人只剩 8 个格子可以选择。以此类推，可知游戏状态一共有 9!=362880 种，因此时间复杂度为 $O(9!)$；回溯深度最多为 9 层，若要保留全部子节点结果，空间复杂度同样为 $O(9!)$。

3. 动手写代码

整个游戏程序代码比较多，首先查看代码结构。

```
class Game(object):
    """ “井” 字游戏 """
    def __init__(self):
        # 实例化类，初始化游戏
        self.initialize_game()
    # 初始化棋盘
    def initialize_game(self):
    # 输出棋盘到屏幕
    def draw_board(self):
    # 判断棋子位置是否合理
    def is_valid(self, px, py):
    # 每一步之后都检查游戏是否结束，给出胜利者
    def is_end(self):
    # 符号 'O' 玩家是计算机，求极大值
    def max(self):
    # 符号 'X' 玩家是人，是计算机的对手，求极小值
    def min(self):
    # 开始游戏，程序入口
    def play(self):
```

实例化一个游戏类 Game，对象会调用 initialize_game() 函数初始化棋盘，然后调用 play() 函数进入游戏，游戏的交互通过 draw_board() 函数输出当前棋盘的状态，以便了解游戏进行的情况。在游戏过程中，计算机会通过 max() 和 min() 函数计算得到的坐标进行下棋，而对手（人）是通过键盘输入下棋坐标。输入坐标后程序会通过 is_valid() 函数先判断输入的坐标是否合理，然后更新棋盘。每一次改变状态，都会通过 is_end() 函数判断是否结束游戏。若游戏没有结束，则继续在 play() 函数中重复上面的过程，轮到下一个玩家下棋；若游戏结束，则输出谁是赢家，然后调用 initialize_game() 函数初始化棋盘，等待下一盘游戏开始（调用 play() 函数）。

整体分析完成后，再来看每一部分的代码。首先是 initialize_game() 初始化函数和 draw_board() 输出函数。

```
class Game(object):
    """ “井” 字游戏 """
    def __init__(self):
        # 实例化类，初始化游戏
        self.initialize_game()
```

```
    # 初始化棋盘
    def initialize_game(self):
        self.current_state = [['.','.','.'],
                              ['.','.','.'],
                              ['.','.','.']]
        # 玩家 X 用 X 作为标记，是先手
        self.player_turn = 'X'
    # 输出棋盘到屏幕
    def draw_board(self):
        for i in range(0, 3):
            for j in range(0, 3):
                # 如果棋盘没有放置，则输出位置坐标
                if self.current_state[i][j] == ".":
                    val = "({},{})".format(i, j)
                else:
                    val = self.current_state[i][j]
                if j != 2:
                    print('%-5s|' % val, end=" ") # -5s 指定占位空间
                else: # 最后一个元素输出就换行
                    print('{}'.format(val))
        print()
```

棋盘用 3×3 的数组表示，棋盘在屏幕上输出需要一些格式化输出参数，如设置占位空间等，目的是让棋盘能够在屏幕上稳定不变形。接下来使用 is_valid() 函数，主要用于判断下棋的坐标是否合理，使其符合游戏规则。

```
# 判断棋子位置是否合理
def is_valid(self, px, py):
    if px < 0 or px > 2 or py < 0 or py > 2:
        return False # 该坐标不在棋盘上，不通过
    elif self.current_state[px][py] != '.':
        return False # 该坐标已经有标记，不通过
    else: # 其他情况是合理的
        return True
```

“井”字游戏规则一共只有两个条件，即该坐标是否在棋盘上和该坐标点是否为空。判断下棋坐标有效，就可以更新棋盘。下面为 is_end() 函数，检查游戏是否结束。

```
# 每一步之后都检查游戏是否结束，给出胜利者
def is_end(self):
    for i in range(0, 3):
        # 水平是否连线
        if (self.current_state[i] == ['X', 'X', 'X']):
            return 'X'
        elif (self.current_state[i] == ['O', 'O', 'O']):
            return 'O'
```

```
        # 垂直是否连线
        if self.current_state[0][i] != '.':
            if  self.current_state[0][i] == self.current_state[1][i] == self.current_
state[2][i]:
                return self.current_state[0][i] # 返回赢家（该位置上的符号）
    # 斜线是否连线
    if self.current_state[0][0] != '.':
        if self.current_state[0][0] == self.current_state[1][1]  == self.current_
state[2][2]:
            return self.current_state[0][0]
    # 斜线是否连线
    if self.current_state[0][2] != '.':
        if self.current_state[0][2] == self.current_state[1][1] == self.current_
state[2][0]:
            return self.current_state[0][2]
    # 棋盘是否已经放满
    for i in range(0, 3):
        if self.current_state[i].count(".") > 0: # 若还有 "."，说明还有位置
            return None  # 还有位置，返回空，游戏继续
    return '.' # 平局返回 "."
```

结束条件相对比较简单，即检查数组垂直、水平或两个对角方向是否全部是相同符号 X 或 O。如果是，则代表游戏结束，相同符号者胜；如果不是，则检查棋盘是否放满棋子，若放满了便是平局，没有放满则继续游戏。如果游戏继续，则进入极大极小值算法中，其有两个函数 max() 和 min()。

```
# 符号 'O' 玩家是计算机，求极大值
def max(self):
    # 有可能的价值为 -1（失败）、0（平局）、1（胜利）
    max_val = -2 # max_val 是初始化 alpha 值，-2 已经小于所有值
    px = None # 坐标初始化
    py = None
    result = self.is_end() # 返回当前结果
    # 如果已经结束，则递归返回
    # 这里是构建完整树图，所以不设置递归深度
    # 一直递归至游戏结束，根据结果返回评估值
    if result == 'X':
        return (-1, 0, 0)
    elif result == 'O':
        return (1, 0, 0)
    elif result == '.':
        return (0, 0, 0)
    for i in range(0, 3):
        for j in range(0, 3):
            if self.current_state[i][j] == '.':
```

```
                # 遍历每一个位置，如果可以放棋子，就尝试在这里放棋子
                self.current_state[i][j] = 'O'
                # 然后作为一个分支，在下一层求极小值中寻找极大值
                (m, min_i, min_j) = self.min()
                if m > max_val: # 若有极大值，则更新下棋坐标
                    max_val = m
                    px = i
                    py = j
                self.current_state[i][j] = '.' # 尝试结束后清空该位置
    return (max_val, px, py)
# 符号 'X' 玩家是人，是计算机的对手，求极小值
def min(self):
    # 有可能的价值为 -1（胜利）、0（平局）、1（失败），刚好与计算机相反
    min_val = 2 # min_val 初始化，2 已经大于所有值
    qx = None # 坐标初始化
    qy = None
    result = self.is_end() # 返回当前结果
    if result == 'X':
        return (-1, 0, 0)
    elif result == 'O':
        return (1, 0, 0)
    elif result == '.':
        return (0, 0, 0)
    for i in range(0, 3):
        for j in range(0, 3):
            if self.current_state[i][j] == '.':
                # 遍历每一个位置，如果可以放棋子，就尝试在这里放棋子
                self.current_state[i][j] = 'X'
                # 然后作为一个分支，在下一层求极大值中寻找极小值
                (m, max_i, max_j) = self.max()
                if m < min_val: # 若有极小值，则更新下棋坐标
                    min_val = m
                    qx = i
                    qy = j
                self.current_state[i][j] = '.'
    return (min_val, qx, qy)
```

注意：这里要清楚谁应该用 max() 函数，谁应该用 min() 函数。根据游戏规则，X 是先手，所以人作为计算机的对手先下棋，站在计算机角度应使用 min() 函数。反之，计算机应使用 max() 函数。

最后来看程序的入口函数 play()。

```
# 开始游戏，程序入口
def play(self):
```

```
    while True:                             # 轮流下棋，直到游戏结束
        self.draw_board()                   # 先把当前棋盘输出到屏幕
        self.result = self.is_end()         # 判断是否结束游戏
        if self.result != None:             # 游戏结束
            if self.result == 'X':          # 如果 X 是胜利者
                print('胜者为 X!')
            elif self.result == 'O':        # 反之亦然
                print('胜者为 O!')
            elif self.result == '.':        # 平局
                print("平局")
            self.initialize_game()          # 初始化棋盘，结束游戏
            return
        # 若没有结束游戏，则看到谁下棋
        if self.player_turn == 'X':         # 到 X 下棋
            while True:
                start = time.time()         # 记录 X 的思考时间
                # 这里可以忽略，不给人提示也可以
                (m, qx, qy) = self.min()   # X代表人，即程序对手，所以找极小值
                end = time.time()           # 思考结束，得到下棋的坐标 qx、qy
                print('用时：{}s'.format(round(end - start, 7)))
                print('推荐步骤：X = {}, Y = {}'.format(qx, qy))
                try:
                    px = int(input('输入坐标值 x: '))
                    py = int(input('输入坐标值 y: '))
                except:
                    # 若输入不能转化为整数，请再次输入
                    print('输入不符合要求，请再次输入。')
                    break
                if self.is_valid(px, py):
                    self.current_state[px][py] = 'X'
                    self.player_turn = 'O'
                    break
                else:
                    print('输入不符合要求，请再次输入。')
        else:
            (m, px, py) = self.max() # 轮到计算机下棋，所以要找极大值
            self.current_state[px][py] = 'O'
            self.player_turn = 'X'
```

这里主要有两个循环，一个是游戏的大循环，直到游戏结束才会退出。每一次轮到人下棋，就进入一个小循环，只有输入合理的坐标后，才能结束循环。

注意：(m,qx,qy)=self.min() 是帮助人下棋，计算机通过 min() 函数给出下棋坐标的建议，若不需要也可以删除，不影响游戏功能。

下面进行一次游戏，检验效果如何。

```
if __name__ == "__main__":
    g = Game() # 实例化
    g.play() # 开始游戏
# ------------ 输出 ---------------
(0,0)| (0,1)| (0,2)
(1,0)| (1,1)| (1,2)
(2,0)| (2,1)| (2,2)
用时: 6.8143897s
推荐步骤: X = 0, Y = 0
输入坐标值x:
```

输出一个空棋盘，每一个点都写着坐标。人为先手，计算机停留在等待输入下棋坐标的位置，同时也给出下棋建议及计算机思考的时间，用时约6.8s。

```
X    | (0,1)| (0,2)
(1,0)| (1,1)| (1,2)
(2,0)| (2,1)| (2,2)
X    | (0,1)| (0,2)
(1,0)| O    | (1,2)
(2,0)| (2,1)| (2,2)
用时: 0.1220069s
推荐步骤: X = 0, Y = 1
输入坐标值x:
```

暂且跟着计算机的建议下棋，然后看到计算机只用0.1s就做出了回应，此时棋盘上出现了一个X和一个O，又开始等待输入下棋坐标。这样一直玩下去，直到游戏结束。

```
X    | X    | O
O    | O    | X
X    | O    | (2,2)
用时: 0.0s
推荐步骤: X = 2, Y = 2
输入坐标值x: 2
输入坐标值y: 2
X    | X    | O
O    | O    | X
X    | O    | X
平局
```

从结果中可以观察到，计算机的反应时间越来越短，因为棋盘上确定的棋子越多，确定性就越强，需要分析的状态就越少，所以计算机思考的时间就越短。最后结果为平局，这应该是人类选手能做到的最好结果了。

刚开始下棋时，计算机用了约6.8s才下一步棋，可以看出该算法运行效率比较低。下面对算法进行优化，通过 Alpha-beta 剪枝算法让计算机运行得更快，更加迅速地给出结果。

```
def max_alpha_beta(self, alpha, beta):
    max_val = -2
    px = None
    py = None
    result = self.is_end()
    if result == 'X':
        return (-1, 0, 0)
    elif result == 'O':
        return (1, 0, 0)
    elif result == '.':
        return (0, 0, 0)
    for i in range(0, 3):
        for j in range(0, 3):
            if self.current_state[i][j] == '.':
                self.current_state[i][j] = 'O'
                (m, min_i, in_j) = self.min_alpha_beta(alpha, beta)
                if m > max_val:
                    max_val = m
                    px = i
                    py = j
                self.current_state[i][j] = '.'
                # 前面的思路是一样的，主要添加以下剪枝条件的判断
                alpha = max(max_val, alpha)
                if beta <= alpha:
                    return (max_val, px, py)
    return (max_val, px, py)
def min_alpha_beta(self, alpha, beta):
    min_val = 2
    qx = None
    qy = None
    result = self.is_end()
    if result == 'X':
        return (-1, 0, 0)
    elif result == 'O':
        return (1, 0, 0)
    elif result == '.':
        return (0, 0, 0)
    for i in range(0, 3):
        for j in range(0, 3):
            if self.current_state[i][j] == '.':
                self.current_state[i][j] = 'X'
                (m, max_i, max_j) = self.max_alpha_beta(alpha, beta)
                if m < min_val:
                    min_val = m
```

```
                qx = i
                qy = j
            self.current_state[i][j] = '.'
            # 前面的思路是一样的，主要添加以下剪枝条件的判断
            beta = min(min_val, beta)
            if beta <= alpha:
                return (min_val, qx, qy)
    return (min_val, qx, qy)
```

max_alpha_beta() 函数在 max() 函数的基础上增加了两个参数 alpha 和 beta，函数内添加了 3 行代码，用于修改 alpha 或 beta 值，然后进行剪枝条件的判断。

新建一个 play_alpha_beta() 函数，其与 play() 函数类似，仅仅把调用 max() 函数变成调用 max_alpha_beta() 函数，调用 min() 函数变成调用 min_alpha_beta() 函数，这里不再重复展示。现在再与计算机比赛一场，观察它的反应如何。

```
g = Game()
g.play_alpha_beta()
# ------------ 输出 ---------------
(0,0)| (0,1)| (0,2)
(1,0)| (1,1)| (1,2)
(2,0)| (2,1)| (2,2)
用时：0.3340192s
推荐步骤：X = 0, Y = 0
输入坐标值x:
```

可以看到输出是一样的，唯一的不同是用时由 6.8s 变为 0.3s，成效非常显著。

注意：输出的用时每次都会有些不一样，大家可以多玩几次来检验。但是不管怎样，Alpha-beta 剪枝算法都比极大极小值算法快十几倍，大大提升了算法运行效率。

7.7 启发式搜索算法

对于线性问题的盲目搜索，就是枚举每一个可能的结果，看是否为解；对于复杂问题的盲目搜索，常用广度优先搜索和深度优先搜索这两种盲目搜索算法，极大极小值和 Alpha-beta 剪枝算法在盲目搜索过程中可通过剪枝避开一些不可能的结果，从而提高效率。

如果搜索时能够通过一些特殊的信息避免机械式盲目搜索，就可以大大提高搜索算法的效率，这就是启发式搜索 (Heuristically Search)。

启发式搜索又称为有信息搜索 (Informed Search)，它是利用问题拥有的启发信息来引导搜索，达到缩小搜索范围、降低问题复杂度的目的。从定义可知，启发式搜索策略是通过某些信息指导搜

索向最有希望获取最佳解的方向前进。根据经验，启发式搜索策略极易出错，通过有限的信息来预测下一步的搜索过程非常难。因此，对于启发式搜索来说，找到有价值的启发信息极为重要。

7.7.1 最佳优先搜索算法

最佳优先搜索（Best First Search）是在广度优先搜索的基础上建立的启发式搜索算法，用估价函数对将要被遍历到的点进行估价，然后选择代价小的进行遍历，直到找到目标节点或者遍历完所有节点，算法结束。如图 7-14 所示，通过最佳优先搜索来寻找结果。

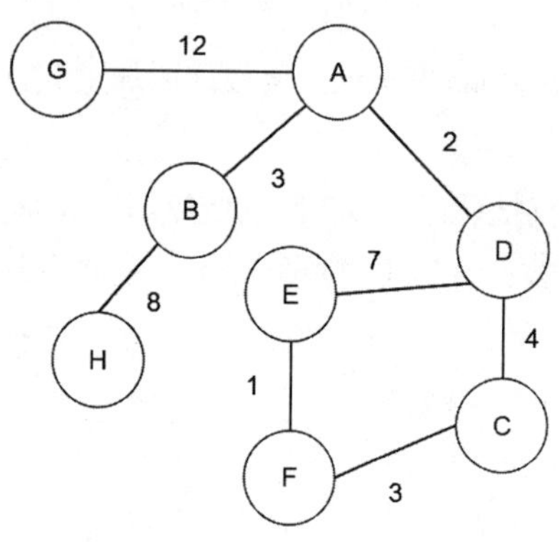

图 7-14 最佳优先搜索

想找到从 A 节点到 F 节点的最短路径，如果用广度优先搜索来求解，整个过程会以 A 为中心点，发散式地寻找。首先遍历 B、D、G 节点，然后是 H 节点，再到 E、C 节点，最后才发现 F 节点，一共搜索了 7 次。下面采用最佳优先搜索来求解，设置的估价函数用于选取路径代价最小值，分析过程如表 7-8 所示。

表 7-8 分析过程

当前访问节点	优先队列	已访问节点
A	A—B（3）、A—D（2）、A—G（12）	A
D	A—B（3）、A—G（12）、 A—D—C（6）、A—D—E（9）	A、D
B	A—G（12）、A—D—C（6）、 A—D—E（9）、A—B—H（11）	A、D、B
C	A—G（12）、A—D—E（9）、 A—B—H（11）、A—D—C—F（9）	A、D、B、C

以估价函数计算的当前路径代价最小值作为信号，引导搜索选取下一个节点。例如，第一次选择 *D* 节点，因为它的值为 2，是当前最小值；同理，第二次选择 *B* 节点，最后一次选择 *C* 节点。其仅通过 4 次搜索就找到了从 *A* 到 *F* 的路径，比广度优先搜索少了 3 次，确实提高了效率。下面用代码来描述以上算法分析过程。

```
def bfs_path(graph, start, target):
    def find_min_path(queue):
        # 估价函数：寻找代价最小的路径
        temp_queue = [] # 记录每条路径的总代价
        for path in queue:
            total = 0
```

```
        for node in path:
            total += node[1]
        temp_queue.append(total)
    # 寻找最小代价的路径
    path_index = 0
    for i in range(len(temp_queue)):
        if temp_queue[i] < temp_queue[path_index]:
            path_index = i
    # 返回此路径，并且将其从优先队列移除
    return queue.pop(path_index)
visited = [] # 保存已经访问的节点
# 优先队列保存访问节点的成本，初始值为开始位置
priority_queue = [[(start,0)]]
# 特殊情况，开始位置与目标位置相同
if start == target:
    return " 开始位置就是目标位置 "
while priority_queue:                          # 尝试所有可能，直到队列为空
    print(' 优先队列 :', priority_queue)
    # 选择优先队列里的一条路径
    path = find_min_path(priority_queue)
    node = path[-1]
    if node[0] not in visited:                 # 没有访问过
        neighbours = graph[node[0]]            # 获取这个节点的邻接节点
        for neighbour in neighbours:
            # 遍历所有邻接节点，创建新的路径并添加到优先队列中
            if neighbour[0] not in visited:
                new_path = list(path)
                new_path.append(neighbour)
                if neighbour[0] == target:
                    return new_path
                priority_queue.append(new_path)
        visited.append(node[0])                # 节点已经访问
# 没有找到路径
return " 两个节点没有路径相连 "
```

可以和 2.7.3 小节图的遍历中广度优先搜索的程序进行对比，程序思路基本一致，只是在选择下一条路径时，不是盲目地选取第一条路径，而是通过估价函数 find_min_path() 来选择。现在通过上面的例子来测试程序，这里使用邻接列表来表示有权无向图。

```
graph = {
    "A": [("B",3), ("D",2), ("G",12)],
    "B": [("A",3), ("H",9)],
    "C": [("D",4),("F",3)],
    "D": [("A",2), ("C",4), ("E",7)],
    "E": [("D",7),("F",1)],
```

```
    "F": [("C",3),("E",1)],
    "G": [("A",12)],
    "H": [("B",9)],
}
print("求解得到路径:", bfs_path(graph, "A", "F"))
# ----------- 结果 -----------------
优先队列: [[('A', 0)]]
优先队列: [[('A', 0), ('B', 3)], [('A', 0), ('D', 2)], [('A', 0), ('G', 12)]]
优先队列: [[('A', 0), ('B', 3)], [('A', 0), ('G', 12)], [('A', 0), ('D', 2), ('C',
4)], [('A', 0), ('D', 2), ('E', 7)]]
优先队列: [[('A', 0), ('G', 12)], [('A', 0), ('D', 2), ('C', 4)], [('A', 0), ('D', 2),
('E', 7)], [('A', 0), ('B', 3), ('H', 9)]]
求解得到路径: [('A', 0), ('D', 2), ('C', 4), ('F', 3)]
```

不仅结果一致，算法的整个分析过程与手动计算过程也一致。其实，启发式搜索不一定能找到最优解。例如这个例子，若修改 D—E 边的值为 5，重新运行程序，会发现结果还是一样，但是 A—D—C—F 不是最优解。

7.7.2 A* 算法

最佳优先搜索算法的效果非常依赖估价函数，但估价函数不太容易设置，那么能否添加其他确定性参数来平衡估价函数的不确定性呢？此时可以采用 A*（A-Star）算法。

A* 算法是一种静态路由中求解最短路径最有效的直接搜索方法，也是解决许多搜索问题的有效算法。它是基于启发式方法来实现最佳性和完整性的，是最佳优先算法的一种变体。因为 A* 算法不但具备启发式搜索的特点，而且能够保证找到最佳的解决方案，所以许多游戏和基于 Web 的地图都使用此算法，以便有效地找到最短路径（近似值）。

A* 算法在进行搜索时，会计算到达相邻节点的成本函数 $f(n)$，挑选 $f(n)$ 的最小节点。$f(n)$ 成本函数公式为 $f(n)=g(n)+h(n)$，其中 $g(n)$ 函数是从起点状态到当前状态 n 的实际代价，这是一个确定值；$h(n)$ 是从当前状态 n 到目标状态的最佳路径的估计代价。因此，$f(n)$ 函数是包含了一部分确定值和一部分估计值的估价函数，也可以说是一种启发式搜索算法。找到最短路径（最优解）的关键在于估价函数 $f(n)$ 的选取（或者说 $h(n)$ 的选取），也可以说是 $g(n)$ 和 $h(n)$ 的比例分配。以 $d(n)$ 表示状态 n 到目标状态的实际距离，那么 $h(n)$ 的选取大致有以下三种情况。

（1）如果 $h(n)<d(n)$，即 $h(n)$ 的比例过小，则搜索的点数多，搜索范围大，效率低，但能得到最优解。在极端情况下，$h(n)$ 值过小可以忽略，$f(n) \approx g(n)$，算法变回盲目搜索。

（2）理想状态是 $h(n)=d(n)$，即估计距离 $h(n)$ 等于实际最短距离，此时搜索效率最高。

（3）如果 $h(n)>d(n)$，即 $h(n)$ 的比例过大，则搜索的点数少，搜索范围小，效率高，但不能保证得到最优解。在极端情况下，$h(n)$ 值过大，使 $f(n) \approx h(n)$，算法变回最佳优先算法。

举一个例子，参照图 7-14，这次是一个有权有向图，D—E 边值变成 5，如图 7-15 所示。

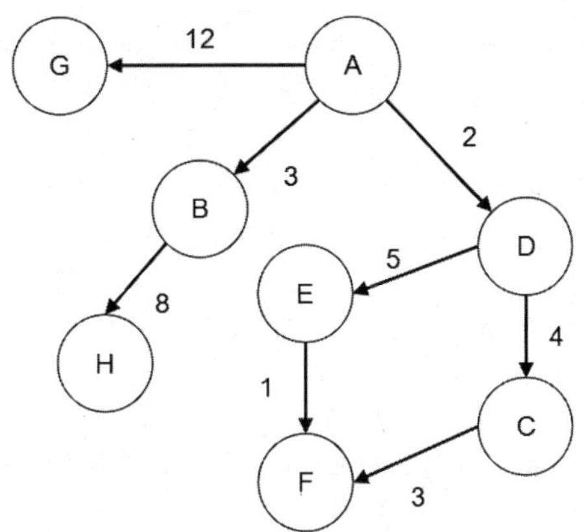

图 7-15　A* 算法

简单起见，所有节点的启发式函数 $h(n)$ 均定义为 1，分析过程如表 7-9 所示。

表 7-9　分析过程

当前访问节点	开放列表	关闭列表
A	f(B)=g(B)+h(n)=3+1=4、f(D)=3、f(G)=13	A
D	f(B)=4、f(G)=13、f(C)=8、f(E)=9	A、D
B	f(G)=13、f(C)=8、f(E)=9、f(H)=13	A、D、B
C	f(G)=13、f(E)=9、f(H)=13、f(F)=12	A、D、B、C
E	f(G)=13、f(H)=13、f(F)=11	A、D、B、C、E
F	找到目标节点，程序结束	

每次挑选节点，都是在开放列表中选择 $f(n)$ 最小值的节点，直到找到目标路径。从表 7-9 中可以看到，f(F) 的值经过一次修改，在选择 E 节点时，因为 $g(f)$ 值减少了，f(F) 比原来的值小，所以更新了 F 节点的 $f(n)$ 值。下面用代码来描述此算法的运算过程。

```
class Graph(object):
    def __init__(self, graph):
        self.graph = graph
    def get_neighbors(self, v):
        return self.graph[v]
    def h(self, n):
        # 估价函数，这里简化了这个函数，假设每个节点的距离为 1
        H = {
            'A': 1,
            'B': 1,
            'C': 1,
            'D': 1,
            'E': 1,
```

```
            'F': 1,
            'G': 1,
            'H': 1,
        }
        return H[n]
    def a_star_algorithm(self, start_node, target_node):
        # A* 算法主程序
        open_list = set([start_node])
        # 在开放列表中，节点已被访问，但邻接节点未被访问
        closed_list = set([])          # 节点已访问，邻接节点也全部被访问
        g = {} # 记录所有节点到开始节点的距离，若没有记录就当成无穷大
        g[start_node] = 0              # 开始节点与自身距离为零
        parents = {} # 记录节点的邻接节点
        parents[start_node] = start_node # 第一个节点为开始节点
        while len(open_list) > 0:   # 直到开放列表为空，跳出循环
            n = None
            for v in open_list:      # 寻找 f（n）的最小值
                if n == None or g.get(v,MAX) + self.h(v) < g.get(n,MAX) +
                 self.h(n):
                    n = v
            if n == None:            # 找不到下一个节点，证明路径不存在
                print('两个节点没有路径相连')
                return None
            print("挑选节点：", n)
            # 如果到达目标节点，则开始重建回路
            if n == target_node:
                reconst_path = []
                while parents[n] != n: # 直到找到开始节点，跳出循环
                    reconst_path.append(n)
                    n = parents[n]
                reconst_path.append(start_node) # 补充开始节点
                reconst_path.reverse() # 翻转列表
                print('最佳路径为：{}'.format(reconst_path))
                return reconst_path
            # 遍历该节点的所有邻接节点
            for (neighbor_node, value) in self.get_neighbors(n):
                if neighbor_node not in open_list and neighbor_node not in
                 closed_list:
                    # 若该节点不在开放列表和关闭列表，则加入开放列表
                    open_list.add(neighbor_node)
                    parents[neighbor_node] = n # 记录其父亲节点，便于构建路径
                    g[neighbor_node] = g[n] + value # 记录该节点到开始节点的代价
                else:
                    # 如果新的路径代价比原来小，则更新路径
                    if g[neighbor_node] > g[n] + value:
```

```
                        parents[neighbor_node] = n
                        g[neighbor_node] = g[n] + value
                        # 如果该节点在关闭列表，则让其重新回到开放列表
                        if neighbor_node in closed_list:
                            closed_list.remove(neighbor_node)
                            open_list.add(neighbor_node)
            open_list.remove(n)  # 所有邻接节点访问完，移除该节点
            closed_list.add(n)   # 放到关闭列表
        # 尝试所有可能后，若没有找到路径，说明不存在
        print('两个节点没有路径相连')
        return None
```

创建一个 Graph 类，继续使用邻接列表来表示图；graph 属性保存图的邻接列表；parents 属性记录节点的父节点，用于从目标节点回溯构建最优解的路径。a_star_algorithm() 函数是 A* 算法的主程序，算法实现步骤如下。

（1）初始化开放列表 open_list，把起始节点放入开放列表。

（2）初始化关闭列表 closed_list 为空列表。

（3）若开放列表不为空，进入循环，来到第（4）步；否则程序结束，来到第（11）步。

（4）在开放列表中挑选 $f(n)$ 最小的节点 n。

（5）若 n 是目标节点，就结束循环；若不是，则进入第（6）步。

（6）遍历 n 节点的所有邻接节点 neighbor_node，进入第（7）步；遍历结束来到第（10）步。

（7）若邻接节点既不在开放列表，也不在关闭列表，进入第（8）步；否则进入第（9）步。

（8）把邻接节点放入开放列表，更新 g(neighbor_node) 的值。

（9）若新的 g(neighbor_node) 值小于原来的值，则更新值。若此节点在关闭列表，则把它从关闭列表移除，并放入开放列表。

（10）把节点 n 从开放列表移除，添加到关闭列表。

（11）结束程序。

程序的关键部分是第（4）步，即计算 $f(n)$ 的值，找到最小值的节点。这里主要介绍算法思路，所以简化了 $f(n)$ 的计算，$h(n)$ 变成一个固定值 1。下面测试程序。

```
graph_list = {
    "A": [("B",3), ("D",2), ("G",12)],
    "B": [("H",9)],
    "D": [("C",4), ("E",5)],
    "C": [("F",3)],
    "E": [("F",1)],
}
graph = Graph(graph_list)
graph.a_star_algorithm('A', 'F')
# --------- 结果 -------------
挑选节点 : A
```

```
挑选节点： D
挑选节点： B
挑选节点： C
挑选节点： E
挑选节点： F
最佳路径为： ['A', 'D', 'E', 'F']
```

上述结果输出了程序运行过程，挑选节点的顺序和手动调试时一致，而且最后结果也符合预期。本例中的 $h(n)$ 估计函数的作用不是很大，但也能体现算法的思想。当遇到实际问题时，要根据实际情况来设置 $h(n)$。例如，在一个方格上寻找路径，如图 7-16 所示。

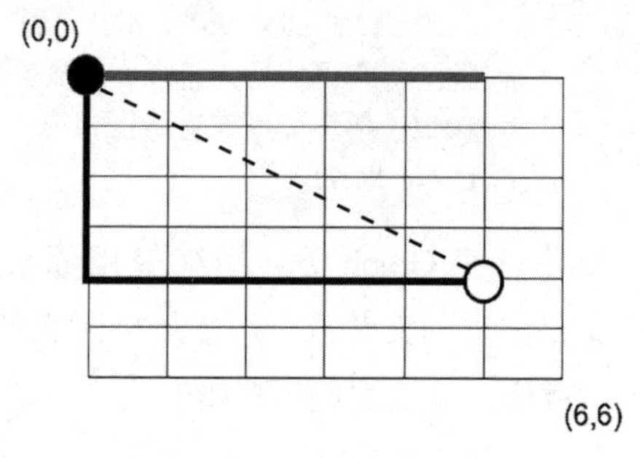

图 7-16　寻找路径

$h(n)$ 的值可以是两个坐标值的曼哈顿距离(Manhattan Distance)，$h(n)$ 为目标的 x 和 y 坐标与当前单元格的 x 和 y 坐标之差的绝对值之和，正如图 7-16 中的黑色线条；或者取目标的 x 和 y 坐标与当前单元格的 x 和 y 坐标之差的绝对值的最大值，正如图 7-16 中的灰色线条；又或者计算两个坐标点的直线距离，如图 7-16 中的虚线。

注意：在选择 $h(n)$ 时也要考虑运算效率，如虚线的计算涉及平方和开方，相对于其他两种只有加减运算的算法更加复杂。

7.7.3　遗传算法

人类在面对复杂问题时懂得寻找事物规律，适当简化问题，最终找到方法解决问题。算法中也体现了这样的行为方式，如分治算法和动态规划都是把问题拆解和简化，再逐一解决。但有时过于简化问题，得到的结果会离实际情况越来越远。因此，在面对复杂问题时，人们提出了遗传算法（Genetic Algorithm），通过学习大自然的生物进化模式来解决问题。

遗传算法是用于解决最优化问题的搜索算法，是进化算法的一种。遗传算法基于自然选择和遗传学的思想，是随机搜索的智能化优化，可将搜索引导到解决方案空间中性能更好的区间。其优点是原理和操作简单，通用性强，不受限制条件的约束，而且天生具有并行性，代码很容易放到集群上进行分布式并行处理。遗传算法通常用于解决优化问题和搜索问题，提供比较有效的解决方案。

遗传算法就是模拟自然选择的过程，“物竞天择，适者生存”，只有适应环境的种群才能繁殖并产生下一代。简而言之，就是在连续几代中模拟“适者生存”的过程，以解决问题。每一代都由一群人组成，每个人代表搜索空间和可能解决方案中的一个点。在程序中可以用字符串、整数、浮点数或者位来表示每一个人，类似于染色体，都是独一无二的解。下面介绍遗传算法的几个相关概念和解题思路。

遗传算法的基本思路是模拟种群染色体的遗传结构和行为，大家想一想动物是怎样择偶的。

（1）个体在有限的资源中争取资源和交配权力。

（2）最强壮的个体（适应者）就有更多交配权，可以拥有更多的后代。猩猩、狮子、狼等群居动物一般只有一只雄性拥有交配权，它只有打败其他雄性对手才能做这个领地的王者。

（3）优秀父母的基因会遗传给他们的下一代，下一代很有可能超越父母成为更好的后代。

（4）通过这样的方式，每一代都会更适合这个生活环境。

染色体怎样表示呢？它和问题的解有什么关系？

每个个体是搜索空间中的一个解，它们会被编码，编码的长度取决于问题的可变成分，因此一条染色体（个体）由几个基因组成，如图 7-17 所示。

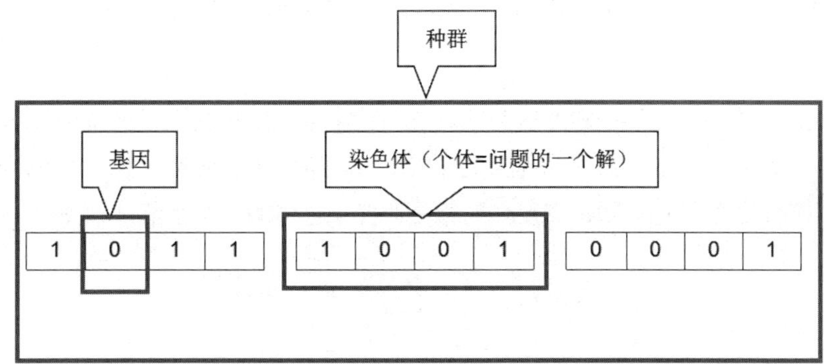

图 7-17　染色体（个体）的组成

如何判断哪些是适应者？

此时需要构建一个适应能力评分函数，用于计算每一个个体的适应能力，从中挑选最佳适应者。遗传算法可维护 n 个个体（染色体或问题的一个解）的种群及其适应能力评分，适应能力评分较高的个体比其他个体具有更多的繁殖机会。这些个体通过结合父母的染色体，交配并产生更好的后代。个体数量总是不变的，因此必须为新生命开辟空间。当上一代的所有交配机会都用尽时，一些个体就会死亡并被新生命代替，最终创造新一代。算法总是希望在新生代中找到更好的解决方案，同时使适应能力最差的个体死亡。

一般情况下，新一代比前几代有更多好基因。因此，每个新生代都有比前几代更好的“部分解决方案”。一旦产生的后代与前几代的适应能力没有显著差异，就表明该种群已经完全适应了这个环境，即该算法已收敛到该问题的一组解决方案。

怎样模拟种群的繁衍？两个个体基因怎样遗传给下一代？创建初生代后，算法将使用以下操作来模拟演化过程。

（1）选择操作。挑选优秀适应者（适应能力评分高的个体），让他们将基因传递给后代。一般的遗传算法会有一个交配概率，范围一般是 0.6~1，该交配概率反映了两个被选中的个体进行交配的概率。例如，交配概率为 0.8，则 80% 的“夫妻”会生育后代。

（2）交叉操作。模拟个体之间的交配，使用选择操作挑选两个个体，并随机选择交叉位置。然后交换这些交换位置的基因，从而创造出一个全新的个体（后代）。如图 7-18 所示，分别挑选两个个体的不同部分，组合为一个新个体。

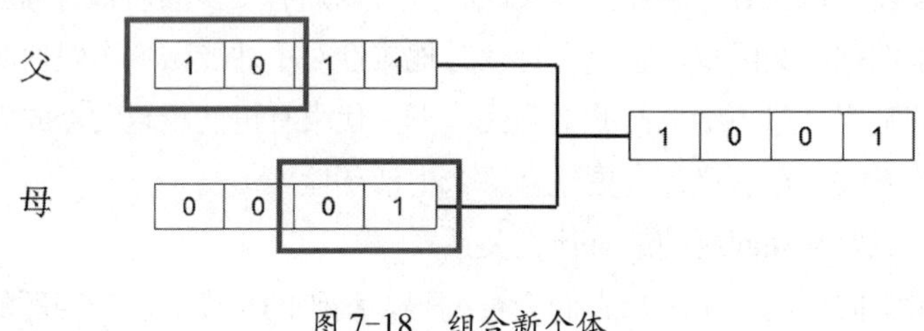

图 7-18　组合新个体

注意：图 7-18 中的交换位置是随机产生的，可以是染色体的任意位置，不一定连续，可以间隔挑选。

（3）突变操作。模拟自然界中的基因突变，在后代中插入随机基因以保持种群的多样性。一般遗传算法会有一个固定的突变常数（又称为变异概率），通常是 0.1 或者更小，表示变异发生的概率。根据这个概率，新个体的染色体随机突变，通常是改变染色体的一个字节，如图 7-19 所示。

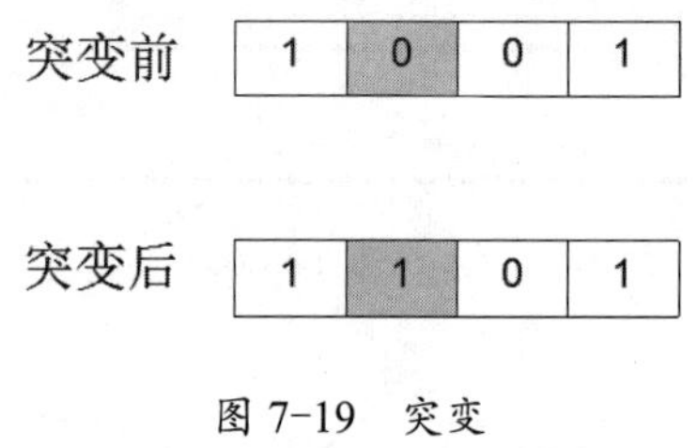

图 7-19　突变

遗传算法看上去就像拥有生命的算法，那么它的实际效果如何呢？适用于解决什么问题呢？适应能力评估函数、交配概率、突变概率怎样设置？下面通过一个具体例子来深入了解。

7.7.4　挑战：吊死鬼游戏

有一个小游戏叫吊死鬼游戏（Hangman），在学习英语时大家可能在课堂上玩过。老师给定一个英文单词，同学们猜是什么单词，猜错一次老师就画一笔，如果把吊死鬼画出来就没有机会猜了，游戏结束。现在我们不限猜测次数，让计算机也来玩一下，看它要多久才能猜中。

1. 把背景剥离，找出问题核心，简化问题

对于计算机来说，解决该问题的最简单的方法就是盲目搜索，穷举所有情况，直到猜中为止，有兴趣的读者可以尝试用代码实现。这里使用遗传算法，根据前面介绍的算法思路，结合实际情况，设置几个关键要素。

（1）把字符 a ~ z 视为基因，由这些字符生成的字符串视为染色体（个体），即一个解。

（2）适应能力得分就是用个体字符串与目标字符串比较，相同位置有相同字符的个数。因此，

具有较高适应值的个体（猜中更多字母的解）将获得更多的繁殖权力。

（3）设置种群大小（一代个体的个数）。初始种群的数量很重要，如果初始种群数量过多，算法会占用大量系统资源；如果初始种群数量过少，算法很可能会忽略最优解。这里设置种群的数量为 100，即同一代会有 100 个个体。

（4）设置下一代组成，适应能力前 10% 的个体直接进入下一代，这称为精英模式。适应能力前 50% 的个体拥有繁衍权力，交配概率为 50%，即必然产生下一代。一般取较大的交配概率，因为交配操作可以加快解区间收敛，使解达到最有希望的最佳解区域。但交配概率太高也可能导致过早收敛，这称为早熟，即只找到局部最优解就停止进化。另外，将突变概率设置为 0.1，也就是在组合新一代的基因时，有 45% 来自父亲基因，45% 来自母亲基因，10% 发生变异，随机产生一个基因。

（5）终止条件是适应能力值等于单词长度，即找到了目标单词；又或者达到最大进化代数（自定义参数配置），也会终止程序。

2. 估算数据规模和算法复杂度

如果用穷举法，可以估算时间复杂度，每一个位置尝试一遍 26 个字母，所以时间复杂度为 $O(26^n)$，n 为单词的长度。但对于遗传算法来说，由于具有太多不确定性，因此遗传算法的精度、可行度、计算复杂度等参数没有有效的定量分析方法，这也是它的一个缺点。

3. 动手写代码

```
import random
GENES = 'abcdefghijklmnopqrstuvwxyz'      # 基因
class Individual(object):
    ''' 此类代表种群中的个体 '''
    def __init__(self, target, chromosome=None):
        self.target = target
        if chromosome:                    # 个体染色体，即所猜的单词解
            self.chromosome = chromosome
        else: # 若没有，创建一个随机的染色体
            self.chromosome = self.create_gnome()
        self.fitness = self.cal_fitness()    # 此个体的适应能力值
    @classmethod # 修饰符对应的函数不需要实例化，不需要 self 参数，但第一个参数需要
                 # 是表示自身类的 cls 参数
    def mutated_genes(cls):
        # 基因突变，即从 a~z 随机挑选一个字母
        global GENES
        gene = random.choice(GENES)
        return gene
    def create_gnome(self):
        # 初始化个体基因
        gnome_len = len(self.target)       # 根据目标单词长度随机构建一个字符串
        return [self.mutated_genes() for _ in range(gnome_len)]
```

```
    def mate(self, parent, mutation=0.1):
        # 进行繁衍，产生新一代
        child_chromosome = [] # 后代染色体
        p1_proba = (1 - mutation) / 2      # 获得父母基因的概率一样
        for p1, p2 in zip(self.chromosome, parent.chromosome):
            # 遍历父母的每一个基因，通过一定概率随机获取父母其中一方的基因，还有 0.1
            # 的概率发生变异
            prob = random.random() #       获取一个 0-1 的随机数
            if prob < p1_proba:            # 一半概率选择选择 p1
                child_chromosome.append(p1)
            elif prob < p1_proba*2:        # 一半概率选择选择 p2
                child_chromosome.append(p2)
            else: # 剩下 1-probability 的概率发生基因突变
                child_chromosome.append(self.mutated_genes())
        # 创建一个新个体并返回
        return Individual(self.target, chromosome=child_chromosome)
    def cal_fitness(self):
        # 计算适应能力值，记录正确的字符数量
        fitness = 0
        for gs, gt in zip(self.chromosome, self.target):
            if gs == gt: fitness+= 1
        return fitness
class GeneticAlgorithm(object):
    ''' 遗传算法 '''
    def __init__(self, target, population_size=100,
                 proba_elitism=10, proba_crossover=50,
                 mutation=0.1, max_generation=100):
        self.population_size = population_size    # 种群大小
        self.target = target                      # 目标单词
        self.proba_elitism = proba_elitism        # 精英模式的比例
        self.proba_crossover = proba_crossover    # 交配概率
        self.mutation = mutation                  # 突变概率
        self.max_generation = max_generation      # 最大进化代数，即最多循环次数
        self.found = False                        # 初始化时没有找到最优解
        self.generation = 1                       # 当前进化的世代，初使世代是 1
        self.population = []                      # 种群，初始化为空
    def init_population(self):
        # 初始化第一代个体
        for _ in range(self.population_size):
            self.population.append(Individual(self.target))
    def main(self):
        # 主函数
        self.init_population() # 产生第一代个体
        # 若没有找到答案，并且没有达到最大进化代数，则继续下一代演化
        while not self.found and self.generation < self.max_generation:
```

```
        # 按照适应能力排序——内置排序法
        self.population = sorted(self.population, key = lambda x:x.fitness,
         reverse=True)
        # 一旦发现有适应值和目标长度一样，就说明找到这个单词了
        if self.population[0].fitness == len(self.target):
            self.found = True
            break
        # 记录下一代个体
        new_generation = []
        # 精英模式，选择前 10% 的个体进入下一代
        s = int((self.proba_elitism*self.population_size)/100)
        new_generation.extend(self.population[:s])
        # 90% 的个体通过上一代的交配得到
        s = int(((100 - self.proba_elitism)*self.population_size)/100)
        num_crossover =  int(self.proba_crossover * self.population_size / 100)
        for _ in range(s):
            # 前 50% 的个体可以拥有繁衍权力，在这些个体中随机挑选两个进行繁衍
            parent1 = random.choice(self.population[:num_crossover])
            parent2 = random.choice(self.population[:num_crossover])
            child = parent1.mate(parent2, mutation=self.mutation)
            new_generation.append(child)        # 得到新的一代个体
        self.population = new_generation        # 新一代的个体代替上一代的个体
        print("第{}代\t单词：{}\t适应值：{}".format(
            self.generation,
            "".join(self.population[0].chromosome),
            self.population[0].fitness))
        self.generation += 1                     # 记录进化的代数
    print("第{}代\t单词：{}\t适应值：{}".format(
        self.generation,
        "".join(self.population[0].chromosome),
        self.population[0].fitness))
```

这里有两个类，其中 Individual 类代表个体，GeneticAlgorithm 类代表遗传算法。Individual 个体在实例化时会先判断是否有染色体，如果没有，就通过 create_gnome() 函数随机生成一个染色体，然后通过 cal_fitness() 函数计算它的适应能力值。mate() 函数负责繁衍下一代新个体，mutated_genes() 函数负责模拟基因突变。GeneticAlgorithm 类在实例化时就要设定遗传算法的各种配置，其中目标单词 target 是必要参数，其他参数是可选参数，都已经设定了默认值。然后通过调用 main() 函数来启动算法运行，在运算过程中把每一代适应能力值最大的个体输出，一起观察种群的进化过程。下面通过一些例子来验证代码是否可行。

```
ga = GeneticAlgorithm('generation')
ga.main()
# ---------结果-----------
ga = GeneticAlgorithm('generation')
```

```
第 1 代     单词：eikehaviro  适应值：3
第 2 代     单词：eikehaviro  适应值：3
第 3 代     单词：toneibxinn  适应值：4
第 4 代     单词：binagavion  适应值：5
第 5 代     单词：binagavion  适应值：5
第 6 代     单词：emnenahion  适应值：6
第 7 代     单词：emnenahion  适应值：6
第 8 代     单词：emnenahion  适应值：6
第 9 代     单词：ltneratton  适应值：7
第 10 代    单词：eenaration  适应值：8
第 11 代    单词：eeneration  适应值：9
第 12 代    单词：eeneration  适应值：9
第 13 代    单词：generation  适应值：10
```

从输出信息中可以看到，种群刚开始的适应能力值非常低，通过不断进化，适应值逐步上升，到第 13 代就能找到答案。粗略估算，每次 100 个个体，那么一共尝试了 13×100=13000 次就找到了结果，效果较好。因为遗传算法具有不稳定性，所以不可能每次都是在第 13 代得到结果。同时，也可以尝试调整其他默认参数，观察参数变化对结果有什么影响。例如，改变种群的个体数量，如下：

```
target = 'announcement'
for p in range(100, 1000, 100):      # 种群大小，每次增加 100
    generate = 0
    for _ in range(10):              # 每一个种群经过 10 次运算
        ga = GeneticAlgorithm(target, population_size=p)
        ga.main()
        generate += ga.generation    # 统计总共经过多少次进化
    print('种群数量为 %d，总进化代数为 %d，平均每次通过 %.1f 代进化得到结果 ' % (p, 
generate, generate/10))
# --------- 结果 -----------
种群数量为 100，总进化代数为 199，平均每次通过 19.9 代进化得到结果
种群数量为 200，总进化代数为 144，平均每次通过 14.4 代进化得到结果
种群数量为 300，总进化代数为 132，平均每次通过 13.2 代进化得到结果
种群数量为 400，总进化代数为 128，平均每次通过 12.8 代进化得到结果
种群数量为 500，总进化代数为 131，平均每次通过 13.1 代进化得到结果
种群数量为 600，总进化代数为 121，平均每次通过 12.1 代进化得到结果
种群数量为 700，总进化代数为 115，平均每次通过 11.5 代进化得到结果
种群数量为 800，总进化代数为 118，平均每次通过 11.8 代进化得到结果
种群数量为 900，总进化代数为 118，平均每次通过 11.8 代进化得到结果
```

从结果中可以看到，适当增加种群的个体数量，可以更快地获得结果。对于其他参数，大家也可以通过同样的方法进行测试。表 7-10 为各种参数的测试结果，每一次只改变一个参数的值，其他参数为默认值。

表 7-10 遗传算法参数调优

参数	数值	结果（平均进化代数）
突变概率	0.1	21.6
突变概率	0.15	20.4
突变概率	0.2	31.2
突变概率	0.25	61.7
突变概率	0.3	91.3
突变概率	0.35	100
突变概率	0.4	100
突变概率	0.45	100
繁衍权力	10	23.3
繁衍权力	20	14.6
繁衍权力	30	15.5
繁衍权力	40	13.9
繁衍权力	50	17.7
繁衍权力	60	23.1
繁衍权力	70	30.2
繁衍权力	80	45.4
繁衍权力	90	59.5

从表 7-10 中可以知道，突变概率确实不能太大，越大则需越多次进化，并且在大于 0.35 后就不能求出结果，因为程序设置了最大迭代次数为 100。当繁衍权力为 40 时，即种群前 40% 的个体能够有机会繁衍下一代，得到的进化代数结果是最小的。在解决实际问题时，大家也可以通过这样的调试方式找到合适的参数值。

下面再用调试过的参数，即种群数 400，突变概率 0.15，繁衍权力 40，重新测试程序，观察程序是否能提高效率。

```
ga = GeneticAlgorithm('generation', population_size=400,
    proba_crossover=40, mutation=0.15)
ga.main()
# --------- 结果 -----------
第 1 代 单词 : uedpwxdkon  适应值 : 3
第 2 代 单词 : uedpwxdkon  适应值 : 3
第 3 代 单词 : gefzrbvbin  适应值 : 4
第 4 代 单词 : gexewgticx  适应值 : 5
第 5 代 单词 : oeteravign  适应值 : 6
第 6 代 单词 : xeneratijn  适应值 : 8
第 7 代 单词 : xeneratijn  适应值 : 8
```

```
第 8 代 单词： xeneratijn   适应值： 8
第 9 代 单词： generation   适应值： 10
```

从上述结果中可以看到，调优过的参数起作用了，比刚才少了 4 代，在第 9 代即找到了答案。有读者可能会认为这只是一个意外，那么再来做一个更严谨的测试，同样运行 10 次，验证效率是否真的提高了。

```
generate1 = 0
generate2 = 0
for _ in range(10): # 经过 10 次运算
    ga = GeneticAlgorithm(target)
    ga.main()
    generate1 += ga.generation
    ga = GeneticAlgorithm(target, population_size=400,
        proba_crossover=40, mutation=0.15)
    ga.main()
    generate2 += ga.generation
print('默认参数：总进化代数为 %d，平均每次通过 %.1f 代进化得到结果 ' % (
    generate1, generate1/10))
print('调优参数：总进化代数为 %d，平均每次通过 %.1f 代进化得到结果 ' % (
    generate2, generate2 / 10))
# --------- 结果 -----------
默认参数：总进化代数为 148，平均每次通过 14.8 代进化得到结果
调优参数：总进化代数为 101，平均每次通过 10.1 代进化得到结果
```

7.8 挑战：旅游路线规划师

现在很多人喜欢定制旅游，即设计符合自己喜好的专属路线。因此，旅行社也进行了相应的改革，如把一些长线旅游路线拆分为多个短线旅游；或者都变成一日游，可以随意组合；或者提供定制化旅游，根据客户要求设计路线。但是旅游路线设计师的数量有限，远远满足不了大量的客户咨询。能否让计算机成为“旅游路线规划师”，让它帮忙处理海量的客户咨询呢？现在你作为技术部的经理，为该需求提出了一个初步方案：客户输入自己计划要去旅游的城市，计算机可以帮忙找出一条最短的路线，从一个城市出发，遍历完所有城市后回到出发地。下面就来实现这个功能。

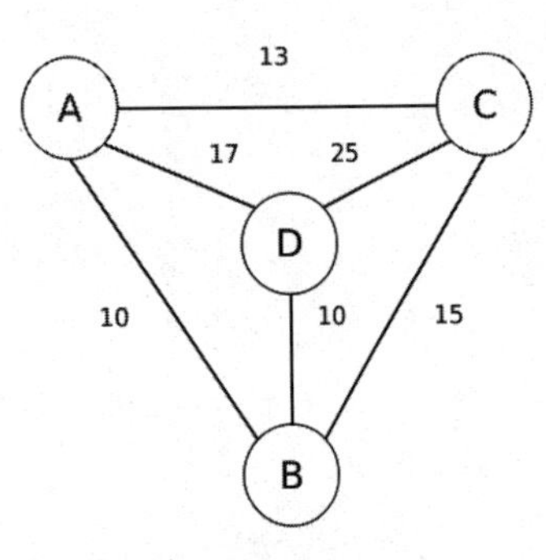

图 7-20　旅行商问题

简单来说，就是给定一组城市，并确定每对城市间的距离，需要解决的问题是找到一条最短的路线，可以访问每一个城市并返回起点。这是一个经典问题，称为旅行商问题（Travelling SalesMan problem，TSM）。下面举一个例子，如图 7-20 所示，

这里有 4 个城市，每个城市都相互连接，挑选的路线是 C—A—D—B—C，这个路线的总代价为 13+17+10+15=55。

7.8.1 方案一：穷举法

首先基于穷举法设计程序。准备一些基本元素，先创建一个 City 类代表城市。

```
import numpy as np # 用 numpy 可以优化数学运算，比 math 高效
class City(object):
    """ 城市 """
    def __init__(self, x, y):
        self.x = x
        self.y = y
    def distance(self, city):
        # 计算两个城市的距离，使用欧拉距离，即两个坐标的直线距离
        dx = abs(self.x - city.x)
        dy = abs(self.y - city.y)
        return np.sqrt((dx ** 2) + (dy ** 2))
    def __repr__(self):
        return "({},{})".format(self.x, self.y)
```

这里用直角坐标点来表示城市，然后通过随机函数生成坐标 x 和 y 来创建城市，函数为 generate_city(n)，n 为需要创建的城市数量。

```
import random
def generate_city(n):
    # 用于生成随机城市，返回两种形式的表达
    city_list = []          # 一种是城市坐标列表
    distances_array = []    # 另一种是城市与城市间的距离矩阵
    for i in range(n):
        city_list.append(City(
            x=int(random.random() * 200),
            y=int(random.random() * 200)))
    for i in range(n):
        row = list()
        for j in range(n):
            row.append(np.linalg.norm(
                city_list[i].distance(city_list[j])))
        distances_array.append(row)
    distances_array = np.array(distances_array)
    return city_list, distances_array
```

generate_city() 函数的返回值是一个城市列表和一个城市与城市间的距离矩阵（后面的其他方案会用到）。

编号穷举算法的主函数把所有城市进行全排列操作，求解每一种排列方式的总距离，最后找到路径最短的方案。

```
from itertools import permutations          # 生成全排列
def enumeration_algo(city_list):
    # 穷举所有路径，求解最短路径
    solutions = permutations(city_list)    # 返回结果是一个迭代器
    min_distance = float("Inf")            # 初始化为无穷大
    result = None # 记录最短路径访问城市的顺序
    try:
        while True:
            s = next(solutions)            # 用 next() 函数获取迭代器的一个值
            total_disctance = 0            # 初始化此路径的总距离
            for i in range(1, len(s)-1):
                total_disctance += s[i-1].distance(s[i])
            total_disctance += s[-1].distance(s[0])
            print("路线距离：", total_disctance)
            if total_disctance < min_distance: # 如果比最短路径小，则更新
                min_distance = total_disctance
                result = s
    except StopIteration:
        # 迭代器结束
        print("最短路径：", min_distance)
        for i, city in enumerate(result):
            if i == len(result) - 1: # 最后一个城市，需要在后面补上第一个城市
                print("{} -> {}".format(city, result[0]))
            else:
                print(city, end = ' -> ')
```

调用 permutations() 函数来生成全排列组合，返回的结果是一个迭代器，其好处是可以减少占用的内存，也可以调用 list() 函数把结果转化为列表。如果是迭代器，则通过 next() 函数获取下一个值，而不是用下标来获取值。因为每一个值都是在调用 next() 函数时才创建出来，所以 next() 函数不占用内存；而 list() 函数则把所有结果一次性全部计算出来保存在内存中。更多关于迭代器的介绍，读者可以查阅其他专业资料，这里不展开讨论。

下面验证程序运行是否符合要求。

```
city_list, distances_array = generate_city(4) # 随机生成 4 个城市地点
enumeration_algo(city_list)
# ------------ 结果 ---------------
路线距离： 356.1452462613569
路线距离： 357.7740033959209
路线距离： 473.923884591061
路线距离： 206.33744535065074
```

```
路线距离： 506.32263434648723
路线距离： 237.107437971513
路线距离： 357.7740033959209
路线距离： 356.1452462613569
路线距离： 482.39471859107545
路线距离： 213.17952221610122
路线距离： 513.1647112119377
路线距离： 245.57827197152744
路线距离： 206.33744535065074
路线距离： 473.923884591061
路线距离： 213.17952221610122
路线距离： 482.3947185910754
路线距离： 361.72815316666754
路线距离： 363.35691030123155
路线距离： 237.107437971513
路线距离： 506.3226343464872
路线距离： 245.57827197152744
路线距离： 513.1647112119376
路线距离： 363.35691030123155
路线距离： 361.72815316666754
最短路径： 206.33744535065074
(151,36)->(75,160)->(71,193)->(130,18)->(151,36)
```

最短路径确实是所有结果中最小的，访问路线也可以正确输出。穷举法除了运行效率较低外，其他没有太大问题。

7.8.2 方案二：动态规划

基于穷举算法的智能路线规划师 1.0 版本上线，产品大受欢迎，很多旅游论坛都推荐使用该工具来规划路线。这是令人欢喜令人忧的消息，一方面产品备受欢迎，公司业绩上升；另一方面访问数量多，服务器压力大，应对不了这么多查询。因此，应继续优化程序，用其他算法来实现这个功能。其中有人建议用动态规划算法，思路如下。

假设给定的顶点集为 $\{1, 2, 3, 4, \cdots, n\}$，自下而上计算结果。首先设置一个参数 cost，用于记录子问题的解。cost 是一个字典，键值代表当前状态，它有两个参数，即已访问节点集合和最后一个访问节点；值代表到达该状态的最优解，它也有两个参数，即路径距离和倒数第二个节点。在初始状态，开始访问第一个城市，然后通过添加每一个城市来扩展状态，以此类推。每次访问以前访问过的子问题的解时，只会保存最优解。通过刚才的例子来观察动态规划的执行过程，如图 7-20 所示，一共有 4 个城市，可以选择从任意一个城市开始，因此一开始就有 4 个起点，求解分析过程如表 7-11 所示。

表 7-11　求解分析过程

第一层	第二层	第三层	第四层
{([A],A): (0,None)}	{([A,B],B): (10,A)}	{([A,B,C],C): (25,B)}	{([A,B,C,D],D): (50,C)}
		{([A,B,D],D): (20,B)}	{([A,B,C,D],C): (45,D)}
	{([A,C],C): (13,A)}	{([A,B,C],B): (28,C)}	{([A,B,C,D],D): (38,B)}
		{([A,C,D],D): (38,C)}	{([A,B,C,D],B): (48,D)}
	{([A,D],D): (17,A)}	{([A,B,D],B): (27,D)}	{([A,B,C,D],C): (42,B)}
		{([A,C,D],C): (42,D)}	{([A,B,C,D],B): (57,C)}
{([B],B): (0,None)}			
{([C],C): (0,None)}			
{([D],D): (0,None)}			

这里只是展开了其中一个分支，初始状态为城市 A，即最后访问的城市也是 A。A 是出发点，所以路径距离为 0，由于没有倒数第二个访问城市，因此用 None 表示。城市 A 可以访问其余 3 个城市，所以在第二层有 3 个分支，分别代表选择不同城市的路径，因此它们的键值可以反映它们的选择，并且它们有共同的倒数第二个访问城市 A。以此类推，得到表 7-11 中的结果。读者可以按照同样的方法，尝试计算补充其他分支。仔细观察可以发现，越到后面，越来越多的子问题已经计算过了。同时，可发现最短路径在第一个分支上，即 {([A,B,C,D],C):(42,B)}。回溯上一个节点 B，以此类推，可以把路径找回来，为 C—B—D—A，总距离就是 42，加上起点 A 到终点 C 的距离 13，值为 55，最终路径为 A—C—B—D—A。

动态规划算法比穷举算法效率高，因为其避免了很多重复计算，但在空间上需要保存求解过程的子问题的解。虽然采用动态规划算法会牺牲一部分空间，但换来了效率的大幅提升，这是完全可以接受的。

最后，这个方案也得到了大家的认可，于是准备将其升级为智能路线规划师 2.0 版本，代码如下：

```
def dp_algo(distances_array):
    n = len(distances_array)        # 城市数量
    all_points_set = set(range(n)) # 城市编号
    # cost-key：键值代表当前状态，它是一个队列
    # 包含两个参数：已访问节点集合、最后一个访问节点
```

```
    # cost-value：值代表到达该状态的最优解，它是一个队列
    # 包含两个参数：路径距离、倒数第二个访问节点
    cost = {}
    # queue 中的元素包含两个参数
    # 已经访问过的节点、最后一个访问节点，即 cost 的键值
    queue = [] # 开放队列保存将要访问的状态
    for i in range(n):
        # 初始状态只有一个节点，距离为 0，没有倒数第二个节点，用 None 表示
        cost[(tuple([i]), i)] = tuple([0, None])
        queue.append((tuple([i]), i))
    while queue:
        prev_visited, prev_last_point = queue.pop(0) # 获取一个入口，开始搜索
        prev_dist, _ = cost[(prev_visited, prev_last_point)]
        # 排除已经访问的节点，剩下将要访问的节点
        to_visit = all_points_set.difference(set(prev_visited))
        for new_last_point in to_visit:
            # 遍历所有未访问节点
            new_visited = tuple(sorted(list(prev_visited) + [new_last_point]))
            # 添加新节点后，更新路径距离
            new_dist = prev_dist + distances_array[prev_last_point][new_last_
             point]
            if (new_visited, new_last_point) not in cost:
                # 如果没有在 cost 找到，则添加新的元素
                cost[(new_visited, new_last_point)] = (new_dist, prev_last_
                 point)
                # 把新状态添加进去
                queue += [(new_visited, new_last_point)]
            else:
                # 如果已经在 cost 表中，则看是否获得更小的代价，若有则更新值
                if new_dist < cost[(new_visited, new_last_point)][0]:
                    cost[(new_visited, new_last_point)] = (new_dist, prev_last_point)
    # 通过 cost 表回溯最优路径和计算最短路程
    return retrace_optimal_path(cost, n)
def retrace_optimal_path(cost, n):
    points_to_retrace = tuple(range(n))    # 未访问城市数量，初始值为总城市数量
    path_key = None # 记录最短距离的状态键值
    optimal_cost = float('inf')            # 记录最短路径值
    for k, v in cost.items():
        # 是否为遍历所有城市的状态的解
        if k[0] == points_to_retrace:
            if v[0] < optimal_cost:
                optimal_cost = v[0]
                path_key = k
    last_point = path_key[1]               # 键值的第二个值是最后访问的城市
    next_to_last_point = cost[path_key][1] # 找到倒数第二个访问的节点
```

```
    optimal_path = [last_point]            # 记录最优路径
    points_to_retrace = tuple(sorted(set(points_to_retrace).difference({last_
     point})))
    while next_to_last_point is not None: # 还存在未访问城市，继续循环
        last_point = next_to_last_point
        path_key = (points_to_retrace, last_point)        # 构建键值
        next_to_last_point = cost[path_key][1]            # 找到上一个城市
        optimal_path = [last_point] + optimal_path        # 添加到最优路径
        # 更新未访问城市
        points_to_retrace = tuple(sorted(set(points_to_retrace).
         difference({last_point})))
    return optimal_path, optimal_cost
```

dp_algo() 函数负责动态规划求解过程，retrace_optimal_path() 函数负责根据动态规划函数得到的问题所有解字典 cost，回溯求解最优路径和最短路径距离。同样通过 generate_city() 函数随机产生城市位置，这次使用城市距离矩阵 distances_array 作为输入参数。

```
citys, distances_array = generate_city(4) # 有 4 个城市
optimal_path, optimal_cost = dp_algo(distances_array)
print("======== 动态规划 ==========")
print(f" 最短路径 : {round(optimal_cost, 3)}")
for i, key in enumerate(optimal_path):
    if i == len(citys) - 1: # 最后一个城市，需要在后面补上第一个城市
        print(f"{citys[key]}->{citys[optimal_path[0]]}")
    else:
        print(citys[key], end = '->')
print("======== 穷举算法 ==========")
enumeration_algo(citys)
# ----------- 输出 ---------------
======== 动态规划 ==========
最短路径 : 189.225
(163,27)->(156,24)->(66,63)->(42,143)->(163,27)
======== 穷举算法 ==========
最短路径 : 189.225
(156,24)->(66,63)->(42,143)->(163,27)->(156,24)
```

两种算法求解到的最短距离的结果是一致的，有时路径看起来不一样，其实是同一条路径，只是出发的方向不同，或者起点城市不同而已。

7.8.3 方案三：遗传算法

智能路线规划师 2.0 版本的效率提升了不少，服务器压力也减小了，但是运行了一段时间后，运维工程师经常反映系统有时会超负载运行，不得不重启。通过调查系统的运行日志，发现有些人

规划旅游时完全没有章法，甚至有时输入上百个城市。为了避免这样的事情不断发生，工程师又提出了一个方案，即使用遗传算法。遗传算法可以限定一个进化的代数，返回一个比较好的解，而不是穷尽资源去找一个最优解。对于那些输入好几百个城市的客户，这样的解完全可以满足其目的。经过讨论，大家决定在智能路线规划师 3.0 版本中加入遗传算法，专门解决一些海量城市路线规划需求。

第一步，设置种群。种群由个体构成，一个个体就是一个解，因此个体就是一条路径，它的基因就是每一个城市。使用 init_population() 函数创建种群。

```
# 种群设置
def init_population(self):
    # 创建一个种群
    population = []
    for i in range(self.population_size):
        route = random.sample(self.city_list, len(self.city_list))
        population.append(route)
    return population
```

第二步，设计一个适应能力值来反映个体的好坏。本程序的目标是得到最短路径，因此个体（解）的路径总长度越长，适应能力值就越小，因此用路径长度的倒数作为适应能力值。fitness() 函数用于计算个体的适应能力值，然后调用 rank_routes() 函数让种群个体按照这个适应值由大到小来排序。

```
def fitness(self, route):
    # 计算个体的适应能力值
    path_distance = 0 # 路径的总距离
    for i in range(0, len(route)):
        from_city = route[i]
        if i + 1 < len(route):
            to_city = route[i + 1]
        else:
            to_city = route[0]
        path_distance += from_city.distance(to_city)
    distance = path_distance
    # 距离越长，适应能力值越小，因此用路径长度的倒数作为适应能力值
    return 1 / float(distance)

def rank_routes(self, population):
    # 适应能力值排名
    fitness_results = {}
    for i in range(0, len(population)):
        fitness_results[i] = self.fitness(population[i])
    return sorted(
        fitness_results.items(),
```

```
        key=operator.itemgetter(1),
        reverse = True)
```

第三步，决定挑选优秀个体的方式。这里选择两种模式，首先通过精英模式保留前 *n* 个最优秀的个体，然后通过轮盘赌选择方式挑选个体进入杂交处理。轮盘赌选择如表 7-12 所示。

表 7-12　轮盘赌选择

适应能力值 *f*	概率 *p*	累加适应值 cum_f	累加概率 cum_perc
10	0.2	10	0.2
20	0.4	30	0.6
5	0.1	35	0.7
15	0.3	50	1

概率 $p=f/\text{sum}(f)$，即个体适应能力值占总适应能力值的比例。根据概率，可以绘制一个转盘，如图 7-21 所示。

其与转盘抽奖类似，指针指到什么就抽中什么。适应能力值越大，越容易被抽中。但若做成以上形式，在程序上不好处理，所以把这个值变成累加适应值和累加概率。累加适应值就是把前面所有的适应能力值汇总求和，累加概率 cum_perc=cum_f/sum(*f*)，即累加适应值除以适应能力值总和。那么它的意思就像一条线段，随机抽出一个数，看这个数落在线段的哪个范围，就算是被抽中，如图 7-22 所示。

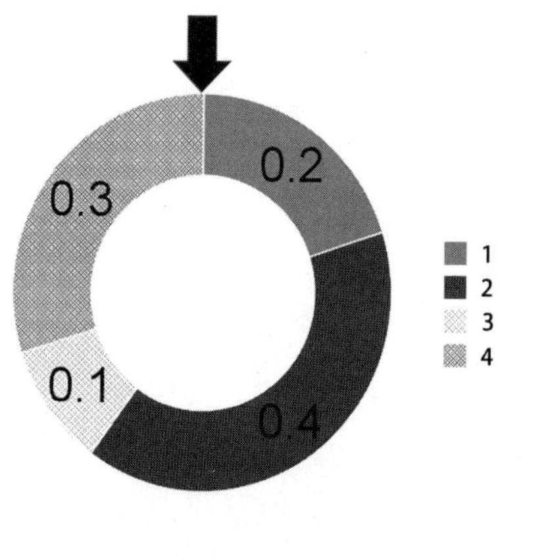

图 7-21　转盘

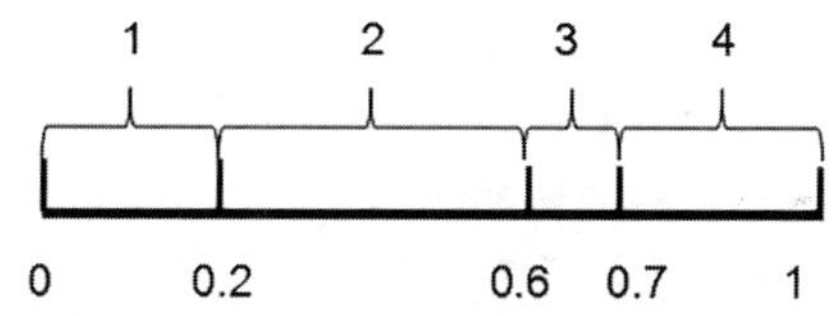

图 7-22　轮盘赌概率区间换算图

例如，随机抽到 0.351，那么就是落在区间 2 内（2 的累加概率 0.6>0.351），即选择第二个个体。这样也满足适应能力值越大，越容易被抽中。这种形式用程序实现起来很简单，只需要遍历一遍即可，即比较每一个个体的累加概率，若大于这个随机值，便选中此个体。

```
def selection(self, population, population_ranked):
    # 根据适应能力值挑选个体进入杂交处理
    mating_pool = []  # 记录被挑选的个体
    df = pd.DataFrame(np.array(population_ranked), columns=["Index",
```

```
 "Fitness"])
    # 通过这个方法，把适应能力值归一化后，变成一个按排名的分数
    df['cum_sum'] = df.Fitness.cumsum()
    df['cum_perc'] = 100 * df.cum_sum / df.Fitness.sum()
    for i in range(0, self.elite_size):
        # 精英模式
        mating_pool.append(population[population_ranked[i][0]])
    for i in range(0, len(population_ranked) - self.elite_size):
        # 剩下的按轮盘赌选择
        pick = 100 * random.random() # 每次生成一个 0~1 的随机数
        for i in range(0, len(population_ranked)):
            if pick <= df.iat[i, 3]: # 看落在哪个区间，就选择该个体
                mating_pool.append(population[population_ranked[i][0]])
                break
    return mating_pool
```

注意：使用 pandas 求解累加概率是为了提高计算效率，它和 numpy 底层都是由 C 语言实现的，运行效率高。

第四步，处理基因杂交过程和基因突变过程。breed_population() 函数用于处理杂交过程，首先保证精英模式的个体直接进入下一代，然后随机挑选两个个体，调用 breed() 函数进行基因交换。然后调用 mutate_population() 函数对新一代的个体按照给定概率进行基因突变处理，处理的方式是随机调换两个基因的位置，即调换这条路径上的两个城市位置。

```
def breed_population(self, mating_pool):
    # 杂交处理
    def breed(parent1, parent2):
        # 父母杂交，创建新的一代
        child_p1 = []  # 来自 parent1 的基因
        child_p2 = []  # 来自 parent2 的基因
        gene_A = int(random.random() * len(parent1))
        gene_B = int(random.random() * len(parent1))
        start_gene = min(gene_A, gene_B)
        end_gene = max(gene_A, gene_B)
        # 随机抽取 parent1 的一段基因
        for i in range(start_gene, end_gene):
            child_p1.append(parent1[i])
        for item in parent2:
            # 剩下的都来自 parent2
            if item not in child_p1:
                child_p2.append(item)
        child = child_p1 + child_p2
        return child
    children = [] # 记录下一代个体
```

```
        length = len(mating_pool) - self.elite_size
        pool = random.sample(mating_pool, len(mating_pool)) # 打乱顺序
        for i in range(0, self.elite_size):
            # 精英模式，直接进入下一代
            children.append(mating_pool[i])
        for i in range(0, length):
            child = breed(pool[i], pool[len(mating_pool) - i - 1])
            children.append(child)
        return children
    def mutate_population(self, population):
        # 基因突变处理
        def mutate(individual):
            for index_city1 in range(len(individual)):
                if (random.random() < self.mutation_rate):
                    # 若个体（路径）发生变异，随机挑选两个城市交换位置
                    index_city2 = int(random.random() * len(individual))
                    city1 = individual[index_city1]
                    city2 = individual[index_city2]
                    individual[index_city1] = city2
                    individual[index_city2] = city1
            return individual
        mutated_population = []
        for index_population in range(0, len(population)):
          mutated_population.append(mutate(population[index_population]))
        return mutated_population
```

最后调用 next_generation() 函数把上面的几个过程串联起来。首先计算个体适应能力值并进行排名，然后挑选个体进行杂交处理和基因突变处理，最后函数返回新一代种群。

```
def next_generation(self, current_generation):
    # 生成下一代
    population_ranked = self.rank_routes(current_generation) # 计算排名
    mating_pool = self.selection(current_generation, population_ranked)
                                                              # 挑选个体繁衍
    children = self.breed_population(mating_pool)           # 杂交处理
    new_generation = self.mutate_population(children)      # 基因突变处理
    return new_generation # 返回新一代种群
```

这里预设使用场景是用户输入大量的城市（超过 30 个），使用动态规划算法需要占用大量空间，并且运算时间长，用户等待结果的时间过长，使用体验不好。而且输入大量城市的用户也不需要最优路线，一般情况下只需要一个大概的计划。所以，决定不对遗传算法的结果收敛程度进行评估，每次运算就按照给定的进化次数，尽可能找到比较好的结果。下面查看整个 GeneticAlgorithm 类的结构，其中 run() 函数是算法调用的入口。

注意：大部分代码在上面已经展示了，这里只是展示遗传算法的类结构，再次梳理算法的求解

思路。

```
import pandas as pd                    # 数据处理模块，加快适应能力值计算
import numpy as np                     # 数据处理模块
import random, operator                # 随机函数模块，操作模块
import matplotlib.pyplot as plt        # 画图模块
class GeneticAlgorithm(object):
    """ 遗传算法解决旅行者问题 """
    def __init__(self, city_list, population_size,
        elite_size, mutation_rate, generations):
        self.city_list = city_list                    # 城市列表
        self.population_size = population_size        # 种群大小
        self.elite_size = elite_size                  # 精英模式数量
        self.mutation_rate = mutation_rate            # 变异概率
        self.generations = generations                # 进化的总代数
        self.progress = []                            # 记录每一代的最优结果

    def init_population(self):
    # 创建一个种群

    def fitness(self, route):
    # 计算个体的适应能力值

    def fitness(self, route):
    # 计算个体的适应能力值

    def rank_routes(self, population):
    # 适应能力值排名

    def selection(self, population, population_ranked):
    # 根据适应能力值挑选个体进入杂交处理

    def breed_population(self, mating_pool):
    # 杂交处理

    def mutate_population(self, population):
    # 基因突变处理

    def next_generation(self, current_generation):
    # 生成下一代

    def run(self):
        # 算法调用的入口
        population = self.init_population()
```

```
        self.progress.append(1 / self.rank_routes(population)[0][1])
        print("第一代最短路径：" + str(self.progress[0]))
        for i in range(0, self.generations):
            population = self.next_generation(population)
            self.progress.append(1 / self.rank_routes(population)[0][1])
        print("最后一代最短路径：" + str(1 / self.rank_routes(population)[0][1]))
        index_best_route = self.rank_routes(population)[0][0]
    return population[index_best_route]
```

测试遗传算法能否满足使用要求。首先根据经验配置种群数量为 50，精英数量为 10%，即 5，然后设置突变概率为 0.01，进化代数为 50。

```
citys, _ = generate_city(20)
ga = GeneticAlgorithm(
    city_list=citys,
    population_size=50,      # 种群大小
    elite_size=5,            # 精英数量
    mutation_rate=0.01,      # 突变概率
    generations=50           # 进化代数
)
result = ga.run()
第一代最短路径：1645.1145130139098
最后一代最短路径：1012.4820666456916
```

从结果中可以看到，种群经过 50 代进化后，最短路径有所缩减。为了更直观地观察每一代的进化历程，通过变量 progress 记录每一代最优解情况。下面增加一个画图函数 draw_progress()，把 progress 的变化展示在坐标图中。

```
def draw_progress(self):
    plt.plot(self.progress)
    plt.ylabel('Distance')
    plt.xlabel('Generation')
    plt.show()
```

matplotlib 模块主要用于绘图。这里把每一代的最短路径距离作为 y 坐标，进化的代数作为 x 坐标，只需通过调用 ga.draw_progress() 函数绘制一个线状图，如图 7-23 所示。

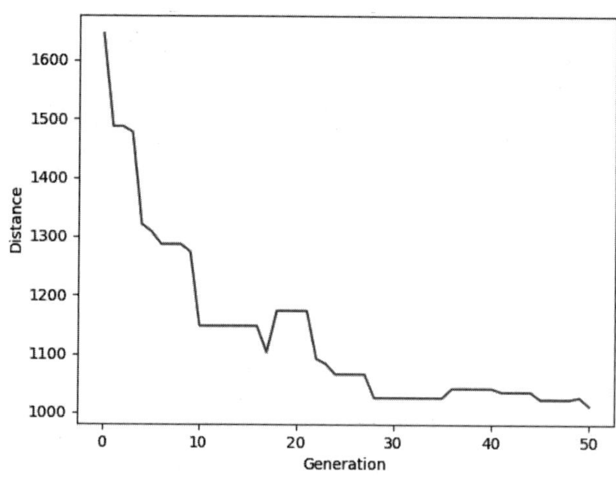

图 7-23　遗传算法线状图

这次不进行参数调优，具体调优需要落实到实际工作中。再举一

个例子，进化代数也可以根据服务器资源来随时更改，在深夜时段，由于访问量少，可以适当增加进化的代数，这也有利于优化结果，但这并不意味着无止境地增加代数就能获得更优结果。例如，把 generations 设为 300，看一下结果如何，如图 7-24 所示。

```
citys, _ = generate_city(20)
ga = GeneticAlgorithm(
    city_list=citys,
    population_size=50, # 种群大小
    elite_size=5,       # 精英数量
    mutation_rate=0.01, # 突变概率
    generations=300     # 进化代数
)

result = ga.run()
ga.draw_progress()
# --------- 结果 -----------
第一代最短路径： 1883.3097600579474
最后一代最短路径： 885.3374707335449
```

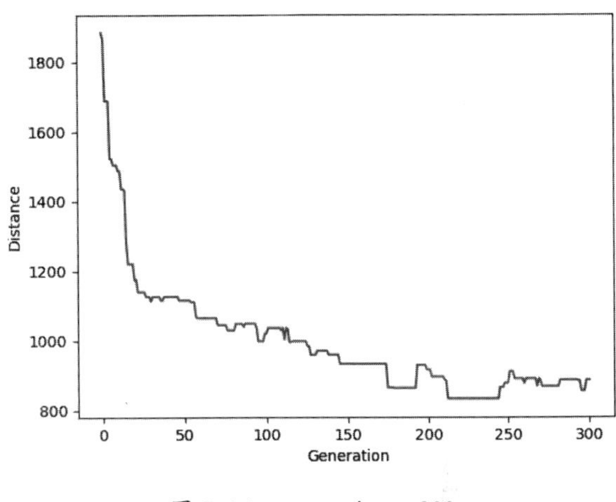

图 7-24　generations=300

观察图 7-24 可知，结果确实比 50 代要好很多，但超过 200 代之后，结果开始有反复。从整条曲线来看，100 代之后的优化速度非常缓慢。有兴趣的读者可以自己尝试调整更好的参数配置，比较动态规划和遗传算法的运行效率，看看城市数量为多少时，使用遗传算法效果更好。

```
import time
input_size = 15
citys, distances_array = generate_city(input_size)
ga = GeneticAlgorithm(
    city_list=citys,
    population_size=50, # 种群大小
    elite_size=5,       # 精英数量
    mutation_rate=0.01, # 突变概率
    generations=80      # 进化代数
)
t = time.time()
result = ga.run()
runtime = round(time.time() - t, 3)
print(' 遗传算法运行时间 ', runtime)
t = time.time()
optimal_path, optimal_cost = dp_algo(distances_array)
print(f" 最短路径： {round(optimal_cost, 3)}")
runtime = round(time.time() - t, 3)
print(' 动态规划运行时间 ', runtime)
# ------------- 结果 ---------------
```

```
第一代最短路径 : 1271.0568177790599
最后一代最短路径 : 735.892004004259
遗传算法运行时间 2.384
最短路径 : 566.928
动态规划运行时间 14.33
```

当输入 15 个城市时，遗传算法进化 80 代，得到 735.892，用时 2.384s；用动态规划算法，得到 566.928，用时 14.33s。那么如何判断结果呢？是等待 14s 要一个最好的结果，还是等待 2s 获得一个不错的结果？

注意：运行环境不一样，结果会有不同。如果城市数量大，动态规划或穷举算法有可能出现内存不足或者运行时间过长的情况，从而造成程序中断。

7.9 总结

本章是本书的最后一章，总结了设计计算机算法的几个常用思路，如递归、递推、分治等，也是人们做事的常用方法论；贪心法、穷举法、启发式搜索等是一类算法的统称，也是一种思考问题、解决问题的技巧。通过以上思维锻炼，相信读者在面对新问题时会有更多的思考角度，在面对实际工作时能够根据不同情况选择合适的算法。正如最后一个挑战题目那样，从零到一，解决问题；再由一变一百，不断优化算法，解决一个个困难。

本书只是算法的基础讲解，其中提到的算法只是众多算法中的冰山一角，每一个专门领域都有很多专门解决该类问题的算法。例如，现在热门的大数据分析领域，解决推荐商品、推荐歌曲、推荐电影等问题就有非常多的算法，如 K 近邻算法、朴素贝叶斯算法、支持向量机算法、随机森林算法等；在语音识别领域，有卷积神经网络、分段模糊聚类、隐马尔科夫模型等算法；在图像处理领域，有人脸识别算法、局部二值模式等，现在更好的人脸识别算法还会结合机器学习和深度学习算法。

学无止境，希望大家能通过本书发现算法的美妙，在挑战问题成功后获得成就感，从而在心中种下一颗求知的种子，继续探寻算法的奥秘。

附　录

Python 语法速查

附 1 Python 内置对象

附 1.1 对象类型

表附 -1 对象类型

对象类型	例子
数字	100、-1.8、2+3j、Fraction
字符串	"Python"、b'a\rxol'、"it's me"
列表	[0,['q', 0.5],{'a':3}]
字典	{'a':3,'b':[1,2,3]}
元组	('apple',3,('a','b'))
文件	file=open('readme','r')
集合	set('123')
其他类型	type、None、布尔型
编程单元类型	函数、模块、类

附 1.2 变量的命名

（1）只能是一个词。

（2）只能包含字母、数字和下画线。

（3）不能以数字开头。

（4）尽量描述包含的数据内容。

（5）不可使用 Python 函数名和关键字。

附 1.3 常用关键词

表附 -2 常用关键词

关键字	含义
False	布尔类型的值，表示假，与 True 相对
None	表示什么也没有，就是自己的数据类型 NoneType
True	布尔类型的值，表示真，与 False 相反

续表

关键字	含义
and	用于表达式运算，逻辑与操作
as	用于类型转换
assert	断言，用于判断变量或者条件表达式的值是否为真
break	中断循环语句的执行
class	用于定义类
continue	跳出本次循环，继续执行下一次循环
def	用于定义函数或方法
del	删除变量或序列的值
elif	条件语句，与 if、else 结合使用
else	条件语句，与 if、else 结合使用 ，也可用于异常和循环语句
except	包含捕获异常后的操作代码块，与 try、finally 结合使用
finally	用于异常语句，出现异常后，始终要执行 finally 包含的代码块，与 try、except 结合使用
for	for 循环语句
from	用于导入模块，与 import 结合使用
global	定义全局变量
if	条件语句，与 elif、else 结合使用
import	用于导入模块，与 from 结合使用
in	判断变量是否在序列中
is	判断变量是否为某个类的实例
lambda	定义匿名函数
nonlocal	用于标识外部作用域的函数
not	用于表达式运算，逻辑非操作
or	用于表达式运算，逻辑或操作
pass	空的类、方法或函数的占位符
raise	异常抛出操作
return	用于从函数返回计算结果
try	包含可能会出现异常的语句，与 except、finally 结合使用
while	while 循环语句
with	简化 Python 的语句
yield	用于从函数依次返回值

附 1.4　数字

表附 -3　数字类型

类型	例子
整数	100、-10、0
十六进制	0xa5bc3
二进制	0b1101
八进制	0o177
浮点数	12.3e9、1.2e-05
复数	4+3j
分数	Fraction(3,4)

表附 -4　数字类型运算符

运算符	说明	例子
+	加法	30+40=70
-	减法	15-8=7
*	乘法	15*2=30
/	除法	15/2=7.5
//	取整除	9//4=2
%	取余	9%4=1
**	幂	4**2=16

附 1.5　赋值运算符

表附 -5　赋值运算符

运算符	例子	说明	结果
=	a=1+3	把"="右边的结果给左边的变量	4
+=	a+=1	加法赋值运算符，等效 a = a + 1	5
-=	a -=1	减法赋值运算符，等效 a = a - 1	4
*=	a*=2	乘法赋值运算符，等效 a = a * 2	8
/=	a/=2	除法赋值运算符，等效 a = a / 2	4
%=	a%=5	取模赋值运算符，等效 a = a % 5	4
**=	a**=3	幂赋值运算符，等效 a = a ** 3	64

续表

运算符	例子	说明	结果
//=	a//=3	取整除赋值运算符，等效 a = a // 3	21

附 1.6 字符串

（1）常见字符串表达式。

表附-6 常见字符串表达式

表达式	结果	解释
S1 = ''	空	空字符串
S2 = "spam's"	spam's	双引号和单引号相同
S3 = "s\np\ta\x00m"	s p am	转义字符
S4 = """spam"""	spam	三重引号字符串，一般用于函数说明
S5 = r'\temp'	\temp	Raw 字符串，不会进行转义，抑制转义
S6 = b'Spam'	Spam	Python 3.X 中的字节字符串
S7 = u'spam'	spam	Python 2.X 中的 Unicode 字符串

（2）常见字符串操作。初始化三个变量，s1='123'、s2='abcd'、s3=' hello world '。

表附-7 常见字符串操作

操作	结果	解释
s1+s2	123abcd	合并字符串
s1*2	123123	字符串重复
s1[0]	1	索引
s2[0:3]	abc	分片
len(s1)	3	求长度
s2.find('b')	1	搜索
s3.strip()	hello world	清除字符串左右两边空格
s2.split('b')	['a', 'cd']	用给定符号分隔字符串
s1.isdigit()	True	是否是数值
s2.endswith('cd')	True	字符串结尾是否等于给定字符串
s3.replace('hello', 'hi')	' hi world '	用给定字符串替换

续表

操作	结果	解释
for x in s1：print(x)	1 2 3	成员关系
[i*2 for i in s2]	['aa', 'bb', 'cc', 'dd']	成员关系
','.join(s2)	a,b,c,d	插入分隔符

（3）字符串格式化输出。基于C语言的print模型，并且在大多数现有语言中使用。

表附-8　基于C语言的print模型

操作	结果
"这里有 %d 个 %s" % (1, '苹果')	'这里有 1 个苹果'
"%06d" % (1234)	'001234'
"%e | %f | %g" % (1.234, 1.234, 1.234)	'1.234000e+00 | 1.234000 | 1.234'
"%06.2f" % (1.2579)	'001.26'
"%(n1)d---%(n2)s" % {"n1":23, "n2":"v2"}	'23---v2'

format() 函数调用方式。

表附-9　format() 函数调用方式

操作	结果
"{},{} 和 {}".format('A','B','C')	'A,B 和 C'
"{begin} 和 {end}".format(begin='A',end='C')	'A 和 C'
"第一个元素 {0[0]}, 第二个元素 {0[1]}".format(['A', 'B', 'C'])	'第一个元素 A, 第二个元素 B'
'={0:6} = {1:5}'.format('spam', 12.4)	'=spam = 12.4'
'={0:<4}={0:>4}={0:^6}'.format('OK')	'=OK = OK= OK '
'{0:X}, {1:o}, {2:b}'.format(255, 255, 255)	'FF, 377, 11111111'

格式化字符串常量，此方法在Python 3.6及以后的版本可用。设置L=[1,2,3]，a=128，d=datetime.datetime.strptime('2020-02-14','%Y-%m-%d')，d是一个日期格式变量。

表附-10　格式化字符串常量

操作	结果
f"列表的第一个元素是 {L[0]}"	'列表的第一个元素是 1'
f'24*8+4={24 * 8 + 4}'	'24*8+4=196'

续表

操作	结果
f" 列表长度为 {len(l)}"	' 列表长度为 3'
f'{a:x}，{a:o}，{a:b}'	'80，200，10000000'
f' 星期几 (缩写):{d:%a}，星期几 (数字):{d:%w}'	' 星期几 (缩写):Fri，星期几 (数字):5'

附 1.7　格式描述符

（1）格式类型相关格式描述符。

表附 -11　格式类型相关格式描述符

格式描述符	含义与作用
s	普通字符串格式
b	二进制整数格式
c	字符格式，按 Unicode 编码将整数转换为对应字符
d	十进制整数格式
o	八进制整数格式
x	十六进制整数格式（小写字母）
X	十六进制整数格式（大写字母）
e	科学计数格式，以 e 表示 ×10^
E	与 e 等价，但以 E 表示 ×10^
f	定点数格式，默认精度（precision）是 6
F	与 f 等价，但将 nan 和 inf 换成 NAN 和 INF
g	通用格式，小数用 f，大数用 e
G	与 G 等价，但小数用 F，大数用 E

（2）排版时间信息的格式类型，适用于 date、datetime 和 time 对象。

表附 -12　排版时间信息的格式类型

格式描述符	含义	显示样例
%a	星期几（缩写）	'Sun'
%A	星期几（全写）	'Sunday'
%w	星期几（数字，0 是周日，6 是周六）	'0'

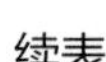
续表

格式描述符	含义	显示样例
%u	星期几（数字，1 是周一，7 是周日）	'7'
%d	日（数字，以 0 补足两位）	'07'
%b	月（缩写）	'Aug'
%B	月（全写）	'August'
%m	月（数字，以 0 补足两位）	'08'
%y	年（后两位数字，以 0 补足两位）	'14'
%Y	年（完整数字，不补零）	'2014'
%H	小时（24 小时制，以 0 补足两位）	'23'
%I	小时（12 小时制，以 0 补足两位）	'11'
%p	上午 / 下午	'PM'
%M	分钟（以 0 补足两位）	'23'
%S	秒钟（以 0 补足两位）	'56'
%f	微秒（以 0 补足六位）	'553777'
%z	UTC 偏移量（格式是 ±HHMM[SS]，未指定时区则返回空字符串）	'+1030'
%Z	时区名（未指定时区则返回空字符串）	'EST'
%j	一年中的第几天（以 0 补足三位）	'195'
%U	一年中的第几周（以全年首个周日后的星期为第 0 周，以 0 补足两位）	'27'
%w	一年中的第几周（以全年首个周一后的星期为第 0 周，以 0 补足两位）	'28'
%V	一年中的第几周（以全年首个包含 1 月 4 日的星期为第 1 周，以 0 补足两位）	'28'

（3）对齐相关格式描述符。

表附 -13　对齐相关格式描述符

格式描述符	含义与作用
<	左对齐（字符串默认对齐方式）
>	右对齐（数值默认对齐方式）
^	居中

（4）转义字符。

表附 -14 转义字符

转义字符	意义
\a	响铃 (BEL)
\b	退格 (BS)，将当前位置移到前一列
\f	换页 (FF)，将当前位置移到下页开头
\n	换行 (LF)，将当前位置移到下一行开头
\r	回车 (CR)，将当前位置移到本行开头
\t	水平制表 (HT) (跳到下一个 Tab 位置)
\v	垂直制表 (VT)
\\\\	代表一个反斜杠字符 "\\"
\\'	代表一个单引号 (撇号) 字符
\\"	代表一个双引号字符
\\?	代表一个问号字符
\0	空字符 (NUL)
\ddd	1~3 位八进制所代表的任意字符
\xhh	1~2 位十六进制所代表的任意字符
注意：（1）区分斜杠“/”和反斜杠“\”，此处不可互换； （2）以上表格内容无须死记硬背	

附 1.8　常用列表操作

表附 -15 常用列表操作

操作	结果	解释
L = [[1, 2], 'string', {}]	[[1, 2], 'string', {}]	嵌套列表
L = list('spam')	['s', 'p', 'a', 'm']	列表初始化
L = list(range(0, 4))	[0, 1, 2, 3]	列表初始化
len(L)	4	求列表长度
L.count(1)	1	求列表中某个值的个数
L.append(4)	[0, 1, 2, 3, 4]	向列表的尾部添加数据
L.insert(2, 'x')	[0, 1, 'x', 2, 3, 4]	向列表的指定位置添加数据
L.extend(['a','b'])	[0, 1, 'x', 2, 3, 4, 'a', 'b']	通过添加列表的元素来扩展列表

续表

操作	结果	解释
L.pop(2)	[0, 1, 2, 3, 4, 'a', 'b']	删除并返回指定位置的元素，默认为删除并返回最后一个元素
L.remove('a')	[0, 1, 2, 3, 4, 'b']	删除列表中的指定值，只删除第一次出现的值
L.reverse()	['b', 4, 3, 2, 1, 0]	反转列表
L[10:]	[]	这里不会引发 IndexError 异常，只会返回一个空的列表 []

附 1.9　常用字典操作

表附 -16　常用字典操作

操作	结果	解释
D = {'spam': 2, 'tol': {'ham': [2, 3]}}	{'spam': 2, 'tol': {'ham': [2, 3]}}	嵌套字典
D = dict.fromkeys(['s', 'd'], 8)	{'d': 8, 's': 8}	字典初始化
D = dict(name = 'tom', age = 12)	{'age': 12, 'name': 'tom'}	字典初始化
D = dict([('name', 'tom'), ('age', 12)])	{'age': 12, 'name': 'tom'}	字典初始化
D = dict(zip(['name', 'age'], ['tom', 12]))	{'age': 12, 'name': 'tom'}	字典初始化
D.keys()	dict_keys(['name', 'age'])	字典键，类型为列表
D.values()	dict_values(['tom', 12])	字典值，类型为列表
D.items()	dict_items([('name', 'tom'), ('age', 12)])	字典键值对，类型为列表，元素类型为元组
D.get('age', ' 未知 ')	12	通过键值获取值，若没有，则返回指定默认值
D.update({'weight': 50})	{'age': 12, 'name': 'tom', 'weight': 50}	合并字典，如果存在相同的键值，新的数据会覆盖 D 的数据
D.pop('age')	{'name': 'tom', 'weight': 50}	删除字典中键值为 key 的项，返回键值为 key 的值，否则异常
del D['name']	{'weight': 50}	删除字典的某一项
D[(1,2,3)] = 2	{'weight': 50, (1, 2, 3): 2}	tuple 作为字典的 key
del D		删除字典

附 1.10 常见集合操作

set 集合是一个无序不重复元素集，基本功能包括关系测试和消除重复元素。set 集合不记录元素位置或者插入点，因此不支持引索、切片或其他类序列的操作。

表附 -17 常用集合操作

操作	结果	解释
s = set([3,5,9,'e'])	{9, 3, 'e', 5}	创建一个数值集合
t = set("Hello")	{'H', 'e', 'l', 'o'}	创建一个字符集合
t | s 或者 t.union(s)	{3, 5, 'H', 9, 'e', 'o', 'l'}	t 和 s 的并集
t & s 或者 t.intersection(s)	{'e'}	t 和 s 的交集
t - s 或者 t.difference(s)	{'H', 'l', 'o'}	求差集（项在 t 中，但不在 s 中）
t ^ s 或者 t.symmetric_difference(s)	{'l', 3, 5, 'H', 9, 'o'}	对称差集（项在 t 或 s 中，但不会同时出现在二者中）
t.add('x')	{'H', 'e', 'l', 'o', 'x'}	增加
t.remove('H')	{'e', 'l', 'o', 'x'}	删除
s <= t 或者 s.issubset(t)	False	测试 s 中的每一个元素是否都在 t 中
s >= t 或者 s.issuperset(t)	False	测试 t 中的每一个元素是否都在 s 中

附 1.11 布尔值

（1）真假值。

表附 -18 真假值

假	真
False	True
0	6（任意整数）、1.5（任意浮点数）
''（空字符串）	'Python'（字符串）
[]（空列表）	[1,2,3,4]
{}（空字典）	{'a':1,'b':2}
None	

（2）比较运算符产生布尔值。

表附 -19　比较运算符产生布尔值

运算符	释义	作用
==	等于	如果两侧的值相等，条件为真
!=	不等于	如果两侧的值不相等，条件为真
>	大于	如果左侧的值大于右侧，条件为真
<	小于	如果左侧的值小于右侧，条件为真
>=	大于等于	如果左侧的值大于或等于右侧，条件为真
<=	小于等于	如果左侧的值小于或等于右侧，条件为真
注意：运算符之间不用空格，不可以写成 = =、> =		

（3）成员运算符产生布尔值。

表附 -20　成员运算符产生布尔值

运算符	释义	作用
in	属于	如果值在指定序列里，条件为真
not in	不属于	如果值不在指定序列里，条件为真

（4）逻辑运算符产生布尔值。

表附 -21　逻辑运算符产生布尔值

运算符	释义	作用
and	且	连接两个布尔值，如果两个都为真，该条件才为真
or	或	连接两个布尔值，如果有一个为真，该条件即为真
not	非	反逻辑状态，a 为 True，not a 为 False；反之亦然

附 2 函数

附 2.1 函数参数

（1）参数定义。

表附 -22 函数参数匹配表

语法	解释
def func(name)	常规参数，通过位置或变量名进行匹配
def func(name=value)	默认参数，如果没有在调用中传递，则选择默认参数
def func(*name)	匹配并收集（在元组中）所有包含位置的参数
def func(**name)	匹配并收集（在字典中）所有包含位置的参数
def func(*args,name)	参数必须在调用中按照关键字传递

（2）参数传递。

不可变类型：类似 C++ 的值传递，如整数、字符串、元组。例如，fun（a）传递的只是 a 的值，没有影响 a 对象本身。再如，在 fun（a）内部修改 a 的值，只是修改另一个复制的对象，不会影响 a 本身。

可变类型：类似 C++ 的引用传递，如列表、字典。例如 fun（la），则是将 la 真正地传过去，修改后 fun 外部的 la 也会受影响。

Python 中的一切都是对象，因此严格意义上不能说值传递还是引用传递，而应该说传不可变对象和传可变对象。

表附 -23 对象分类

对象类型	分类	是否可变
数字	数值	否
字符串	序列	否
列表	序列	是
字典	对应	是
元组	序列	否
Sets	集合	是

附 2.2 对象运算符重载

表附 -24 对象运算符重载

方法	解释	调用
__init__	构造函数	X=Class()
__del__	析构函数	对象销毁
__repr__	打印转换	print X，repr(X)
__str__	打印转换	print X，str(X)
__call__	调用函数	X()
__getattr_	限制	X.undefine
__setattr__	取值	X.any=value
__getitem__	索引	X[key]，For If
__setitem__	索引	X[key]=value
__len__	长度	len(X)
__iter__	迭代	For In
__add__	+	X+Y,X+=Y
__sub__	-	X-Y,X-=Y
__mul__	*	X*Y
__radd__	右加 +	+X
__iadd__	+=	X+=Y
__or__	|	X|Y,X|=Y
__cmp__	比较 ==	X==Y,X<Y
__lt__	小于 <	X<Y
__eq__	等于 =	X=Y

附 3 异常处理

附 3.1 处理方式

一般处理方式如下所示：

```
try:
    # 运行其他代码
    f = open("testfile", "w")
    f.write(" 这是一个测试文件，用于测试异常 !!")
except IOError: # IOError 是异常类型
    # 如果在 try 部分引发了 name 异常
    print("Error: 没有找到文件或读取文件失败 ")
else:
    # 如果没有异常发生
    print(" 内容写入文件成功 ")
finally:
    # 退出 try 时总会执行
    f.close()
```

附 3.2 标准异常

表附 -25 标准异常

异常名称	描述
BaseException	所有异常的基类
SystemExit	解释器请求退出
KeyboardInterrupt	用户中断执行 (通常是输入 ^C)
Exception	常规错误的基类
StopIteration	迭代器没有更多的值
GeneratorExit	生成器 (Generator) 发生异常来通知退出
StandardError	所有内建标准异常的基类
ArithmeticError	所有数值计算错误的基类
FloatingPointError	浮点计算错误
OverflowError	数值运算超出最大限制
ZeroDivisionError	除 (或取模) 零 (所有数据类型)
AssertionError	断言语句失败
AttributeError	对象没有该属性

续表

异常名称	描述
EOFError	没有内建输入，到达 EOF 标记
EnvironmentError	操作系统错误的基类
IOError	输入 / 输出操作失败
OSError	操作系统错误
WindowsError	系统调用失败
ImportError	导入模块 / 对象失败
LookupError	无效数据查询的基类
IndexError	序列中没有此索引 (index)
KeyError	映射中没有这个键
MemoryError	内存溢出错误 (对于 Python 解释器不是致命的)
NameError	未声明 / 初始化对象 (没有属性)
UnboundLocalError	访问未初始化的本地变量
ReferenceError	弱引用 (Weak Reference) 试图访问已经被垃圾回收了的对象
RuntimeError	一般的运行时错误
NotImplementedError	尚未实现的方法
SyntaxError	Python 语法错误
IndentationError	缩进错误
TabError	Tab 和空格混用
SystemError	一般的解释器系统错误
TypeError	对类型无效的操作
ValueError	传入无效的参数
UnicodeError	Unicode 相关的错误
UnicodeDecodeError	Unicode 解码时的错误
UnicodeEncodeError	Unicode 编码时的错误
UnicodeTranslateError	Unicode 转换时的错误
Warning	警告的基类
DeprecationWarning	关于被弃用的特征的警告
FutureWarning	关于构造将来语义会有改变的警告
OverflowWarning	旧的关于自动提升为长整型 (long) 的警告
PendingDeprecationWarning	关于特性将会被废弃的警告
RuntimeWarning	可疑的运行时行为 (Runtime Behavior) 的警告
SyntaxWarning	可疑的语法的警告
UserWarning	用户代码生成的警告

附 4 文件

附 4.1 文件读写

第一步，打开文件。

第二步，读（写）文件。

第三步，关闭文件。

```
f = open('/readme.txt', 'r', encoding = 'UTF-8') # 打开文件
content = f.read()              # 读文件
f.close()                       # 关闭文件
# 使用这种方式打开文件，可以不调用 close() 函数关闭文件
with open('/readme.txt', 'r+') as f:
    content = f.readlines() # 以列表的方式读取文件内容
    f.write('python')       # 清空文件内容，并写入字符串内容
```

附 4.2 读写模式配置

表附 -26 读写模式

模式 mode	操作	若不存在	是否覆盖
r	只能读不能写	报错	—
rb	二进制只读	报错	—
r+	可读可写	报错	是
rb+	二进制读写	报错	是
w	只能写不能读	创建文件	是
wb	二进制只写	创建文件	是
w+	可读可写	创建文件	是
wb+	二进制读写	创建文件	是
a	追加不能读	创建文件	否，追加写
ab	二进制追加不能读	创建文件	否，追加写
a+	可读可写	创建文件	否，追加写
ab+	二进制追加可读可写	创建文件	否，追加写